NOUVEAU COURS D'HISTOIRE NATURELLE

BOTANIQUE

ANATOMIE
ET PHYSIOLOGIE VÉGÉTALES

OUVRAGE RÉDIGÉ CONFORMÉMENT AUX PROGRAMMES OFFICIELS
DE L'ENSEIGNEMENT DE LA BOTANIQUE DANS LA CLASSE DE PHILOSOPHIE,
DES EXAMENS DU BACCALAURÉAT ÈS LETTRES
ET DE L'ENSEIGNEMENT SECONDAIRE MODERNE

PAR

PAUL MAISONNEUVE

DOCTEUR EN MÉDECINE, DOCTEUR ÈS SCIENCES NATURELLES
PROFESSEUR A LA FACULTÉ LIBRE DES SCIENCES D'ANGERS

Natura non facit saltus
Tout s'enchaîne dans la nature
LINNÉ.

Ouvrage orné de 171 figures

TROISIÈME ÉDITION

PARIS
VICTOR PALMÉ LIBRAIRE-ÉDITEUR
76, Rue des Saints-Pères, 76
1893

NOUVEAU COURS D'HISTOIRE NATURELLE

BOTANIQUE

TYPOGRAPHIE

EDMOND MONNOYER

AU MANS (SARTHE)

NOUVEAU COURS D'HISTOIRE NATURELLE

BOTANIQUE

ANATOMIE ET PHYSIOLOGIE VÉGÉTALES

OUVRAGE RÉDIGÉ CONFORMÉMENT AUX PROGRAMMES OFFICIELS DE L'ENSEIGNEMENT DE LA BOTANIQUE DANS LA CLASSE DE PHILOSOPHIE, DES EXAMENS DU BACCALAURÉAT ÈS LETTRES ET DE L'ENSEIGNEMENT SECONDAIRE MODERNE

PAR

PAUL MAISONNEUVE

DOCTEUR EN MÉDECINE, DOCTEUR ÈS SCIENCES NATURELLES
PROFESSEUR A LA FACULTÉ LIBRE DES SCIENCES D'ANGERS

Natura non facit saltus
Tout s'enchaine dans la nature
LINNÉ.

Ouvrage orné de 171 figures

TROISIÈME ÉDITION

PARIS
VICTOR PALMÉ LIBRAIRE-ÉDITEUR
76, Rue des Saints-Pères, 76
1892

PROGRAMME OFFICIEL

DU COURS D'ANATOMIE ET DE PHYSIOLOGIE VÉGÉTALES

POUR LA CLASSE DE PHILOSOPHIE

Arrêté ministériel du 15 juin 1891

Anatomie et Physiologie végétales

PROGRAMME OFFICIEL

DU COURS D'ANATOMIE ET DE PHYSIOLOGIE

DES VÉGÉTAUX

POUR LE BACCALAURÉAT DE L'ENSEIGNEMENT SECONDAIRE MODERNE

Arrêté ministériel du 15 juin 1891

Anatomie et Physiologie des Végétaux

INTRODUCTION

CARACTÈRES GÉNÉRAUX DES VÉGÉTAUX

Les plantes sont des êtres vivants, et leur étude fait partie de la Biologie, vaste science, qui comprend en même temps celle des Animaux, lesquels, cela est manifeste, se rapprochent des Végétaux par tant de caractères organiques.

Quoique dans la plupart des cas il soit facile de distinguer, dès le premier abord, ces deux sortes d'êtres organisés, l'étude un peu approfondie des uns et des autres, décèle entre eux la similitude la plus frappante relativement aux fonctions qu'on appelle *végétatives* ou de *nutrition*.

En effet, en sa qualité d'être vivant, la plante naît, respire, se nourrit, s'accroît, se reproduit et finit par mourir : autant d'opérations que nous rencontrons également chez l'animal, et qui séparent nettement, comme par une barrière infranchissable, les deux règnes organisés du monde des êtres inorganiques.

On ne sera pas étonné outre mesure d'un semblable rapprochement, quand on saura que chez les végétaux comme chez les animaux, l'organisme est formé d'éléments anatomiques ou *cellules*, contenant une substance spéciale, le *protoplasma*, agent indispensable des manifestations vitales et doué d'un grand nombre de propriétés semblables dans l'un et l'autre cas. Ceci n'empêche pas toutefois d'admettre comme certain que le protoplasma végétal, d'une part, le protoplasma animal, de l'autre, doivent posséder, en outre, des propriétés spéciales, mais que l'imperfection de nos sens et de nos instruments de recherche ne nous permet pas toujours de mettre en évidence.

D'ailleurs, cette question étant déjà suffisamment traitée dans le *Cours de Zoologie*, nous n'y insisterons pas davantage ici (1).

L'absence d'un tube digestif, ou d'un système circulatoire, ou de tel autre appareil nutritif que l'on voudra, ne peut servir à délimiter les deux règnes, car les fonctions auxquelles ces organes sont employés s'accomplissent chez les plantes aussi bien que chez les animaux ; et, du reste, si ces appareils eux-mêmes manquent chez les plantes, il s'en faut bien qu'ils se rencontrent chez toutes les espèces animales.

Pour nous résumer, disons que les *fonctions végétatives* ou de *nutrition* sont, dans leurs traits essentiels, communes aux deux règnes organiques.

Si donc nous voulons tenter de découvrir une marque de séparation entre eux, nous devons la chercher dans une sphère plus élevée, dans ces hautes fonctions qui sont l'apanage des seuls animaux, et qu'on appelle, en raison de cette circonstance, les propriétés animales, à savoir la *sensibilité* et le *mouvement spontané* (2).

Toutefois, c'est en vain que l'on chercherait dans l'*immobilité* des plantes un critérium absolu, qui séparerait d'une façon rigoureuse le règne végétal du règne

(1) Cours de Zoologie, *Anatomie et physiologie animales*, 4e éd., 1892, par le Dr P. Maisonneuve. Voy. *Introduction*, p. XVII et suiv.

(2) C'est avec intention que nous employons le terme de *spontané*, au lieu de celui de *volontaire*, dont on se sert généralement dans ce cas, mais qui manque d'exactitude, car on ne peut guère attribuer aux animaux, surtout aux plus inférieurs (or c'est principalement au sujet de ces derniers que la ligne de démarcation entre les espèces animales et végétales est difficile à tracer), la faculté désignée en philosophie sous le nom de volonté.

animal : car, tandis que certaines plantes, d'ordre inférieur, il est vrai, se meuvent et se déplacent avec une rapidité variable suivant les espèces, on connaît nombre d'animaux parfaitement sédentaires, fixés au sol comme des végétaux, caractère qui les avait fait ranger pendant longtemps parmi ces derniers. Leur nom même de Zoophytes (ζῶον, animal; φυτόν, plante), rappelle l'analogie qu'ils offrent, à ce point de vue, avec les végétaux.

De même, il n'est pas douteux qu'on trouve dans les plantes les manifestations extérieures d'une sorte d'*irritabilité*. On peut affirmer cependant, que les êtres connus généralement sous le nom de Plantes ne sentent pas, pas plus qu'ils ne se meuvent spontanément.

Aussi, malgré les rapports certains qui unissent entre eux les deux grands règnes vivants, devons-nous reconnaître qu'ils présentent, dans la grande généralité des cas, une différence considérable, et que c'est seulement sur les confins des deux règnes que surgit la difficulté de leur distinction.

C'est pourquoi, avec Linné, qui avait cependant si bien saisi les nombreuses relations qui enchaînent les uns aux autres les divers êtres créés, ce qui l'avait amené à poser l'axiome célèbre : « *Natura non facit saltus* », on doit admettre que la séparation des trois règnes de la nature est marquée par le développement d'un caractère d'ordre d'autant plus élevé que l'on va du règne inférieur au règne le plus parfait, et dire d'une façon générale avec le grand naturaliste suédois : ***Mineralia crescunt; Vegetalia crescunt et vivunt; Animalia crescunt, vivunt et sentiunt*** (1).

(1) Il faut bien cependant reconnaître que c'est à tort que Linné a employé le même terme pour indiquer la croissance, de nature pourtant si différente, de tous les êtres de la création. Il faut bien remarquer, en effet, que les minéraux s'accroissent par simple dépôt, tandis que les végétaux et les animaux croissent en vertu d'une force intérieure qui met en œuvre les aliments venus du dehors.

LES GRANDES DIVISIONS DU RÈGNE VÉGÉTAL

Afin que l'élève soit, dès le début de cette étude, familiarisé avec les termes employés pour désigner les principaux groupes du règne végétal, nous allons brièvement les définir et présenter le tableau de ces groupes.

Le règne végétal tout entier est partagé en deux *embranchements*, d'après la considération des organes qui servent à leur reproduction, à savoir les Phanérogames et les Cryptogames.

Les PHANÉROGAMES (1) sont toutes les plantes pourvues de fleurs et par suite de graines; tels sont le Pois, le Chêne, le Réséda.

Les CRYPTOGAMES (2) sont toutes les plantes qui manquent de fleurs et par là-même de graines proprement dites; tels sont les Champignons, les Algues, les Fougères.

Parmi les Phanérogames, les uns ont leurs graines recouvertes, protégées par des enveloppes plus ou moins nombreuses et épaisses, un ovaire, en un mot, qui plus tard devient le fruit, comme on le voit dans le Pommier, le Pêcher, la Balsamine, et portent le nom d'ANGIOSPERMES (3); tandis que chez les autres, les graines ne se développent pas dans un ovaire, mais à nu, comme c'est le cas du Sapin, du Mélèze, de l'If et de tous les autres *arbres verts*, ce qui a valu à ces plantes le nom de GYMNOSPERMES (4).

Les Angiospermes, selon que leurs graines renferment un seul ou deux cotylédons, se partagent en *Monocotylédones* (5) et *Dicotylédones* (6).

Les Gymnospermes ne renferment qu'un seul groupe,

(1) Phanérogames, de φανερός, apparent; γάμος, mariage.
(2) Cryptogames, de κρυπτός, caché; γάμος, mariage.
(3) Angiospermes, de ἀγγεῖον, vase; σπέρμα, semence.
(4) Gymnospermes, de γυμνός, nu; σπέρμα, semence.
(5) Monocotylédones, de μόνος, un seul; κοτυληδών, cotylédon.
(6) Dicotylédones, de δίς, deux fois; κοτυληδών, cotylédon.

dont les fruits en forme de cône ont valu à ces plantes le nom de *Conifères*.

Quant aux Cryptogames, ils se partagent en trois sous-embranchements, à savoir :

Les Cryptogames vasculaires, tous pourvus de vaisseaux, et comprenant quatre classes;

Les Muscinées ou Mousses, dépourvues de vaisseaux, mais munies de feuilles, et se divisant en deux classes;

Les Thallophytes (1), manquant de vaisseaux et de feuilles, comprenant trois classes.

TABLEAU DES GRANDES DIVISIONS DU RÈGNE VÉGÉTAL

Embranchement	Sous-embranchement	Classes
PHANÉROGAMES...... (des fleurs).	Angiospermes (un ovaire).	*Monocotylédones.* *Dicotylédones.*
	Gymnospermes (pas d'ovaire).	*Conifères.*
CRYPTOGAMES....... (pas de fleurs).	Cryptogames vasculaires (des vaisseaux).	*Lycopodiacées.* *Rhizocarpées.* *Prêles.* *Fougères.*
	Muscinées (pas de vaisseaux, des feuilles).	*Mousses.* *Hépatiques.*
	Thallophytes (ni feuilles, ni vaisseaux).	*Champignons.* *Algues.* *Lichens.*

PLAN DE L'OUVRAGE

L'ordre des matières adopté dans ce livre paraîtra, nous l'espérons, des plus naturels, car on y procède toujours autant que possible du simple au composé. Nous étudierons donc successivement :

1° Les éléments constitutifs de tout végétal, lesquels sont en somme peu nombreux et dérivent tous de la *cellule* (*chap.* I);

(1) Thallophytes, de θαλλός, fronde, organe foliacé; φυτόν, plante.

2° Comment ces éléments groupés entre eux constituent les tissus, de chacun desquels nous examinerons les principaux caractères (*chap.* I);

3° Les substances renfermées dans les éléments anatomiques, et dont le rôle et l'utilité dans l'économie de la plante sont des plus variés (*chap.* II);

4° Les membres de la plante, c'est-à-dire les parties du corps de celle-ci, qui constituent ou renferment les organes servant aux fonctions de nutrition, à savoir la tige, la racine et les feuilles (*chap.* III. IV. V);

5° Les fonctions de nutrition : alimentation, absorption, circulation, respiration, assimilation, etc. (*chap.* VI. VII);

6° Les organes de reproduction des plantes phanérogames, autrement dit la fleur, dont il faudra étudier la structure et le développement (*chap.* VIII);

7° Les phénomènes de la reproduction de ces végétaux (*chap.* IX. X. XI);

8° Les particularités que présente la reproduction des Cryptogames (*chap.* XII);

9° Les faits de parasitisme, si communs dans certaines classes du règne végétal (*chap.* XII);

10° Les phénomènes de mouvement, signes d'une sorte de sensibilité de nature spéciale, constatés chez un très grand nombre de plantes (*chap.* XIII).

ANATOMIE

ET

PHYSIOLOGIE VÉGÉTALES

CHAPITRE PREMIER

COMPOSITION ÉLÉMENTAIRE DES VÉGÉTAUX; LA CELLULE ET LA FORMATION DES TISSUS

La cellule est la base de tout organisme végétal. 1° Constitution de la cellule : Protoplasma, vacuoles et courants protoplasmiques; Suc cellulaire; Noyau et Nucléole. Membrane d'enveloppe ou paroi cellulaire; sa structure, son mode d'accroissement et ses principales modifications : cellules ponctuées, rayées, aréolées, etc. Tissu cellulaire : son origine; phénomènes de la multiplication cellulaire. Formation cellulaire libre. Autres modes de formation cellulaire. Différentes sortes de tissu cellulaire. — 2° Éléments anatomiques dérivés de la cellule : Fibres; Vaisseaux; Laticifères. — 3° Principaux tissus. Classification anatomique des tissus. Classification physiologique des tissus.

La cellule est la base de tout organisme végétal. — Si l'on étudie à l'aide du microscope une plante quelconque, qu'elle appartienne aux plus humbles par ses dimensions, aux plus simples par sa structure, un Champignon ou une Algue, par exemple, ou qu'elle soit prise parmi les familles les plus parfaites du règne végétal, comme le Chêne, l'Orme; quelle que soit la partie examinée, on est amené à reconnaître que son organisation se réduit, en somme, à une agglomération de corpuscules très petits, mais distincts; ce sont eux qu'on appelle les *éléments anatomiques* de la plante.

Tandis que parmi les plantes, les unes en comptent un nombre pour ainsi dire infini, il en est d'autres, d'une organisation si simple, qu'elles ne sont formées que d'un petit nombre et même d'un seul de ces éléments (fig. 1).

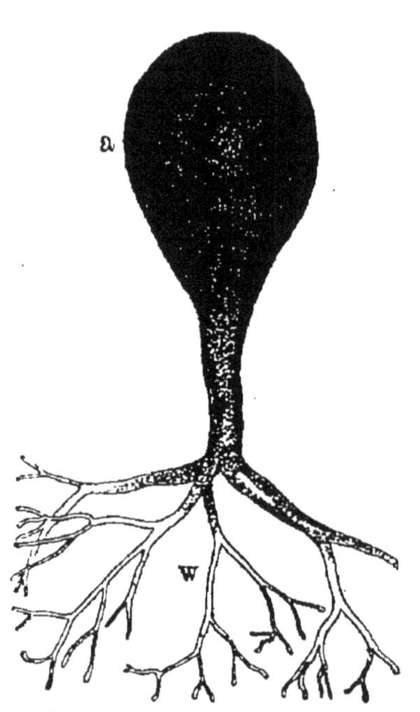

Fig. 1. — Une Algue unicellulaire (*Botrydium granulatum*) grossie 15 fois: *a*, partie supérieure; *w*, racines.

Cette réduction de l'organisme végétal en éléments anatomiques établit au point de vue de la structure une grande analogie entre les plantes et les animaux; les premières comme les seconds n'étant en définitive qu'un échafaudage de ces petits corps. On constatera d'ailleurs, chemin faisant, bien d'autres rapports saisissants entre les êtres des deux règnes organiques.

Le plus simple des éléments anatomiques, et *celui dont tous les autres dérivent,* est la *cellule;* c'est donc par elle qu'il convient de commencer.

L'étude de la cellule va être divisée en trois parties, qui feront l'objet de ce chapitre : 1° la constitution de la cellule elle-même et de son développement; 2° celle des éléments anatomiques qui en dérivent; 3° l'agencement des cellules ou de leurs dérivés pour constituer les tissus;

Dans le chapitre suivant nous passerons en revue les substances diverses contenues dans ces tissus et qui sont dues à l'activité propre des cellules.

1° CONSTITUTION DE LA CELLULE VÉGÉTALE

Les cellules peuvent offrir un degré de complication variable ; mais dans toute cellule complète on peut considérer deux parties, à savoir : un contenant, l'enveloppe de la cellule ou *paroi cellulaire*, et un contenu, le *protoplasma* avec les parties qui en dépendent, telles que le *suc cellulaire*, le *noyau* et le *nucléole*.

Protoplasma. — Le protoplasma (1) a été défini par un illustre naturaliste anglais, Huxley, « *la base physique de la vie* ». C'est qu'en effet, cette substance est la partie fondamentale de tout organisme, celle sans laquelle la vie ne peut pas se produire ou se maintenir. On le rencontre chez les végétaux aussi bien que chez les animaux, et avec des caractères objectifs si manifestement identiques dans les deux groupes, que dans l'état actuel de la science on ne peut établir de différence essentielle de structure et de fonctions entre celui des premiers et celui des seconds. Importance du protoplasma.

C'est même là une preuve, pour le dire en passant, qu'il y a dans cette substance, douée de vie, une force que nos moyens d'observation ne nous permettent pas de saisir, mais qui n'en existe pas moins, car si l'identité des protoplasmas végétal et animal était absolue, il n'y aurait pas de raison pour que, dans un cas le germe donnât naissance à une plante, et dans l'autre à un animal.

Vu au microscope, le protoplasma a l'aspect d'une gouttelette de substance mucilagineuse (fig. 2), incolore ou opaline, quelquefois teintée. Caractères physiques et chimiques.

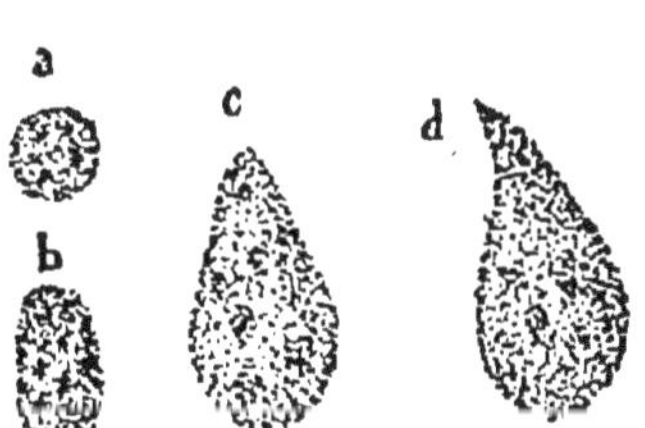

Fig. 2. — Protoplasma de cellules nues (*a*, *b*, *c*, *d*).

La chimie nous apprend qu'il se compose d'Oxygène, d'Hydrogène, d'Azote et de Carbone ; il fait donc partie des substances albuminoïdes, appelées encore substances qua-

(1) Πρῶτος, premier ; πλάσμα, forme.

ternaires, azotées, protéiques. Comme éléments secondaires on y trouve du Soufre, du Phosphore et quelques autres corps, ordinairement moins fréquents ou en moindre quantité.

La chaleur, l'alcool, les acides minéraux dilués, le coagulent. En présence des acides il offre des réactions caractéristiques : il perd promptement ses propriétés vitales, mais se colore de diverses façons, en jaune par l'acide azotique, couleur qui s'accentue si on le traite ensuite par l'ammoniaque ou la potasse, en rougeâtre par l'acide sulfurique, en rose violet par l'acide chlorhydrique. Les alcalis, tels que la potasse ou l'ammoniaque, le détruisent promptement, réaction caractéristique des substances albuminoïdes, telles que la fibrine, la caséine, l'albumine.

Propriétés organiques. Le protoplasma est essentiellement la substance vivante de l'organisme végétal; il est le siège des différents actes vitaux en vertu desquels la plante se nourrit et se développe. Toute cellule qui renferme du protoplasma vit; toute cellule qui en est dépourvue ne vit plus, elle est morte; ce n'est qu'un squelette désormais incapable d'accroissement et de toute manifestation vitale (fig. 12).

Le protoplasma *respire*, c'est-à-dire qu'il puise dans le monde extérieur certains gaz (oxygène), et en dégage certains autres (acide carbonique). Il se *nourrit* en absorbant des substances gazeuses ou liquides, qu'il puise dans l'air atmosphérique ou dans le sol. C'est de lui que dépend l'accroissement de la plante, car sous l'influence de la nourriture qu'il absorbe, il augmente de volume et donne naissance à de nouvelles petites masses protoplasmiques. Un caractère particulièrement frappant du protoplasma végétal et qui le rapproche manifestement de celui de l'animal, c'est la propriété qu'il a de se *contracter*, bien plus, de se *mouvoir* et de se déplacer. Ses mouvements ont reçu le nom d'*amiboïdes*, parce qu'ils rappellent, d'une manière frappante, ceux des animaux inférieurs appelés Amibes. Cette propriété se constate facilement dans les cellules de grande dimension et transparentes des *Chara*, par exemple, sortes d'Algues de nos eaux douces et surtout dans certains Champignons inférieurs, les *Myxo-*

mycètes, qui voyagent d'un endroit à l'autre, lentement, au moyen d'un glissement continu, enfin dans les anthérozoïdes ou corpuscules reproducteurs d'un grand nombre de plantes inférieures, qui nagent avec une grande vivacité dans les eaux où ils tombent.

La chaleur, la lumière, l'état électrique de l'air ont une grande influence sur les manifestations vitales du protoplasma. La façon dont il réagit sous l'action des divers agents extérieurs est telle qu'il paraît doué d'une sensibilité particulière, dont les manifestations sont, jusqu'à un certain point, comparables à celles des animaux. C'est ainsi que lorsqu'il est dans des conditions à pouvoir se déplacer, il se dirige vers la lumière ou la fuit au contraire lorsqu'elle est trop vive; c'est à lui surtout que sont dus les changements de situation éprouvés par les feuilles pendant le jour et pendant la nuit. En réalité, il n'y a pas là de mouvement volontaire, mais simplement une réaction causée par un agent physique ou chimique; ce mouvement est toujours approprié à un but physiologique et non pas abandonné à une sorte de caprice; il n'est pas *voulu* par la plante, laquelle n'y peut rien changer, bien qu'il offre parfois, d'une façon singulière, les apparences de la spontanéité.

Vacuoles et courants protoplasmiques; Suc cellulaire. — Pendant que la cellule est jeune, c'est-à-

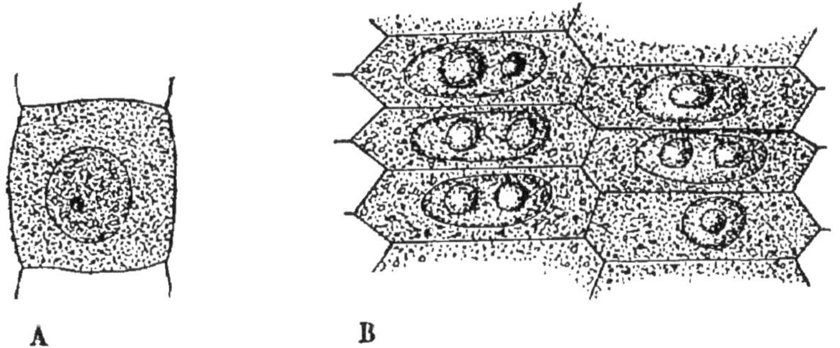

Fig. 3. — Cellules jeunes de deux formes différentes, dont le protoplasma remplit toute la cavité.

dire dans les premiers temps qui suivent sa naissance, d'ordinaire le protoplasma la remplit exactement (fig. 3.). Il n'en est pas de même un peu plus tard; et si l'on examine alors la cellule, on voit que le protoplasma, au lieu de former une gouttelette uniforme, homogène, a pris l'aspect d'un petit sac appliqué contre la paroi de la cellule, et s'est creusé de *vacuoles*, limitées par des prolongements ou *rubans protoplasmiques* partis de différents points de cette enveloppe (fig. 4).

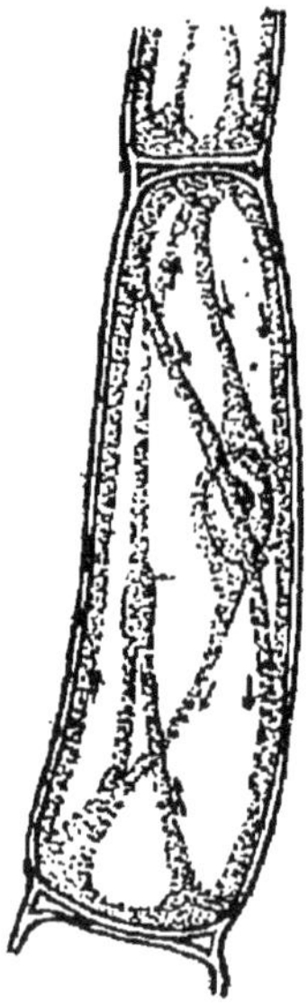

Fig. 4. — Cellule avec protoplasma creusé de vacuoles et présentant des rubans le long desquels se produisent des courants, dont la direction est indiquée par des flèches.

Dans la zone périphérique du protoplasma, aussi bien que dans les rubans protoplasmiques se produisent des *courants*, que l'on peut suivre grâce à la présence de très fins corpuscules qui s'y trouvent en suspension et qui sont entraînés par eux ; c'est une véritable circulation intra-cellulaire. D'autres fois, on constate un mouvement d'ensemble de toute la masse protoplasmique qui se déplace dans sa totalité, en glissant contre la paroi cellulaire, phénomène qui a reçu le nom de *rotation* du protoplasma (fig. 5).

Les vacuoles creusées dans le protoplasma ne sont pas vides, mais remplies d'un liquide aqueux, transparent, qu'on appelle le *suc cellulaire*. Celui-ci se compose surtout d'eau renfermant en dissolution certains principes, notamment des sels, naguère contenus dans le protoplasma et qui en ont été excrétés. Le suc cellulaire est le milieu dans lequel s'accumulent les aliments qui ont été absorbés en excès et qui ne trouvant pas un emploi immédiat, y restent à l'état de solution, ou bien différentes substances insolubles produites par le protoplasma. Par contre, c'est dans ce milieu que le protoplasma puise, suivant ses besoins, les aliments nécessaires au maintien de sa constitution normale et à son accroissement.

L'accumulation de substances diverses est surtout considérable quand le protoplasma ayant abandonné la cellule, la cavité de celle-ci n'est plus remplie que par le *liquide cellulaire.*

Noyau et Nucléole. — Le plus souvent, outre les parties qui viennent d'être passées en revue, la cellule renferme un petit corps, en général arrondi ou ovalaire, enfoui dans le protoplasma. Ce petit corps, qui se distingue nettement au microscope par sa réfringence ordinairement bien plus grande que le milieu dans lequel il est plongé, porte le nom de *nucléus* ou de *noyau.* Toujours enveloppé de protoplasma, il est situé dans la zone périphérique de celui-ci, ou bien se trouve en quelque sorte soutenu au milieu de la cellule par des rubans protoplasmiques (fig. 4, 5 et 7). Il est entraîné dans les mouvements de déplacement du protoplasma cellulaire; mais il offre en outre des mouvements propres, lesquels peuvent même se produire en sens opposé.

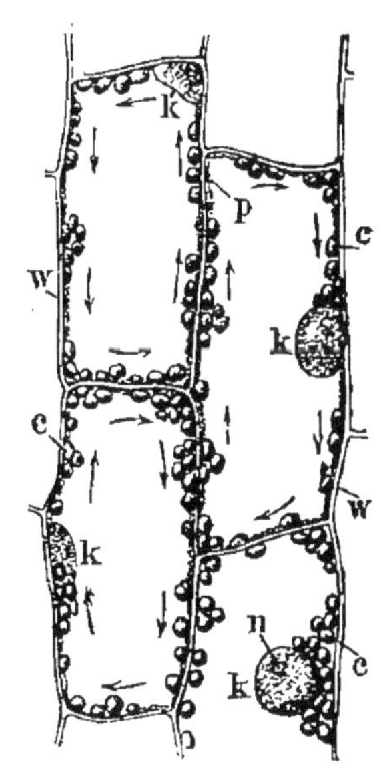

Fig. 5. — Cellules d'une feuille de *Vallisneria spiralis* montrant la rotation du protoplasma; *w*, paroi cellulaire; *p*, protoplasma; *c*, grains de chlorophylle; *k*, noyau cellulaire; *n*, nucléole. Les flèches indiquent la direction suivie par le protoplasma.

Toujours le noyau provient d'un noyau préexistant; on ne connaît pas d'exemple de noyau, naissant dans une cellule aux dépens d'une autre partie, quelle qu'elle soit. Sa présence n'est pas absolument constante; des Algues (Bactéries), des Champignons (Saccharomycètes) en manquent; ou plutôt dans les cellules de ces plantes la substance qui le constitue essentiellement ne s'y trouve pas condensée à l'état de noyau, mais elle y existe à l'état de diffusion, car les réactifs y révèlent sa présence.

Le noyau paraît être de la nature même du protoplasma, mais à un état de plus grande condensation; de plus, il présente certaines particularités qui dénotent en lui l'existence d'un principe albuminoïde d'une nature spéciale, la *nucléine* (1). Celle-ci est disposée sous forme de granules, de bâtonnets, de filaments enroulés sur eux-mêmes ou de réseaux ; entre ces parties se trouve répandu un liquide qui se colore plus faiblement par les réactifs et qu'on appelle *suc du noyau*, *suc nucléaire* ou *enchylèma* (2).

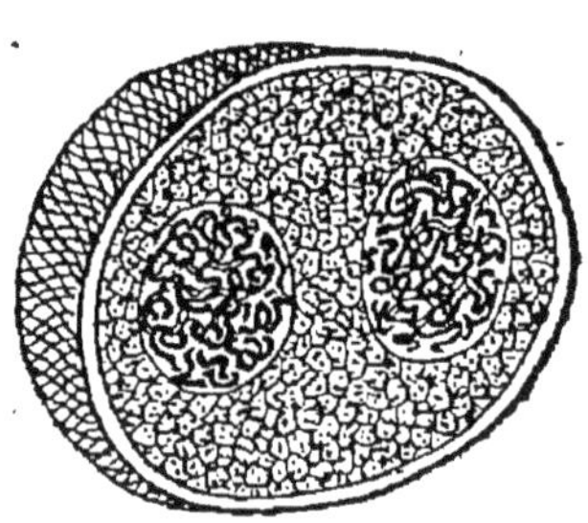

Fig. 6. — Un grain de pollen très grossi (*Fritillaria*), coupé par la moitié. Il renferme deux gros noyaux dont on voit très bien le boyau de nucléine entortillé. D'après J.-B. CARNOY.

La nucléine a encore reçu le nom de *chromatine*, parce qu'elle a la propriété d'absorber les matières colorantes plus énergiquement que le protoplasma ; aussi a-t-on par là un moyen facile de mettre le noyau en évidence dans les préparations microscopiques, pour s'en faire une idée plus exacte. D'autre part, l'acide acétique donne au noyau une netteté remarquable, en même temps que le reste du protoplasma est dissous par ce réactif. On le voit, si le noyau a des caractères communs avec le protoplasma, il en diffère nettement par certains autres.

Ses fonctions sont encore enveloppées d'obscurité ; il paraît, en tout cas, jouer un rôle important dans la vie de la cellule et surtout dans sa multiplication, d'où le nom de *cytoblaste* (κύτος, cavité ; βλαστός, germe), qu'on lui donne souvent. Ajoutons qu'au lieu d'un seul noyau, on en rencontre parfois deux et même plus dans une même cellule, d'une façon temporaire ou permanente.

(1) La *nucléine* renferme du phosphore et a pour formule $C^{58}H^{49}Az^{9}Ph^{3}O^{44}$. Contrairement au protoplasma, elle est peu attaquable par le suc gastrique; elle est peu soluble dans l'eau et les acides minéraux étendus, très soluble dans les alcalis étendus ; enfin une solution de sel marin la transforme en une gelée cohérente et élastique. Par ces diverses réactions la nucléine se distingue de toutes les autres matières albuminoïdes.

(2) *Enchylèma*, de ἐν, dans; χυλός, suc; λῆμη, humeur.

Enfin le noyau offre le plus souvent dans son intérieur un, deux ou plusieurs corpuscules beaucoup plus petits que lui, qui apparaissent sous forme de petits points brillants, et qu'on appelle des *nucléoles*, mais sur le rôle desquels on n'est nullement fixé (fig. 3, 4, 5 et 7). Nucléoles.

Fig. 7. — Cellules montrant leur noyau avec un ou deux nucléoles.

Membrane d'enveloppe ou paroi cellulaire. — Il est des cas où le protoplasma reste, du moins pendant un certain temps, complètement nu, c'est-à-dire qu'à lui seul il constitue toute la cellule et n'est séparé par aucune barrière du milieu ambiant, avec lequel il communique alors directement (fig. 2). Mais le plus souvent, au bout de peu de temps il s'entoure d'une enveloppe qu'il sécrète lui-même et qu'on appelle *paroi cellulaire* ou *membrane d'enveloppe* (fig. 3, 4, 5, 6 et 7). Constitution physique et chimique.

Désormais, protégé par cette membrane, c'est par son intermédiaire que le protoplasma communiquera avec l'extérieur pour opérer les échanges gazeux de la respiration et accomplir les phénomènes de nutrition. Cette enveloppe est souvent d'une extrême minceur et très molle, surtout quand elle est de formation récente; par la suite, elle s'épaissit et peut acquérir une grande dureté. Il en résulte qu'elle devient incapable de se laisser pénétrer par les gaz et les liquides; aussi il arrive un moment où le protoplasma en disparaît; il ne reste plus, alors, que la coque de la cellule, une demeure vide, dont l'habitant est sorti (fig. 9).

L'apparence de la paroi cellulaire, et par suite de la cellule, est très variable; elle est arrondie, ovoïde ou oblongue dans ses contours (fig. 19, I), ou bien cylindrique ou polyédrique (fig. 3), suivant que le tissu est très lâche ou plus ou moins serré ; d'autres fois elle offre des prolongements qui lui donnent un aspect rayonné, rameux, comme c'est le cas des cellules qui constituent les poils d'un certain nombre de plantes (fig. 8).

La membrane cellulaire est formée de *cellulose*, substance ternaire qui a la même composition chimique que la fécule ($C^{12} H^{10} O^{10}$). Elle est blanche, translucide, non soluble dans l'eau, l'alcool, l'éther, les acides, et les alcalis étendus, mais soluble dans une solution ammoniacale d'azotite de cuivre ; elle est attaquée par les acides sulfurique ou chlorhydrique concentrés et se gonfle sans se dissoudre dans une solution de potasse caustique ; traitée par la teinture d'iode et l'acide sulfurique, elle offre une coloration bleue caractéristique. Du reste, il existe plusieurs variétés bien différentes de cellulose, comme le prouvent les résultats fournis par les réactifs.

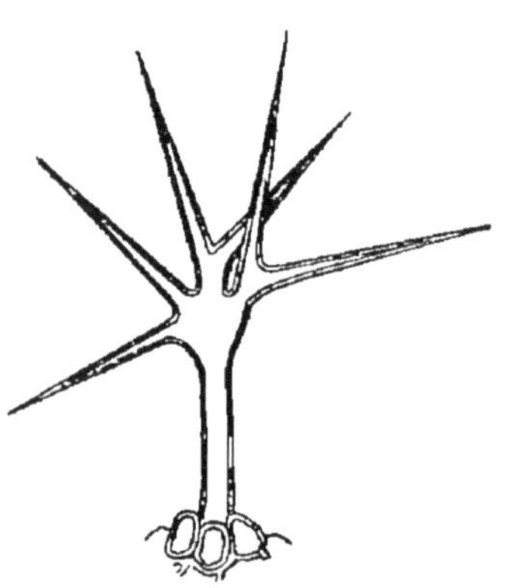

Fig. 8. — Cellule rameuse (un poil de Crucifère).

Structure et Accroissement de la membrane. — Comme on l'a dit un peu plus haut, la paroi cellulaire ne reste pas longtemps mince.

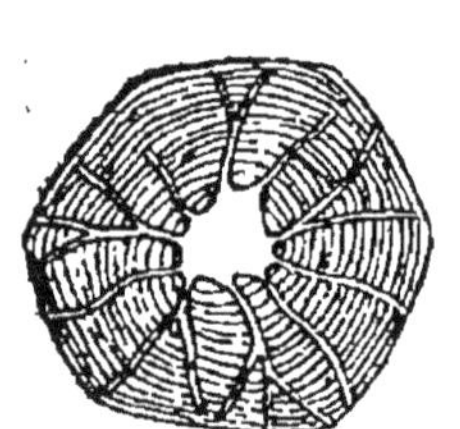

Fig. 9. — Cellule à paroi épaisse creusée de fins canaux.

La membrane épaissie paraît, à un fort grossissement, composée d'un certain nombre de couches superposées, qui semblent, au premier abord, dues à des dépôts successifs formés les uns sur les autres (fig. 9 et 12). Il n'en est rien, en réalité : l'épaississement de la paroi cellulaire se fait, non par superposition de parties, mais par *intussusception*. On entend par là que les substances absorbées qui viennent accroître la paroi de la cellule, au lieu de se déposer à la surface soit extérieure, soit intérieure, pénètrent molécule à molécule dans l'épaisseur même du tissu.

Plus tard, lorsque la membrane a acquis une certaine épaisseur, elle se divise en couches alternativement plus denses et moins denses, et c'est à ce phénomène secondaire qu'est dû l'aspect dont il est question. Quant à la différence de densité entre deux couches successives, elle tient à une proportion d'eau variable d'une couche à l'autre, les assises les plus denses en ayant davantage. En effet, si par un artifice convenable on arrive à uniformiser la proportion d'eau entre toutes les couches, la stratification disparaît, tandis qu'elle s'accentue au contraire quand on augmente l'inégalité de sa répartition.

L'étude des stratifications ou stries de la membrane, qui, bien loin d'être toutes parallèles entre elles, sont disposées en différents sens de manière à se couper réciproquement, montre que la membrane est décomposable en petits prismes juxtaposés, dont le grand axe est perpendiculaire à la surface de celle-ci, et qui sont chacun formés de lamelles alternativement plus denses et moins denses. Cette structure offre une grande analogie avec celle des grains d'amidon et se rapproche beaucoup de celle des cristaux; enfin elle explique pourquoi la membrane est perméable à l'eau et aux gaz.

L'*accroissement* de la membrane se fait par le dépôt de substance nouvelle à la surface des prismes qui la composent, soit sur les faces latérales, et alors la membrane s'étend en largeur, soit sur les bases des prismes, et alors la membrane augmente d'épaisseur.

Le plus souvent, cet épaississement de la paroi cellulaire ne se fait pas d'une façon uniforme, mais seulement dans certaines régions, à l'exclusion de certaines autres, qui par transparence restent plus claires, tandis que les premières offrent une teinte plus sombre; de là une très grande variété dans l'aspect de la membrane (fig. 10). L'épaississement peut porter seulement sur la paroi interne de la cellule (épaississement centripète), ou exclusivement sur la paroi externe (épaississement centrifuge), ou enfin sur l'une et l'autre à la fois (épaississement mixte). Lorsque les parties non épaissies sont de simples points (I), la paroi semble comme criblée de petites perforations dues à la minceur de ces parties, et la cellule est dite *ponctuée;* si les parties non envahies par l'épaississement ont la forme de lignes (II), la cellule est dite *rayée.* Il peut se faire par contre, que l'épaississement se produise seulement suivant des lignes affectant la forme de réseaux, d'anneaux et de spirales (III, IV, V), ce qui donne les cellules *réticu-*

lées, annelées, spiralées; enfin si les lignes d'épaississement ont la forme de lignes régulièrement disposées comme les barreaux d'une échelle (VI), la cellule est appelée *scalariforme.*

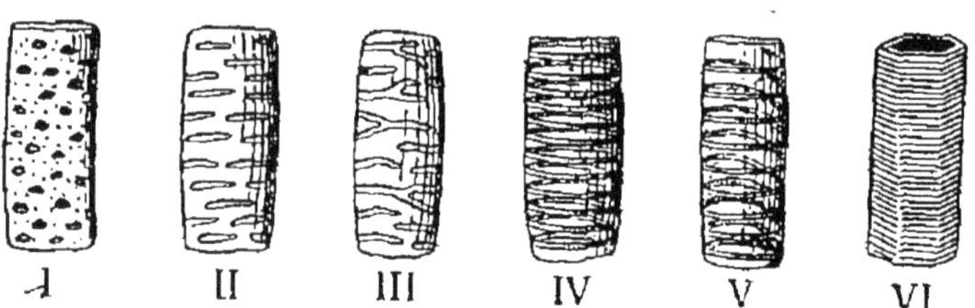

Fig. 10. — Cellules présentant des épaississements divers. I, cellule ponctuée ; II, cellule rayée ; III, cellule réticulée ; IV, cellule annelée ; V, cellule spiralée ; VI, cellule scalariforme.

Cellules aréolées.

Une des dispositions les plus remarquables est celle dans laquelle les cellules ponctuées ont chacune de leurs ponctuations entourée d'une zone claire (fig. 11), d'où le nom

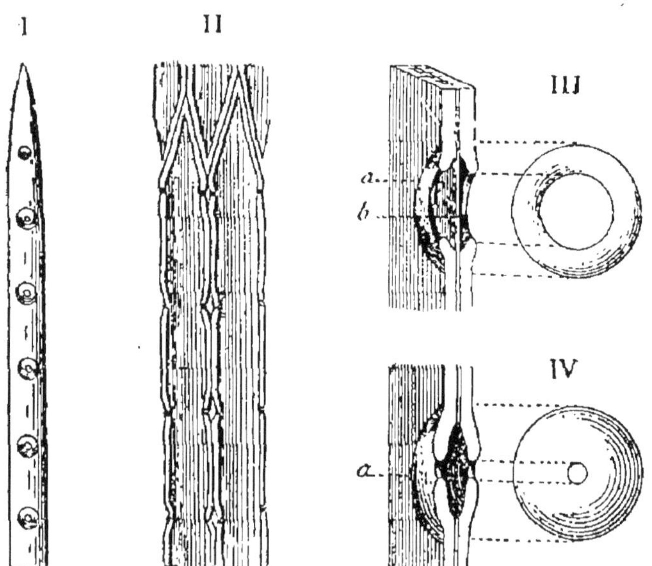

Fig. 11. — Structure des ponctuations aréolées. I, portion de fibre avec ponctuations aréolées ; II, fibres semblables coupées en long, et montrant des échancrures au niveau des ponctuations coupées ; III, IV, ces dessins sont destinés à montrer la formation des aréoles, dues à la production, autour d'une ponctuation ordinaire (*b*), d'un bourrelet circulaire (*a*), qui s'accroît de plus en plus de façon à limiter un étroit orifice central.

d'*aréolées*, qu'on leur donne. Cette disposition, qui est fréquente dans le bois des Conifères ou arbres verts, tient à ce que la paroi qui sépare deux cellules voisines (fig. 11, III, *b*) restant très mince sur une faible étendue, s'épaissit tout autour de cet espace; l'espèce de bourrelet circulaire (*a*) qui en résulte s'avance au-dessus de la membrane primitive (*b*) qu'il surplombe, en resserrant de plus en plus son orifice. On voit ainsi deux cercles concentriques, l'un plus grand, qui répond à l'épaississement circulaire, l'autre plus petit, en dedans du premier et répondant à la portion non épaissie de la membrane primitive visible à travers l'orifice du bourrelet.

Principales modifications de la membrane d'enveloppe. — La membrane cellulaire éprouve souvent dans sa structure et sa composition chimique des modifications dont nous allons indiquer les plus importantes.

Ainsi, celle qui recouvre les cellules exposées à l'action des agents extérieurs, devient plus sèche, cassante, moins perméable aux liquides et aux gaz, se colore en brun sous l'action de l'iode et est insoluble dans la solution ammoniacale d'azotite de cuivre. Cette portion de la membrane qui a subi cette modification porte alors le nom de *cutine*.

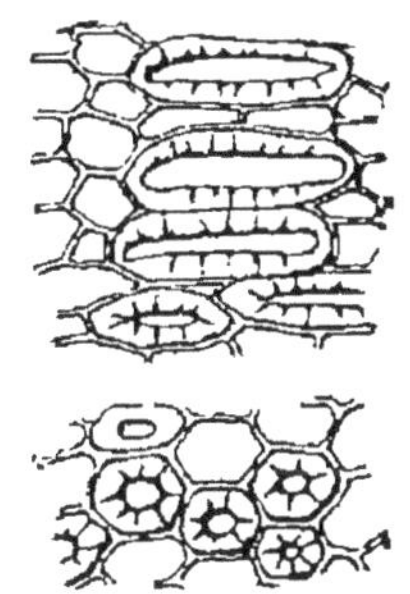

Fig. 12. — Cellules à parois épaissies.

Une autre modification est celle que l'on appelle la *subérification* et qui donne naissance au *liège*, lequel forme sous l'épiderme des plantes des couches plus ou moins nombreuses selon les espèces, et sur lequel on reviendra à l'occasion de l'étude de la tige.

Ce n'est pas seulement à la surface de la plante, mais dans la profondeur même des tissus que la membrane des cellules se modifie; souvent elle s'épaissit (fig. 12) par suite du dépôt, dans l'épaisseur de ses parois, d'une certaine matière, le *ligneux* (1), substance très voisine de la cellulose et de composition chimique peu différente, qui constitue la partie essentielle du bois des végétaux et dont la dureté et la résistance donnent aux tissus une grande solidité et permettent à la plante de se tenir dressée. Par contre, la membrane peut subir des modifications qui la rendent plus molle : telle est la *gélification*, dont les cellules superficielles des graines de coing ou de lin offrent d'excellents exemples, et en vertu de laquelle ces cellules, sous l'influence de l'eau, se gonflent et se transforment en une sorte de gelée.

La membrane peut encore entrer en *liquéfaction*, modification qui a une grande importance dans la physiologie de la plante, puisque c'est grâce à elle que les cellules voisines peuvent entrer en communication directe.

Ajoutons enfin que parfois des substances minérales peuvent s'y déposer, telles que de la silice (tige du blé), du calcaire, et surtout des matières colorantes.

Origine du tissu cellulaire ; Cône végétatif et méristème, etc. — Le tissu cellulaire est dû à l'apparition de cellules nouvelles résultant de la multiplication des cellules préexistantes. Si l'on examine au microscope quelqu'une de ces Algues vertes, filamenteuses, qui abondent dans les eaux stagnantes, et dont chacune se compose uniquement d'une rangée de cellules mises bout à bout, on peut suivre toutes les phases de la formation cellulaire. Tantôt, il n'y a qu'une cellule, celle qui occupe le sommet du filament, à posséder la faculté d'en produire d'autres. Tantôt une cellule quelconque offre cette propriété. Dans les deux cas on remarque que le noyau et le protoplasma qui l'entoure s'allongent un peu (fig. 13, *A*), s'étranglent en quelque sorte, puis se divisent en deux portions ; et en même temps une cloison membraneuse (*B*) se forme pour séparer les deux noyaux qui existent main-

(1) Le *ligneux* encore appelé *lignine* ou *vasculose*, a pour formule $C^{19} H^{12} O^{10}$ et contient par conséquent plus de carbone et d'hydrogène que la cellulose, dont la formule est $C^{12} H^{10} O^{10}$.

tenant et le protoplasma qui les entoure, de façon à constituer une cellule de plus (*C*).

Cellule terminale.

En règle générale, chez les Cryptogames, quel que soit la complexité de leur structure, le sommet de la plante, le *cône végétatif*, comme on l'appelle en raison de sa forme, est occupé par une cellule unique (fig. 14, *t*), dite *cellule terminale*, de laquelle toutes les autres proviendront.

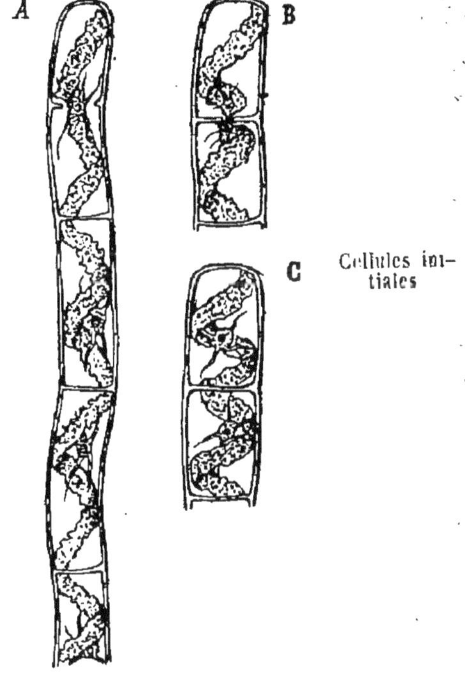

Fig. 13. — Multiplication cellulaire par division transversale ; *A*, une portion d'Algue filamenteuse ; *B*, cellule en voie de division ; *C*, la formation des deux cellules est complète.

Cellules initiales

Chez les Phanérogames et quelques Cryptogames vasculaires, le sommet ou cône végétatif de la tige et des rameaux n'est pas terminé par une cellule unique, mais par des éléments en nombre variable. Ceux-ci, appelés *cellules initiales* (fig. 15, *i*), produisent par leur division répétée le même résultat que la cellule terminale des Cryptogames : les initiales donnent naissance au-dessus d'elles à de nouvelles cellules qui grandissent et se cloisonnent à leur tour pour augmenter les dimensions de la plante.

Méristème.

Les cellules récemment formées, restent pendant un certain temps toutes semblables entre elles. Ce n'est que plus tard qu'apparaîtront en elles les différences caractéristiques des différents tissus qu'elles sont destinées à former. Cette petite masse de cellules identiques, non encore différenciées, et qui ont pour caractère essentiel de se segmenter activement, porte pour cette raison le nom de *méristème* (1).

(1) Méristème, de μέρος, partie ; τέμνω, couper.

On donne en outre à un semblable méristème la qualification de *primitif*, tandis qu'on réserve le nom de *méris-*

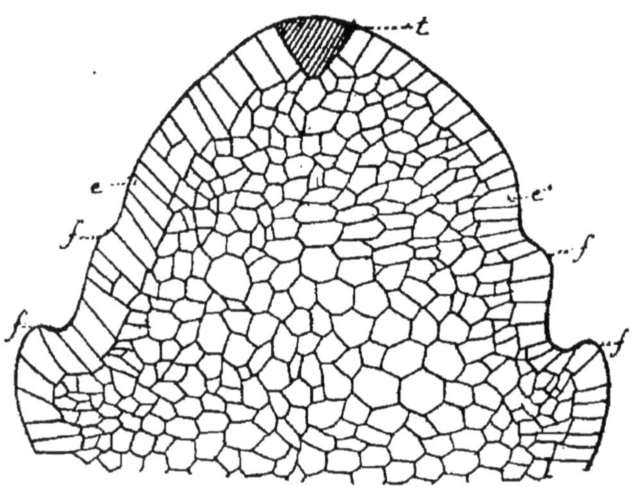

Fig. 14. — Sommet ou cône végétatif d'un Cryptogame ; *t*, cellule terminale *e*, *e*, épiderme ; *f*, *f*, feuilles naissantes.

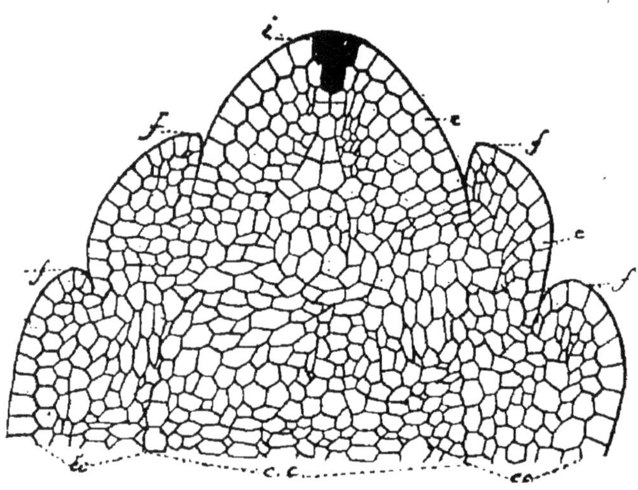

Fig. 15. — Sommet ou cône végétatif d'une plante Planérogame ; *i*, cellules initiales ; *e*, *e*, cellules épidermiques ; *f*, *f*, feuilles naissantes ; *ec*, écorce ; *c*, *c*, cylindre central.

tème secondaire à celui qui apparaît plus tard dans l'épaisseur même de la tige et de la racine d'un grand nombre de végétaux, aux dépens d'éléments déjà différenciés qui reprennent des caractères propres aux tissus jeunes.

Pour une raison analogue, on appelle *tissus primaires* ceux qui sont formés par le méristème primitif, et *tissus secondaires*, ceux qui sont dus au méristème secondaire (1). Mais il importe de noter que malgré la différence d'origine, ces deux catégories de tissus ne diffèrent pas entre elles par la structure.

Phénomènes de la multiplication cellulaire. — La multiplication des cellules s'accomplit suivant plusieurs modes distincts.

Considérant d'abord le cas le plus ordinaire, nous avons à examiner successivement ce qui se passe dans les deux parties essentielles de la cellule, et qu'on peut résumer ainsi : segmentation du noyau, division du protoplasma et formation d'une cloison de cellulose.

1° *Segmentation ou division du noyau.* — La nucléine, partie essentielle du noyau (p. 8), s'étend sous forme de filaments dans la substance protoplasmique de la cellule ; l'ensemble de ces filaments prend la forme d'un fuseau (fig. 16, II), en même temps qu'à la partie la plus renflée de celui-ci ou *équateur,* la nucléine se condense davantage pour y former la *plaque équatoriale;* cette plaque se divise en deux, perpendiculairement à l'axe du fuseau (III) ; puis, les deux moitiés s'écartant se portent chacune vers le pôle correspondant de la cellule, pour devenir l'origine d'un nouveau noyau (IV).

Tout d'abord chaque noyau est entièrement formé de nucléine ; mais bientôt il s'accroît en absorbant de l'eau et des substances fournies par le protoplasma voisin ; dans l'interstice de ces filaments pénètre du suc nucléaire ;

(1) Toutes les plantes ne sont pas pourvues de ces deux catégories de tissus et des deux sortes de méristème qui les engendrent. Ainsi les Thallophytes, les Muscinées et la plupart des Cryptogames vasculaires n'ont que ceux de la première catégorie ; au contraire, les Phanérogames et notamment les Gymnospermes et les Dicotylédones possèdent les deux.

enfin les nucléoles apparaissent et la couche périphérique du noyau se dessine sous la forme d'une membrane. A ce

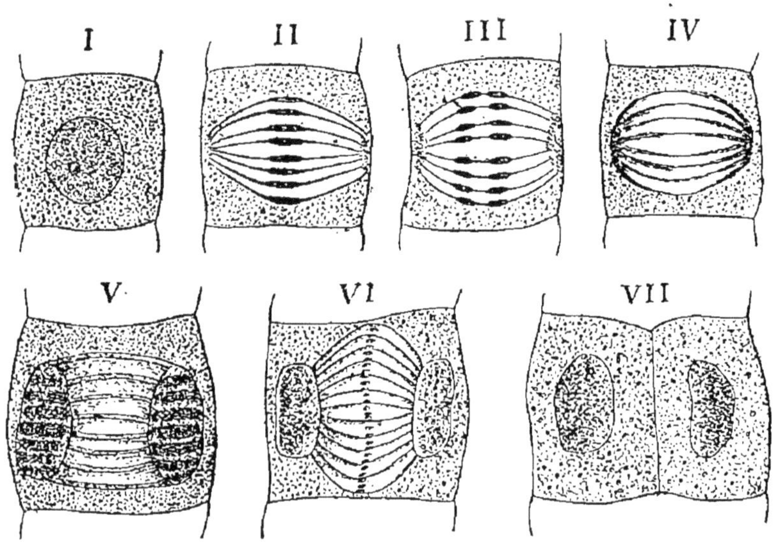

Fig. 16. — Phénomènes de la division cellulaire. — I, une cellule prête à se diviser ; II, formation du fuseau et de la plaque équatoriale du noyau ; III, division de cette plaque ; IV, ses deux moitiés se sont portées vers les pôles de la cellule ; V, les deux nouveaux noyaux deviennent distincts ; VI, apparition de la cloison de cellulose à travers toute la masse protoplasmique ; VII, les deux cellules complètement formées.

moment le noyau a achevé son évolution et est prêt à subir une nouvelle division (V et VI).

Parfois (notamment dans la formation des grains de pollen de certaines plantes), le noyau se divise d'abord en deux, aussitôt séparés l'un de l'autre par une cloison, puis chacun de ceux-ci en deux autres, de façon que la cellule primitive se trouve partagée en quatre ; au lieu d'une *bipartition*, c'est donc une *quadripartition*.

Enfin, dans certains cas bien plus rares, sans passer par toutes les phases qui viennent d'être indiquées, le noyau s'étrangle simplement en son milieu, puis finit par se couper en deux ; c'est ce qu'on appelle la *fragmentation du noyau*.

2° *Division du protoplasma ou cloisonnement cellulaire.* — La cloison de cellulose qui apparaît pour séparer l'une de l'autre les deux cellules en voie de formation est toujours produite par le protoplasma.

Le cloisonnement peut se faire aussi bien dans une cellule dépourvue de noyau, comme c'est le cas des Bactéries et de beaucoup de Champignons, que dans celles qui en ont deux ou plusieurs. Si la cellule n'a qu'un noyau, celui-ci doit au préalable se diviser, et la cloison passe entre les deux noyaux qui en résultent.

Avant que ne commence le cloisonnement, les deux noyaux sont réunis par les filaments protoplasmiques qu'ils ont produits, comme on l'a vu un peu plus haut, au moment où ils se sont écartés l'un de l'autre (fig. 16, V); ces filaments sont disposés de telle sorte que le contenu de la cellule a encore ici la forme d'un fuseau. Vers l'équateur de ce fuseau se dépose une couche de granulations formant une *plaque équatoriale*, laquelle occupe toute l'épaisseur de la masse protoplasmique (VI). Ces granulations se fusionnent bientôt en une plaque continue, qui d'abord molle prend peu à peu de la consistance; la division du protoplasma de la cellule est alors complète (VII).

La marche du cloisonnement n'est pas toujours la même; il est dit *simultané*, *centripète* ou *centrifuge*, selon que la cloison apparaît à la fois dans toute l'étendue de la cellule, ou qu'elle part de la périphérie de celle-ci pour en gagner progressivement le centre, ou enfin qu'elle avance au contraire du centre vers la périphérie.

Formation cellulaire libre ou Cloisonnement multiple. — Mais la formation des cellules ne procède pas toujours comme il vient d'être indiqué. Parfois, le noyau et le protoplasma se divisent en deux ou plusieurs parties, sans qu'il y ait en même temps ou immédiatement après production d'une cloison de cellulose, celle-ci ne se formant que beaucoup plus tard. Voici, par exemple, comment les choses se passent dans la formation de l'albumen de la graine des plantes phanérogames : le noyau se divise un assez grand nombre de fois sans que les noyaux successivement formés se séparent à l'aide d'autant de cloisons; mais lorsque cette segmentation est terminée, les noyaux s'isolent simultanément les uns des autres par des cloisons de cellulose. C'est là ce qu'on appelle la *formation*

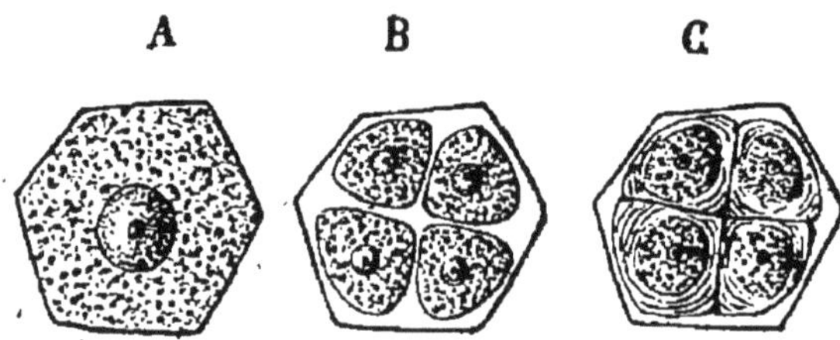

Fig. 17. — Multiplication des cellules par formation libre ou cloisonnement multiple; *A*, cellule avec noyau; *B*, cellule dont le protoplasma se divise en quatre; *C*, formation des cloisons qui séparent les nouvelles cellules.

cellulaire libre ou encore le *cloisonnement multiple* (fig. 17).

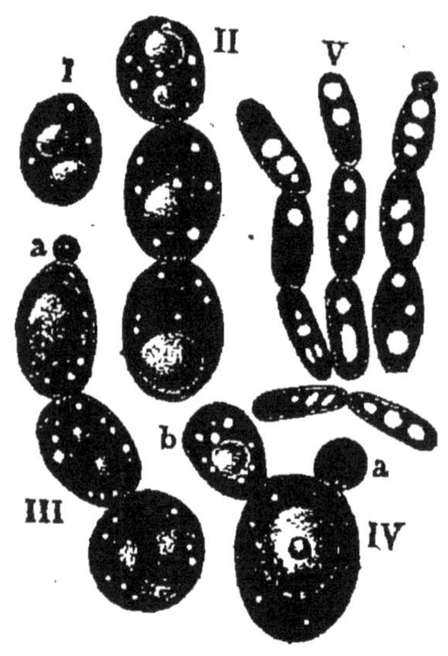

Fig. 18. — Exemples de bourgeonnement cellulaire : I à IV, cellules de la levure de bière; *a*, *a*, apparition de bourgeons cellulaires; *b*, un bourgeon devenu cellule complète; V, mêmes phénomènes dans la levure ou ferment du vinaigre.

Ajoutons, enfin, que la cloison peut ne jamais apparaître, comme c'est le cas de la division des cellules nues (spores de Myxomycètes, d'Algues, etc.).

Autres modes de formations cellulaires. — Sous le nom de *bourgeonnement cellulaire*, on entend une multiplication des cellules par division, mais dans laquelle la cellule mère forme sur un point de sa surface une excroissance, qui, d'abord très petite, grandit et finit par prendre la taille de celle qui lui a donné naissance. A ce moment, la cloison de cellulose se forme au point de contact des deux cellules. Les cellules de la levure de bière en offrent un excellent exemple (fig. 18)

— Il existe encore deux autres sortes de formations cellulaires; on les connaît sous les noms de *Conjugation* et de *Rajeunissement*. Mais comme elles ne trouvent leur application que dans les phénomènes de reproduction des Cryptogames, les détails qui les concernent seront renvoyés à l'étude de cette fonction chez les végétaux inférieurs.

Différentes sortes de tissu cellulaire. — Le tissu cellulaire offre un certain nombre de variétés, qui tiennent à la forme et au mode de groupement des éléments constituants.

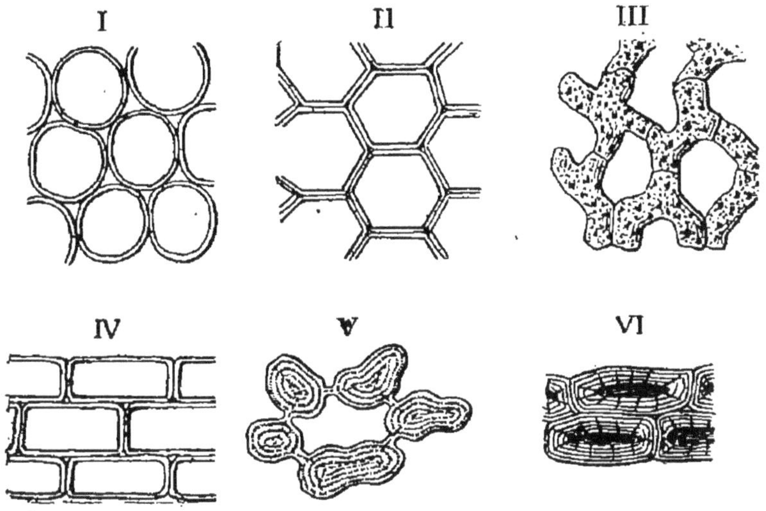

Fig. 19. — Principales formes de tissu cellulaire. — I, parenchyme arrondi; II, parenchyme polyédrique; III, parenchyme rameux; IV, parenchyme muriforme; V, une cellule de collenchyme; VI, cellules scléreuses.

Quand elles ont leurs parois minces et distendues par des sucs ou des gaz, les cellules offrent souvent la forme arrondie ou ovalaire et constituent le *tissu cellulaire arrondi* (fig. 19. I); les plantes grasses, les fruits pulpeux en offrent de bons exemples. Dans ce cas, des espaces vides plus ou moins considérables se trouvent interposés entre les points de contact des cellules et constituent des *méats intercellulaires*, sur lesquels on reviendra plus loin.

Le plus souvent, par suite de leur accroissement et de leur multiplication, les cellules se compriment réciproquement et forment un *parenchyme polyédrique, hexagonal* (II); la moelle des plantes en offre des exemples caractéristiques. D'autres fois, les cellules sont disposées comme les pierres de taille d'une muraille et donnent lieu au *parenchyme muriforme* (IV). Les cellules peuvent présenter des prolongements plus ou moins irréguliers, d'où le nom de *parenchyme rameux* (III) ; et si ces prolongements sont disposés avec une certaine régularité, on a le *parenchyme étoilé* (fig. 20), qui s'observe avec une très grande netteté dans la tige du Jonc des marais; les larges espaces vides interposés aux cellules permettent aux gaz de circuler entre elles.

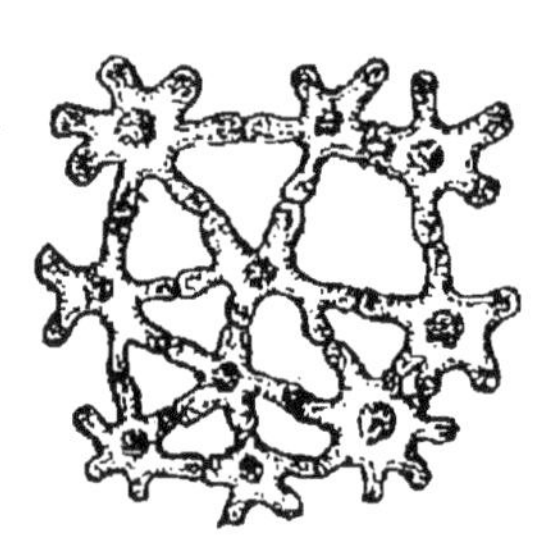

Fig. 20. — Parenchyme à cellules étoilées.

Si la paroi cellulaire, tout en restant molle et conservant sa composition chimique normale, s'épaissit notablement, en même temps que les cellules prennent une forme allongée et un éclat particulier (V), cette disposition caractérise le *collenchyme* (1); au contraire, si les cellules de parenchyme s'allongent comme les précédentes et sont serrées de façon à ce qu'il n'y ait pas entre elles de lacunes, en même temps que leurs parois s'épaississent beaucoup et deviennent dures, comme pierreuses (VI), on a le *parenchme scléreux* (2).

Enfin, on donne le nom d'*endoderme* (3) ou de *gaine protectrice* à un ensemble de cellules parenchymateuses, plissées sur leurs parois latérales de façon à s'engrener les unes avec les autres; ces cellules forment une zone continue autour du cylindre central de la tige et de la racine (fig. 80, *e*).

(1) Κολλα, soudure; ἔγχυμα, substance.
(2) Σκλήρος, dur.
(3) C'est-à-dire enveloppe ou derme intérieur.

Matière intercellulaire; Méats, lacunes, chambres intercellulaires. — Les cellules sont réunies les unes aux autres, soudées plus ou moins intimement, par l'interposition d'une substance longtemps considérée comme en étant distincte, et qui se serait épanchée pour les agglutiner à la manière d'un ciment, d'où le nom de *matière intercellulaire* qu'on lui a donné. On peut conserver ce nom, mais on devra se rappeler que cette substance n'est autre chose que la couche extérieure plus molle des parois cellulaires. Son abondance varie beaucoup avec les tissus; d'ordinaire très peu épaisse, elle se trouve au contraire en grande quantité dans les tissus mous, mucilagineux, comme en présentent notamment certaines Algues.

Il s'en faut de beaucoup cependant que les cellules soient toujours accolées sans laisser d'interstices. Il en est bien ainsi tant que les tissus sont très jeunes; mais bientôt il se forme entre elles de petits vides auxquels on donne le nom de *méats;* ceux-ci peuvent devenir plus grands et méritent alors les noms de *lacunes*, de *chambres* intercellulaires (fig. 19, 20). Les lacunes peuvent encore devoir leur origine à la destruction de cellules ou d'autres éléments. Quoi qu'il en soit, il en résulte que toute la plante est parcourue par un réseau lacunaire et dans lequel l'air circule; cela forme un vaste appareil, dit *appareil aérifère.*

2° ÉLÉMENTS ANATOMIQUES DÉRIVÉS DE LA CELLULE

Fibres. — Lorsque par les progrès de leur développement, les cellules, comprimées, serrées les unes contre les autres, s'allongent en tubes terminés en pointe à chaque extrémité, de façon à affecter la forme de fuseaux, on leur donne le nom de *fibres* (fig. 21). Les fibres ne sont donc pas des éléments anatomiques absolument différents des cellules; elles n'en sont que des modifications.

Structure des fibres. Les fibres sont serrées les unes à côtés des autres; leurs extrémités aiguës sont intercalées entre celles des fibres placées au-dessus et au-dessous : elles adhèrent fortement entre elles, sont souvent ramifiées et constituent des *faisceaux* forts résistants. En outre, leurs parois sont très épaisses, de sorte que le canal creusé au centre de chaque fibre est fort étroit.

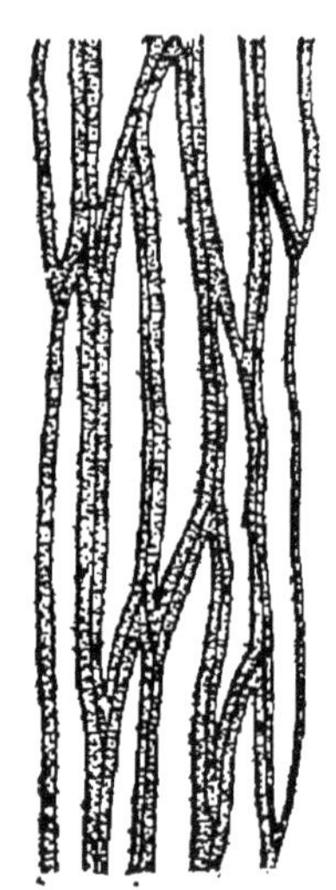

Fig. 21. — Fibres serrées, accolées entre elles et coupées en long.

La longueur des fibres est variable : très courtes quand elles sont ramifiées, elles sont beaucoup plus allongées lorsqu'elles sont simples, et peuvent alors atteindre vingt centimètres et plus de longueur. Elles ont deux millimètres et demi dans le Tilleul, un centim. dans le Chanvre, quatre centim. dans le Lin, vingt-deux centim. dans le *Bœhmeria nivea*, plante de la famille des Urticacées, qui comme les deux espèces précédentes est employée pour ses fibres textiles.

La plus grande partie du bois des végétaux est formé par des éléments de cette nature, au milieu desquels sont intercalés les vaisseaux, dont il va être question. Ce sont les fibres aussi qui constituent ces filaments si résistants que fournissent les parties corticales d'un grand nombre de plantes et qui servent à la confection des étoffes (Lin, Chanvre), ou à la fabrication des cordages (Chanvre, Aloès, etc.). Enfin, ces mêmes éléments composent, pour la plus grande partie, les nervures des feuilles.

Puisque les fibres dérivent des cellules, dont elles ne sont qu'une modification, on ne sera pas surpris d'apprendre que leurs parois offrent toutes les particularités que les parois des cellules nous ont déjà montrées, et que l'on distingue des *fibres ponctuées, rayées, aréolées,* etc. C'est même chez elles que cette dernière disposition se rencontre le plus communément (fig. 11).

Une forme importante des fibres est celle qui caractérise les *tubes criblés* ou *cribreux* (fig. 22).

Dans des cas nombreux, la cloison de séparation de deux cellules fibres ou voisines dont les parois sont restées molles, au lieu de se résorber complètement pour rétablir une large communication entre elles, se perfore, par places seulement, de nombreux trous très fins. Cela donne à ces parties l'aspect d'un crible, d'où le nom de *tubes criblés* donné à cette sorte d'éléments anatomiques, qui comme nous le verrons plus tard ont un rôle fort important. Ouverts pendant la période active de la végétation, ces pores sont fermés en automne et en hiver par une sorte de bouchon appelée *cal.* On y reviendra d'ailleurs à propos de la structure de la tige.

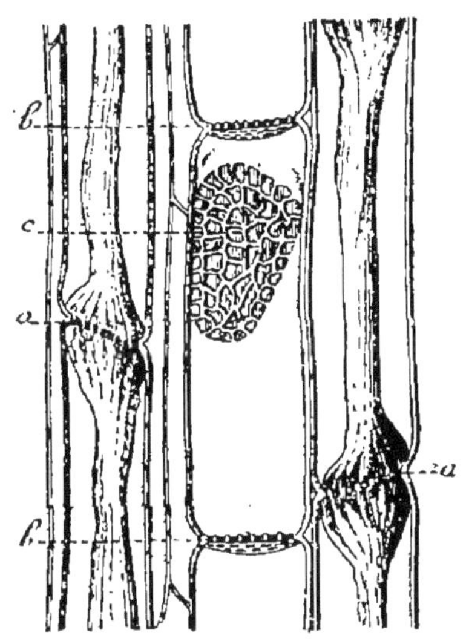

Fig. 22. — Tubes criblés ; *a a*, cloisons transversales perforées ; le contenu de ces cavités communique facilement de l'une à l'autre ; *b*, *b*, cloisons semblables, dans une cellule vide, montrant bien leurs cribles ; *c*, une plaque criblée sur la paroi latérale de la même cellule.

Vaisseaux. — Comme les fibres, les vaisseaux dérivent de cellules ; ils résultent en effet de la réunion bout à bout d'un certain nombre de ces dernières. Mais, tantôt, et ce cas est très fréquent, les cloisons transversales qui séparent les différentes cellules disposées en file ne se résorbent pas et le vaisseau est dit *fermé ;* tantôt, entre ces cellules il s'établit une large communication par suite de la disparition des parois interposées entre leurs cavités, et le vaisseau est dit *ouvert*.

Structure des vaisseaux.

Les vaisseaux constituent des tubes très fins, fort longs, et qui, contrairement aux fibres, ne sont, à l'exception de ceux qu'on appelle *laticifères*, jamais ramifiés. Leur forme est généralement cylindrique ou prismatique.

Trachées.

Comme les cellules qui le composent, un vaisseau peut être *ponctué*, *rayé*, *spiralé* ou *réticulé* (fig. 23). Ceux qui présentent la disposition spiralée méritent d'arrêter quelques instants l'attention. L'épaississement, dans ce cas, s'est produit sous forme d'un petit cordon spiral qui fait saillie dans l'intérieur du vaisseau (I). Sa résistance est assez grande, et son adhérence à la paroi assez faible pour qu'on puisse, par la traction, le dérouler au dehors comme un petit ressort à boudin; ou bien encore, c'est la

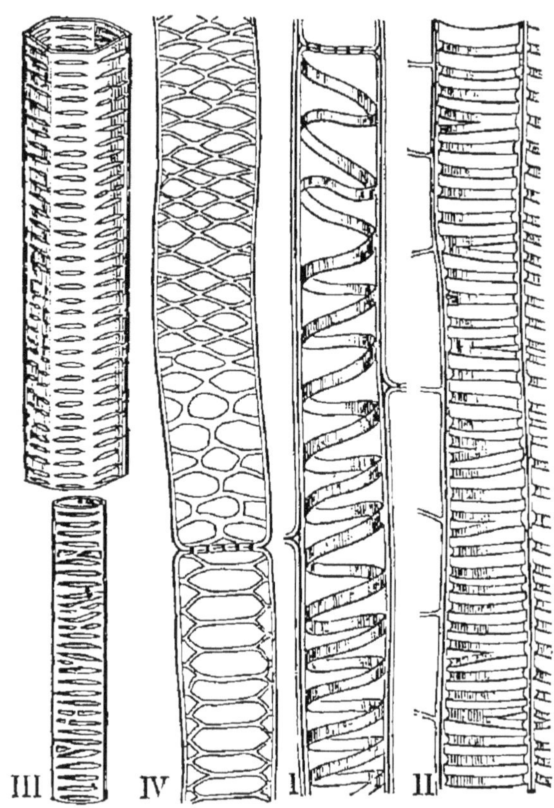

Fig. 23. — Principales formes des vaisseaux : I, vaisseau spiralé ou trachée ; II, vaisseau annelé coupé en long ; III, vaisseaux scalariformes, jeune en bas, plus âgé en haut ; IV, vaisseau réticulé.

paroi même du vaisseau qui se déchire suivant la spirale en question. C'est ce qu'il est on ne peut plus facile de reconnaître en déchirant avec quelque précaution un pétale de rose : on voit alors que les deux fragments sont réunis par des fils élastiques d'une finesse extrême, qui ne sont autre chose que les petits épaississements spiraux qui se déroulent. Dans la feuille du Bananier ils sont encore bien plus faciles à voir, car au lieu d'un seul filament par vaisseau, il y en a plusieurs accolés les uns aux autres et qui se déroulent sous la forme d'un fin ruban. Les tours de spire sont plus ou moins espacés; parfois ils sont si serrés qu'ils recouvrent entièrement la paroi du vaisseau.

On a trouvé une certaine analogie entre les vaisseaux spiralés des plantes et les tubes respiratoires ou trachées des Insectes, qui sont, en effet, garnis d'un fil très fin enroulé de la sorte; aussi a-t-on appelé *trachées* les vaisseaux des plantes qui offrent cette dispostion; quant au filament lui-même, il porte le nom de *spiricule*. Malgré leur finesse, les spiricules paraissent, au moins dans certains cas, être creusées d'un canal dans toute leur longueur.

Les trachées ne sont pas indifféremment répandues dans toutes les parties des végétaux : chez les Dicotylédones elles s'observent seulement dans cette partie de la tige qui entoure la moelle et qu'on appelle l'étui médullaire, tout le reste du bois et de l'écorce en étant dépourvu; chez les Monocotylédones on les trouve dans tous les faisceaux fibro-vasculaires disséminés dans la tige. Les nervures des feuilles et diverses parties des fleurs en contiennent toujours; on en rencontre enfin dans les racines.

Rôle des vaisseaux.

La paroi des vaisseaux, contrairement à celle des fibres, reste, en général, mince; lorsque ces organes sont encore jeunes, ils sont remplis de suc, ou pour mieux dire de *sève*. C'est par leur intermédiaire en effet que ce liquide monte; mais un peu plus tard, la sève les abandonne et leur cavité ne renferme plus que des gaz. (Voyez Chap. VI, *Circulation*.)

Vaisseaux laticifères. — Tandis que les vaisseaux qui viennent d'être étudiés ne communiquent en aucune façon les uns avec les autres et forment autant de tubes continus à peu près rectilignes, il en est d'une certaine catégorie qui s'abouchent par leurs parois latérales, se rejoignent par des branches transversales, de façon à former un système ramifié; ce sont les *vaisseaux laticifères* (fig. 24). Ils dérivent de cellules glandulaires, c'est-à-dire de cellules spéciales destinées à la sécrétion de certaines substances. Les parois de séparation de ces cellules placées en file se sont résorbées en totalité ou en partie, de façon à établir entre elles une facile communication, et à transformer ces éléments en vaisseaux.

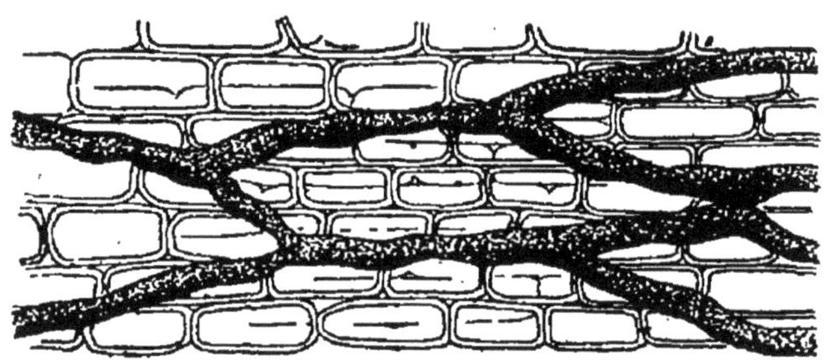

Fig. 24. — Vaisseaux laticifères de la Chélidoine.

Les uns, *laticifères continus*, sont plus ou moins ramifiés, mais jamais disposés en réseau et paraissent dus au développement de quelques cellules déjà existantes dans l'embryon. On trouve de semblables vaisseaux dans les feuilles et les écailles de l'Ail commun, dans les feuilles de l'Aloès, où ils paraissent chargés de la sécrétion du principe amer qui porte le nom de cette plante, dans l'Érable, où ils fournissent un liquide sucré, dans la grande Éclaire ou Chélidoine, où ils contiennent un liquide d'un beau jaune, etc.

Les autres, *laticifères articulés*, sont formés de files de cellules sécrétrices, reliées par d'autres disposées dans le sens transversal, de façon à constituer un réseau à mailles plus larges ou plus serrées suivant les espèces de plantes. Ces réseaux sont souvent très sinueux et très compliqués, pourvus d'un grand nombre de ramifications anastomosées entre elles ou terminées en cul-de-sac : telle est la disposition que l'on rencontre dans les Pavots, les Laitues.

Les parois des laticifères sont ordinairement fort minces, sans ponctuations ou épaississements quelconques ; leur calibre, au lieu d'être uniforme, présente des alternances de dilatation et d'étranglement, qui ont mérité à ces canaux l'épithète de *moniliformes* (1).

On les rencontre d'ordinaire dans l'écorce des Dicotylédones, surtout vers sa partie interne, tandis que chez les Monocotylédones ils se voient parmi les faisceaux vasculaires disséminés dans la tige. Les nervures des feuilles en présentent souvent. Ils renferment un *suc propre* ou *latex*, liquide bien différent de la sève. Il sera étudié à la suite des autres produits de sécrétion, à la fin du chapitre II.

(1) Du latin *monile*, collier.

3° PRINCIPAUX TISSUS

Classification anatomique des tissus. — Il ne suffit pas, pour connaître la structure des plantes, d'avoir appris quels en sont les éléments constituants ; il faut encore savoir comment ces éléments sont groupés entre eux et quels sont leurs rapports réciproques.

Serrés les uns contre les autres, confondant souvent leurs parois, communiquant ou non entre eux par leurs cavités, ces éléments constituent les *tissus*. Ceux-ci, envisagés au point de vue de leur structure, de la forme des éléments constituants, sont au nombre de trois principaux ou plutôt forment trois groupes.

Si le tissu est uniquement composé de cellules, il mérite le nom de TISSU CELLULAIRE, groupe auquel appartiennent l'*épiderme*, le *liège*, le *tissu sécréteur*, le *tissu conjonctif* ou *parenchyme* proprement dit (1), lesquels sont tous des tissus vivants, c'est-à-dire dans lesquels il existe du protoplasma (2).

S'il est formé par les éléments que nous connaissons déjà sous le nom de fibres, ou des éléments qui s'en rapprochent par divers caractères, c'est le TISSU FIBREUX ou PROSENCHYME (3) qui comprend les variétés suivantes : le *sclérenchyme* (4) (cellules courtes ou allongées à parois épaissies, lignifiées, très dures), le *tissu criblé*, tous deux formés d'éléments morts, c'est-à-dire ne contenant plus de protoplasma.

Enfin, celui qui est constitué par des vaisseaux prend le nom de TISSU VASCULAIRE ; il est formé également d'éléments morts.

(1) Παρέγχυμα, substance des organes.

(2) Le liège, qui a sa place dans ce groupe, ne reste pas, il est vrai, indéfiniment vivant ; au bout d'un temps qui varie suivant les espèces, ses cellules perdent leur protoplasma et ne sont plus que des éléments morts, mais il n'en est pas moins avéré que pendant une certaine durée ce tissu est vivant.

(3) Πρός, impliquant l'idée de force ; ἔγχυμα, substance.

(4) Σκληρός, dur.

Répartition des différents tissus chez les Phanérogames et les Cryptogames. — Les tissus qui viennent d'être énumérés sont loin de se trouver également répartis dans tous les végétaux et dans les différents organes d'une même plante. C'est ainsi qu'un grand nombre de végétaux inférieurs, appartenant au groupe des Cryptogames (Lichens, Algues, Champignons, Mousses), sont exclusivement composés de cellules et méritent le nom de *végétaux cellulaires*, qu'on leur donne souvent, par opposition aux autres Cryptogames (Fougères, Prêles, etc.) et aux Phanérogames, qui offrent, outre le tissu cellulaire, des tissus fibreux et vasculaires, lesquels même prédominent notablement dans leur structure.

Classification physiologique des tissus. — Chez les plantes, comme chez les animaux, tantôt à telle sorte de tissu est dévolue une fonction spéciale, et tantôt plusieurs espèces de tissus se mêlent et se combinent entre elles pour arriver à en remplir une seule.

Au point de vue physiologique, les tissus constituent donc un certain nombre d'*appareils* ou *organes* dont chacun a son rôle spécial à remplir. Voici les principaux : *appareil tégumentaire*, comprenant l'épiderme, le liège, etc., en un mot les tissus qui servent principalement à la plante de moyen de protection contre l'action des agents extérieurs ; l'*appareil de soutien*, formé surtout de cellules de sclérenchyme et de fibres à parois épaisses ; l'*appareil conducteur*, comprenant surtout des tubes de forme diverse, les fibres et les vaisseaux, dans l'intérieur desquels passent l'eau et les matières solides ou dissoutes qui circulent dans la plante ; l'*appareil conjonctif*, qui paraît avoir pour rôle principal de servir de moyen d'union entre les appareils précédents ; l'*appareil sécréteur*, dont les éléments constituants sont disséminés dans différentes parties de la plante ou réunis sous forme de réseau ou autrement ; l'*appareil assimilateur*, etc.

RÉSUMÉ

La *cellule* est le point de départ de tout organisme végétal; d'elle dérivent tous les autres éléments qui entrent dans la constitution de la plante.

1° Constitution de la cellule végétale. — Une cellule complète est formée de protoplasma, d'un noyau, d'une membrane d'enveloppe.

Le *protoplasma* est la partie essentielle ; c'est une substance albuminoïde, d'aspect mucilagineux ; il accomplit toutes les fonctions vitales : respiration, nutrition, mouvements, etc. Il remplit d'abord toute la cellule ; plus tard, il se creuse de *vacuoles*, occupées par le *suc cellulaire;* des mouvements intérieurs ou *courants* se produisent dans le protoplasma.

Le *noyau* est du protoplasma plus condensé, et d'une structure compliquée ; il est composé de *nucléine* (substance albuminoïde spéciale) et de *suc nucléaire*.

La *membrane cellulaire* est une sécrétion du protoplasma, de forme très variable, composée de *cellulose*. Elle paraît formée de couches concentriques, dues à des zones alternativement plus denses et moins denses. L'épaississement de la paroi peut se faire en certains points à l'exclusion de certains autres, ce qui donne lieu aux cellules *ponctuées, rayées, réticulées, annelées, aréolées*. Par la suite, la paroi cellulaire subit des modifications diverses : *subérification, lignification, gélification*, etc.

Développement, — Toute cellule provient d'une cellule préexistante, qui s'est segmentée. La plupart des plantes s'accroissent par leur sommet ou *cône végétatif*, terminé par une seule cellule ou par plusieurs (*cellules initiales*), qui se segmentent activement.

On appelle *méristème* tout groupe de jeunes cellules en voie de division.

Les phénomènes ordinaires de la multiplication cellulaire sont la segmentation du noyau, la division du protoplasma, l'apparition d'une cloison de cellulose.

Une variété de ce mode de multiplication est la *formation cellulaire libre*.

Un autre mode de multiplication est le *bourgeonnement*.

Les variétés du tissu cellulaire sont nombreuses et dépendent de la forme et du groupement des éléments.

2° Éléments dérivés de la cellule. — Les *fibres* sont des cellules allongées en tubes, terminées en pointe à chaque extrémité et serrées entre elles de façon à former des faisceaux très résistants. Il existe plusieurs variétés de fibres, *rayées, ponctuées, aréolées, tubes criblés*, etc.

Les *vaisseaux* sont formés de cellules placées bout à bout ; ils sont *fermés* ou *ouverts*, suivant que les cellules composantes sont séparées ou non par des cloisons. On distingue des vaisseaux *ponctués*, *rayés*, *spiralés*, etc. Une variété importante a reçu le nom de *laticifères*.

3° **Principaux tissus**. — Les tissus végétaux sont formés par le groupement des éléments anatomiques. Il y en a trois principaux :

1° Le *tissu cellulaire*, comprenant l'*épiderme*, le *liège*, le *tissu sécréteur*, le *tissu conjonctif* ; 2° le *tissu fibreux*, auquel appartient le *sclérenchyme* et le *tissu criblé* ; 3° le *tissu vasculaire*.

La répartition des divers tissus dans la plante est très variable.

Au point de vue physiologique, les tissus se partagent en *appareils tégumentaire*, de *soutien*, *conducteur*, *conjonctif*, *sécréteur*, *assimilateur*, etc.

CHAPITRE II

PRINCIPES IMMÉDIATS ÉLABORÉS PAR LES TISSUS VÉGÉTAUX

Classification des produits cellulaires. Amidon; Inuline; Dextrine; Chlorophylle; Substances albuminoïdes cristallisées; Aleurone; Matières grasses; Matières sucrées; Tannin; Matières colorantes. Matières gommeuses; Concrétions minérales solides; Gaz. — Organes sécréteurs et Sécrétions proprement dites: Essences, Résines, etc.; Latex.

Classification des produits cellulaires. — Les cellules et les autres éléments des végétaux renferment, outre le protoplasma, un grand nombre de substances qui sont dues à son activité et sont connues sous le nom de *principes immédiats*, parce qu'elles existent toutes formées dans la plante et ne sont pas le résultat d'opérations chimiques artificielles. La plupart sont des matériaux utiles, des substances nutritives qui seront employées au fur et à mesure des besoins de la plante, ou des réserves qui serviront à un moment donné. Mais plusieurs d'entre elles ne paraissent pas avoir une grande importance dans la vie de la plante, et peuvent être regardées plutôt comme des produits de désassimilation, produits qui cependant pourront, par suite de modifications chimiques accomplies dans l'intérieur même des tissus, concourir à un moment donné à la nutrition du végétal.

Parmi les premières, nous étudierons l'*amidon*, l'*inuline*, la *dextrine*, la *chlorophylle*, les *matières albuminoïdes cristallisées*, l'*aleurone*, les *matières grasses*, *sucrées*, le *tannin*.

Quant aux secondes, nous dirons un mot des *matières colorantes* autres que la chlorophylle, puis nous parlerons des *matières gommeuses*, des *concrétions minérales*, des *sels,* des *acides*, des *gaz,* qui peuvent se rencontrer dans les végétaux.

Enfin, un paragraphe spécial sera consacré aux Sécrétions proprement dites, *essences*, *résines,* etc., et aux organes qui les produisent; à cette étude se rattache celle du *latex*, renfermé dans les vaisseaux laticifères.

Sa répartition dans les végétaux.

Amidon. — De toutes les substances élaborées par les cellules, l'*amidon* ou *fécule* est la plus abondante et l'une des plus importantes pour la vie du végétal. La plupart des plantes en renferment et souvent en quantité considérable, dans leur tige, leur racine, leurs feuilles ou leurs graines, ce qui les fait utiliser dans l'alimentation de l'homme et des animaux. Citons, parmi les plus importantes, le Blé, le Seigle, l'Avoine et les autres céréales; beaucoup de graines de Légumineuses, haricots, lentilles, etc., la Pomme de terre, certains Palmiers, qui donnent le sagou, le Manioc, de la famille des Euphorbiacées, qui fournit le tapioca, etc., etc.

Caractères chimiques.

L'amidon est un hydrate de carbone ($C^{12}H^{10}O^{10}$), dont la constitution élémentaire est par conséquent semblable à celle de la cellulose. Au contact de la teinture d'iode il prend une couleur bleue ou violette caractéristique; le chloro-iodure de zinc lui donne la même teinte, mais en altérant la forme des grains.

Chaque grain d'amidon est formé de deux substances intimement mêlées, mais parfaitement isolables et qu'on appelle la *granulose* et l'*amylose*. La première est soluble dans la salive et se colore en bleu par l'iode; l'autre est insoluble dans la salive et se colore en jaune ou ne se colore pas par l'iode. L'amylose constitue en quelque façon le squelette du grain d'amidon, de sorte que la granulose en étant enlevée, le grain conserve sa forme et son apparence primitive. Malgré cela, l'amylose ne constitue que 6 0/0 de l'amidon de la pomme de terre et seulement 2 0/0 de celui du blé, le reste étant formé par la granulose.

Caractères physiques.

L'amidon est sous forme de grains d'une extrême petitesse, d'aspect variable, arrondis, ovoïdes, discoïdes, ellipsoïdes, etc., mais de forme assez constante dans une même espèce de plantes, et assez nettement tranchée de l'une à l'autre, pour qu'il soit possible, à l'aide du microscope, d'en connaître le plus souvent l'origine, et de déceler les fraudes commerciales qui consistent à mêler à la farine du froment, par exemple, celle de haricots, de fèves ou de pommes de terre.

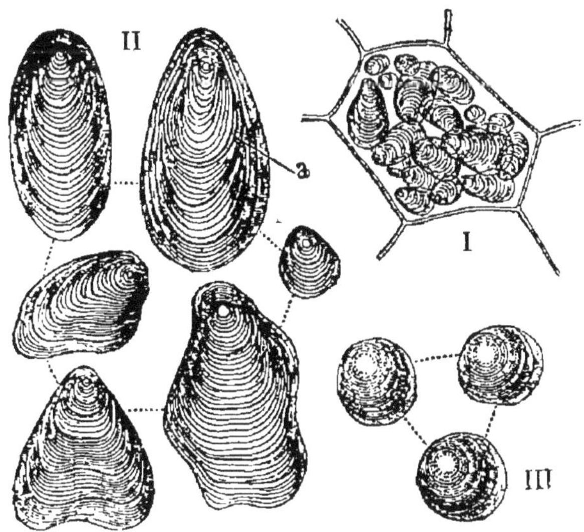

Fig. 25. — Grains d'amidon ; I, une cellule du parenchyme de la pomme de terre, grossie 150 fois, renfermant des grains d'amidon ; II, ceux-ci plus grossis (600 fois) montrant nettement leurs zones concentriques (*a*) ; III, grains d'amidon du blé (gross. 600 fois).

Vu au microscope, chaque grain paraît formé d'un certain nombre de couches concentriques, disposées autour d'une petite tache, qu'on appelle le *hile*, de forme arrondie ou allongée, et par où on croyait jadis que le grain était attaché. Le hile peut être placé au centre du grain, de telle sorte que les zones l'entourent régulièrement ; ou bien en un point excentrique, et alors celles-ci sont beaucoup plus nombreuses d'un côté que de l'autre.

L'apparence zonaire ou stratifiée des grains d'amidon n'est pas due, comme on pourrait le croire, à des dépôts successifs ; elle tient à ce que la petite masse une fois formée se différencie en couches alternativement plus denses et moins denses, par suite d'une variation dans la proportion d'eau qu'elles renferment. Toutefois, les recherches les plus récentes tendent à prouver que l'accroissement des grains d'amidon ne se fait pas par intussusception, suivant la théorie de Nægeli, mais par des dépôts à la surface extérieure, de la même façon que pour les cristaux inorganiques. Bien plus, on démontre que chaque grain n'est en somme qu'une agglomération de nombreux cristaux prismatiques disposés en rayons autour du hile.

Les grains d'amidon présentent parfois une structure plus compliquée : dans certaines plantes on les trouve accolés plusieurs ensemble, d'où le nom d'amidon *agrégé*; tel est celui du Manioc, si employé dans notre alimentation sous le nom de *tapioca*. Dans d'autres cas, les grains commencent par être simples; mais par suite de leur division en 2, 4 ou un plus grand nombre de parties, qui restent soudées les unes aux autres, chaque grain paraît formé de plusieurs intimement unis entre eux, et on dit alors que les grains sont *composés*.

Mode de formation. Quant au mode de formation de l'amidon, on n'est pas complètement fixé à son sujet. On sait toutefois qu'il apparaît sous forme de fines granulations dans le protoplasma, et notamment dans les petits corps ou *leucites* qui entrent dans la constitution des grains de chlorophylle, dont l'étude va bientôt nous occuper (p. 38); aussi est-on autorisé à croire que le rôle de celle-ci est considérable dans l'élaboration de l'amidon, et même que c'est là une de ses principales fonctions. Toutefois, il n'y a pas que les leucites chlorophylliens à produire l'amidon, celui-ci se formant aussi dans des leucites incolores, qui paraissent n'avoir pas d'autre fonction que de lui donner naissance.

Rôle de l'amidon. L'amidon, si abondamment répandu dans les plantes, y joue, au point de vue de leur nutrition, un rôle considérable. Il est insoluble dans l'eau, il est vrai, celle-ci ne faisant autre chose que de le gonfler et de le ramollir, de sorte qu'il se prend alors en une masse visqueuse, transparente, bien connue en économie domestique sous le nom d'*empois*. Mais la plante produit un principe particulier, un ferment, la *diastase*, qui a le pouvoir de modifier l'amidon et de le transformer en *dextrine*, puis en *glycose*, état sous lequel il est soluble et susceptible alors d'être transporté dans les différentes parties de la plante, pour servir à sa nutrition actuelle, ou bien pour s'accumuler dans certaines régions afin d'y constituer des réserves nutritives. (Voy. Chap. de la Digestion, *Réserves nutritives.*)

Inuline. — Son nom vient de l'Aunée (*Inula*), de la famille des Composées, où elle est très abondante ; d'ailleurs la plupart des plantes de cette famille en présentent : les racines de Dahlia, de Topinambour, en sont particulièrement riches. On la trouve encore chez les végétaux de plusieurs familles voisines de celle-ci, et aussi dans des Algues, des Champignons, etc. Elle paraît, au point de vue physiologique, suppléer l'amidon, si bien que celui-ci fait défaut dans les plantes où existe l'inuline. Sa répartition dans les végétaux.

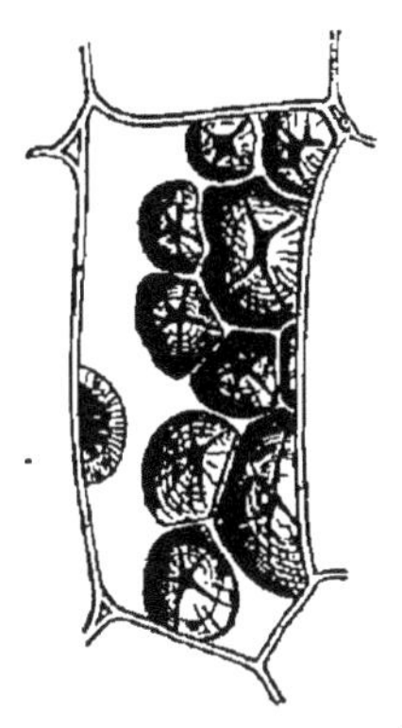

Fig. 26. — Inuline en cristaux sphériques dans une cellule de la racine de Dahlia, gross. 500 fois.

C'est, comme l'amidon, une substance ternaire et de même composition chimique ($C^{12} H^{10} O^{10}$), mais qui en diffère à d'autres points de vue. Composition chimique.

Insoluble dans l'eau froide, l'inuline se dissout très bien dans l'eau chaude ; l'iode ne la colore pas en bleu comme l'amidon.

Contrairement à l'amidon, elle est soluble dans le suc cellulaire, et c'est à l'état de solution qu'elle se trouve dans la plante vivante. Si les organes de la plante se dessèchent, ou bien si on en recueille les sucs pour les faire évaporer, on observe l'inuline à l'état solide, et sous forme soit de granulations, soit de petites masses cristallisées à peu près sphériques ou *sphéro-cristaux,* composées chacune d'un grand nombre de petits cristaux prismatiques rayonnant d'un centre commun. Caractères physiques.

Chose curieuse, un même cristal peut se former aux dépens de l'inuline renfermée dans plusieurs cellules contiguës, et se trouver moitié dans une cellule et moitié dans l'autre ; de sorte que la cristallisation de cette substance n'est nullement empêchée par l'interposition des membranes cellulaires.

Dextrine. — Nous ne dirons qu'un mot de la dextrine, parce qu'elle dérive de l'amidon, lequel a été longuement étudié un peu plus haut ; elle a une importance considérable, puisque c'est sous cet état que l'amidon chemine à travers les tissus. Très abondamment répandue dans les plantes, elle est à peu près incolore, transparente et visqueuse ; sa formule est celle de l'amidon ($C^{12} H^{10} O^{10}$) ; son nom vient de ce qu'elle dévie à droite la lumière polarisée.

Répartition de la chlorophylle.

Chlorophylle. — Matière verte très répandue dans les végétaux et dont le rôle est de la plus haute importance, car elle contribue à la formation de l'amidon. (Voy. Chap. VII, *Fonction chlorophyllienne.*)

Elle fait cependant défaut dans toute une classe du règne végétal, celle des Champignons. D'autres plantes encore paraissent en manquer, par exemple les Algues rouges ; mais ce n'est qu'une fausse apparence, la couleur de la chlorophylle étant simplement masquée par une autre teinte ; il en est de même pour les feuilles de certaines plantes phanérogames, dont les cellules superficielles sont colorées par un pigment rouge ou jaune, la chlorophylle étant renfermée dans les cellules plus profondes. Chose remarquable, les plantes ne sont pas les seuls êtres organisés qui présentent de la chlorophylle ; on connaît parmi les animaux inférieurs plusieurs espèces, telles que des Infusoires, des Vers, qui en contiennent également et chez lesquels la chlorophylle joue le même rôle que dans la plante. On aurait donc tort de chercher dans la présence ou l'absence de cet élément un indice certain de séparation entre les deux règnes organiques.

Origine et nature de la chlorophylle.

La chlorophylle se forme dans le protoplasma cellulaire et toujours sous l'influence de la lumière solaire. Toute plante qui est privée de l'action de cette dernière *s'étiole*, c'est-à-dire que la matière verte ne s'y développe pas et que celle qui y existait se détruit. Par exception à cette règle on connaît quelques parties qui sont colorées en vert, bien qu'elles n'aient pas encore subi l'action de la lumière : ainsi les embryons de plusieurs plantes, renfermés dans la graine, offrent déjà cette coloration, laquelle est due à une petite quantité de chlorophylle.

D'autre part, il faut faire remarquer que, sous l'influence d'une lumière trop intense, la chlorophylle disparaît également, et que la plante s'étiole comme par le manque de lumière.

Au moment où la végétation se ralentit, les grains de chlorophylle éprouvent d'importants changements. Ainsi, à l'automne, au moment où les feuilles vont tomber, ils se dissolvent dans le protoplasma, abandonnent les parties qui meurent et se portent vers celles qui continuent à vivre.

La chlorophylle est en réalité essentiellement formée de protoplasma ; elle apparaît sous forme de petits corpuscules blancs ou incolores appelés *leucites* (λεῦκος, blanc), qui

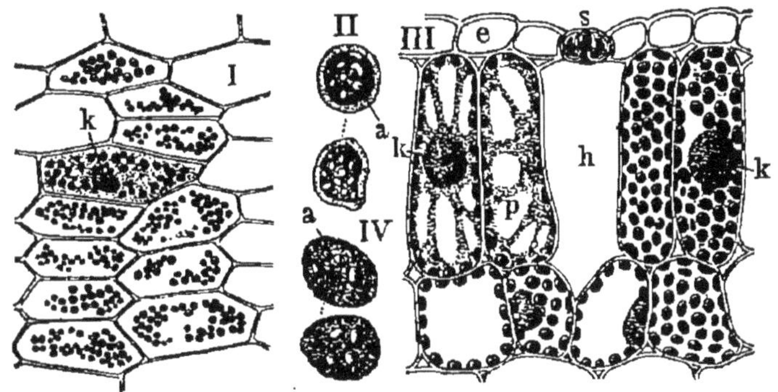

Fig. 27. — Cellules avec grains de chlorophylle ; I, cellules d'une feuille de *Marchantia polymorpha* (Muscinées), (gross. 200 fois) ; II, les grains de chlorophylle des mêmes cellules, renfermant des grains d'amidon (*a*), (gross. 900 fois) III, coupe à travers une feuille de Fève, dont les cellules sont remplies de grains de chlorophylle ; IV, grains de chlorophylle de la même isolés ; *a*, *a*, grains d'amidon ; *k*, noyau cellulaire ; *p*, protoplasma ; *e*, épiderme ; *s*, stomate ; *h*, chambre stomatique.

prennent d'abord et indépendamment de la lumière une teinte jaune, due à un principe spécial, la *xanthophylle* (ξανθὸς, jaune), et qui deviennent ensuite verts, mais seulement par suite de leur exposition à la lumière, laquelle provoque la formation d'un second principe colorant, qui est la *chlorophylle* proprement dite.

Il résulte de ceci que les *corps chlorophylliens* ou les *grains de chlorophylle*, comme on les appelle souvent, existent en réalité dans les plantes placées à l'obscurité, la teinte verte seule leur faisant défaut.

L'accroissement des grains de chlorophylle a lieu par intussusception ; quand ils ont une certaine dimension, ils s'étranglent et se divisent en deux leucites nouveaux.

Au lieu de se présenter, comme c'est la règle, à l'état de granules, la chlorophylle peut exister sous forme de longs rubans disposés en spirale, comme on le voit dans les fig. 17 et 28 : il en est ainsi dans bon nombre d'Algues inférieures.

La chlorophylle est soluble dans l'alcool et dans la benzine ; si l'on traite par ces deux réactifs des plantes riches en cette substance, préalablement broyées, on obtient une solution qui, par l'évaporation du liquide, laisse cristalliser la chlorophylle sous forme de petites aiguilles rayonnées.

Fig. 28. — Chlorophylle en rubans spiraux dans une cellule d'Algue (*Spirogyra*) (gross. 300).

La chlorophylle et l'amidon.

Entre la chlorophylle et l'amidon il existe d'importantes relations. Si la cellule, dans laquelle la matière colorante va se montrer, ne contient pas d'amidon, elle apparaît brusquement par place ; si elle en contient, c'est autour des grains d'amidon que la chlorophylle apparaît.

D'un autre côté, dans les grains de chlorophylle se forment presque toujours des grains d'amidon, lesquels sont placés soit vers le centre de ces grains, soit dans leur couche périphérique (fig. 27, II, IV, *a*). Les grains d'amidon grossissant de plus en plus, il arrive souvent qu'ils absorbent tout le corpuscule chlorophyllien, qui disparaît complètement ; mais à partir de ce moment, les grains d'amidon ne peuvent plus augmenter de volume.

Cristalloïdes.

Substances albuminoïdes cristallisées; Aleurone. — On rencontre dans les plantes certains corps de nature albuminoïde, à l'état cristallisé, c'est-à-dire ayant les caractères géométriques et optiques et présentant les clivages des cristaux ordinaires. Ils en diffèrent en ce que, au lieu d'être de structure homogène, ils sont formés de couches emboîtées les unes dans les autres, alternativement plus dures et plus molles, la plus externe étant toujours la plus dure, l'interne la plus molle, particularités qui dépendent de ce que la proportion d'eau diffère d'une zone à l'autre.

La forme de ces petits corps, qui rappelle de si près celle des cristaux, leur a valu le nom de *cristalloïdes*. Mais il faut bien remarquer qu'ils ne sont pas tous identiques ; la façon différente dont ils se comportent avec les réactifs montre qu'ils appartiennent à des principes albuminoïdes distincts.

Les cristalloïdes sont tantôt complètement libres dans les cellules, tantôt enclavés dans une certaine substance, qui sert de matière de réserve et à laquelle on donne le nom d'*aleurone*.

Les graines oléagineuses, notamment celles du Ricin, sont favorables à l'étude de l'aleurone, qui est très répandue dans les végétaux, parfois même plus abondante que l'amidon, surtout dans les graines huileuses. Aleurone; sa répartition.

Elle se présente sous la forme de grains ovoïdes, incolores ou grisâtres, ou diversement colorés, suivant les plantes. Les uns ne se composent pas d'autre chose que de protoplasma amorphe ; mais les autres ont une structure complexe et singulière (fig. 29). Sous une couche de protoplasma amorphe se trouve un *cristalloïde* de nature albuminoïde, qui occupe la partie la plus renflée du grain d'aleurone, tandis que l'autre extrémité renferme un corps arrondi, qu'on appelle le *globoïde*, et qui est surtout composé de phosphate de chaux et de magnésie. En somme, ces deux parties, le cristalloïde et le globoïde, doivent être regardées comme des enclaves accessoires des grains d'aleurone, car l'un ou l'autre peut manquer ; ils peuvent même faire défaut tous les deux, comme on l'a vu tout à l'heure. Ajoutons que les grains d'aleurone renferment parfois des cristaux d'oxalate de chaux. Structure.

Ils diffèrent de l'amidon par leurs réactions chimiques aussi bien que par leur structure; ainsi la teinture d'iode les colore en brun jaunâtre, l'azotate acide de mercure en rouge brique, réactions caractéristiques des substances albuminoïdes.

Origine de l'aleurone.

La formation de l'aleurone est assez mal connue; on croit qu'elle dérive de l'amidon; en tout cas, elle n'apparaît dans la graine qu'au moment de sa complète maturité, alors qu'elle commence à se dessécher; sa formation correspond donc à la perte d'une certaine quantité d'eau. Quand les grains doivent renfermer un cristalloïde et un globoïde, ceux-ci apparaissent en même temps, mais à un degré d'extrême petitesse, puis s'accroissent ensuite et s'entourent d'une couche amorphe qui est l'aleurone proprement dite.

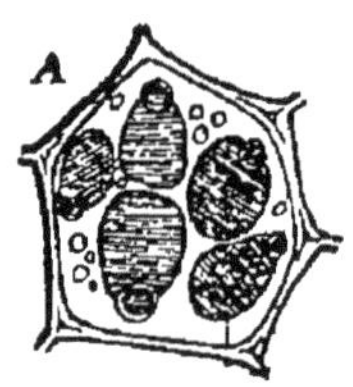

Fig. 29. — Cellules très grossies de la graine du Ricin, renfermant de l'aleurone; en A, chaque grain d'aleurone montre seulement un globoïde (préparation dans la glycérine), et en B, un globoïde et un cristalloïde (préparation chauffée dans la glycérine); (d'après Sachs.)

Rôle de l'aleurone.

Au moment ou la graine va germer, l'aleurone se dissout dans le suc cellulaire et se résorbe lentement pour fournir à l'alimentation de la plantule. Sa formation correspond par conséquent à cette période dans laquelle la plante passe de la vie active à la vie latente, et son emploi à la période dans laquelle la plante revient au contraire de la vie latente à la vie active.

On doit donc considérer l'aleurone comme un aliment de réserve, au même titre que l'amidon; mais tandis que celui-ci est un hydrate de carbone, une substance ternaire, celui-là est un aliment quaternaire, de nature albuminoïde.

Leur répartition.

Matières grasses. — Après l'amidon, les corps gras constituent les substances ternaires les plus importantes et celles qui sont le plus répandues dans les végétaux. Souvent à l'état liquide ou d'*huile*, ils se trouvent, dans d'autres cas, à des degrés de consistance variable, qui leur ont valu, comme aux produits similaires du règne animal, les noms de *beurre*, de *suif* et de *cire*.

Presque toujours le contenu cellulaire des différents organes de la plante présente une certaine proportion de substance grasse, de consistance huileuse, sous forme de gouttelettes arrondies.

Mais de plus, certaines parties sont gorgées de matières grasses en telle quantité que l'on peut les extraire avec avantage, soit pour l'alimentation, soit pour divers usages industriels. Ces parties sont assez variables suivant les plantes; en général, cependant, ce sont les fruits, soit leur partie charnue ou péricarpe, soit leur graine, ce dernier cas étant de beaucoup le plus fréquent.

Ainsi les fruits ou les graines d'Olivier, de Noyer, de Noisetier, de Colza, de Navette, d'Amandier, d'Arachide, etc., contiennent une forte proportion d'huile, que l'on extrait dans un but alimentaire ou industriel.

Un arbre qui croît en Chine, le *Gluttier à suif*, donne un produit qui sert à fabriquer des chandelles très employées en Chine et au Japon.

Les fruits du Cocotier, du Cacaoyer, du Muscadier et plusieurs autres donnent un *beurre* comestible ou médicinal.

La *cire* est produite à la surface des feuilles d'un grand nombre de plantes et s'y dépose sous forme de granules, de bâtonnets ou de lamelles; certains arbres de l'Amérique du Sud, les *Palmiers à cire*, en produisent une assez grande quantité pour qu'elle soit recueillie avec avantage et employée aux mêmes usages que la cire d'abeilles. Nombre de plantes de notre pays offrent à la surface de leurs feuilles une mince couche cireuse, qui empêche l'eau d'y adhérer et de les mouiller : telles sont entre autres celles du Chou, de la Capucine, du Rosier, etc. D'autres fois, c'est à la surface des fruits que la cire se rencontre, notamment sur les prunes, et surtout ceux du *Myrica cerifera*, plante de la Louisiane. Enfin, c'est parfois la tige elle-même qui en est recouverte, comme dans la Canne à sucre, par exemple.

Rôle des matières grasses.

Parmi les substances grasses que produisent les plantes, les unes ne jouent aucun rôle dans leur nutrition, mais constituent pour elles des moyens de protection, et peuvent être regardées comme des matériaux d'élimination; les autres, au contraire, notamment celles qui sont accumulées dans les graines, sont destinées à jouer, dans la nutrition du végétal, un rôle important. A l'époque de la germination, sous l'influence d'une substance azotée produite par le protoplasma, et appelée *ferment émulsif*, elles sont émulsionnées, puis saponifiées, c'est-à-dire dédoublées en un acide gras et en glycérine; ceux-ci, à leur tour, s'oxydent et subissent des modifications diverses, pour produire, en fin de compte, des hydrates de carbone et notamment de l'amidon.

Enfin, il paraît hors de doute qu'une portion des substances grasses est brûlée lentement dans l'organisme végétal et se transforme en eau et en acide carbonique, en produisant une certaine quantité de chaleur. (Voy. Chap. VII. *Respiration.*)

Matières sucrées. — Très abondamment répandues dans les cellules végétales, soit à l'état de solution dans le suc cellulaire et contribuant à la nutrition actuelle, soit accumulées dans certains organes pour servir de réserves nutritives, les matières sucrées se présentent sous trois formes, de composition chimique et de propriétés physiques différentes, à savoir, la *Glycose*, la *Saccharose* et la *Mannite*.

Glycose. La *glycose* ($C^{12} H^{12} O^{12}$) offre surtout deux variétés bien connues : la *dextrose* et la *lévulose*. La première ou *glycose ordinaire*, appelée encore *sucre de raisin*, dévie à droite le plan de polarisation de la lumière, est très soluble dans l'eau, où elle forme, à la suite d'un repos prolongé, des cristaux groupés en masses mamelonnées; elle doit sa formation au dédoublement de la saccharose par le *ferment inversif*, ou à l'hydratation de la maltose. La *lévulose*, qui abonde dans les fruits mûrs acides, dévie à gauche la lumière polarisée, cristallise en aiguilles et est due également au dédoublement de la saccharose par le ferment inversif ou encore à l'hydratation de l'inuline.

On connait encore d'autres variétés de glycoses : la *sorbine* dans les baies du Sorbier, les fleurs de l'Amandier, du Cognassier, etc.; l'*inosine*, dans les fruits du Haricot, les feuilles du Noyer, du Chou, etc.

Saccharose. La *saccharose* ou *sucre de canne* ($C^{24} H^{22} O^{22}$), très abondante dans la Canne à sucre, les racines de Betterave, de Carotte, la tige de l'Érable, les fruits du Châtaignier, etc., est très soluble dans l'eau, et cristallise en prismes rhomboïdaux obliques; sa solution dévie à droite le plan de la lumière polarisée. Sous l'influence du *ferment inversif*, elle prend deux équivalents d'eau et se déouble en *glycose* et *lévulose*, dont le mélange porte le nom de *sucre interverti*, parce qu'il dévie non plus à droite mais à gauche la lumière polarisée.

Il existe plusieurs variétés de saccharose : la *maltose*, qui résulte du dédoublement de l'amidon par la diastase; la *synanthrose*, très répandue dans les plantes de la famille des Composées, et qui existe dans les graines du Seigle, tandis que les autres céréales renferment du sucre de canne; la *mélitose*, qui se trouve dans l'Eucalyptus, etc.

Mannite.

La *mannite* ($C^{12} H^{14} O^{12}$) est un hydrate de carbone renfermant de l'hydrogène en excès. Elle existe abondamment dans l'Érable, le Frêne, l'Olivier, le Céleri, etc., plusieurs Algues (*Laminria saccharina*). Soluble dans l'eau, elle cristallise en prismes rhomboïdaux droits, très fins, soyeux, souvent rayonnés. Sa solution dévie légèrement à gauche le plan de la lumière polarisée. On connaît un assez grand nombre d'espèces de mannite, dont l'énumération serait ici peu utile.

Rôle des substances sucrées

Si la matière sucrée accumulée dans certaines parties des végétaux paraît désormais perdue pour l'économie de la plante, comme c'est le cas pour celle qui se trouve dans la pulpe de nombre de fruits, elle est, par contre, dans de nombreuses circonstances un aliment de réserve. C'est ainsi que la saccharose, contenue en si forte proportion dans la racine de Betterave à la fin de la première année de végétation, se transforme en glucose, pour servir l'année suivante à la formation des fleurs et des fruits.

Matières tanniques. — Le *tannin* ($C^{14} H^{10} O^{9}$), que l'on peut regarder comme le produit d'une sécrétion, est une substance acide voisine des glycoses. Il est très répandu dans les végétaux, soit à l'état de dissolution dans le suc cellulaire, soit accumulé dans certaines cellules, comme celles de l'écorce du Chêne, surtout des jeunes rameaux. Il existe dans nombre de feuilles, de fleurs, de fruits, surtout avant leur maturité ; c'est dans les galles de Chêne, vulgairement connues sous le nom de *noix de galle,* qu'il est le plus abondant, sa proportion allant jusqu'à 26 0/0.

Il offre des réactions caractéristiques avec les sels de fer, qui lui donnent une coloration bleue ou noire, d'où son emploi dans la fabrication de l'encre ; il jouit de la propriété de se combiner avec les substances animales en les rendant imputrescibles, ce qui en fait une matière précieuse pour le tannage ; enfin, il coagule les solutions de gélatine et de matière albuminoïde, propriété qui le fait encore utiliser dans plusieurs industries.

Au point de vue de la physiologie de la plante, on doit le regarder comme un aliment de réserve susceptible de se transformer en amidon ou en glycose, par exemple dans les fruits qui arrivent à leur maturité.

Matières colorantes autres que la chlorophylle (1). — Des matières colorantes autres que la chlorophylle se rencontrent

(1) Ce sujet devant revenir plus tard, à l'occasion de la coloration des fleurs, sera traité brièvement ici.

dans divers organes des végétaux. Leur lieu d'élection est surtout les pétales des fleurs et parfois les feuilles ou les frondes des Cryptogames. Le groupe des Floridées, parmi les Algues, nous en fournit de remarquables exemples. On y voit souvent, en effet, des corpuscules ou leucites colorés en rouge ou en brun, parfois en bleu ou en jaune, et assez abondants pour masquer la chlorophylle.

Mais la coloration ne dépend pas toujours de la présence de corpuscules solides ; ainsi qu'on le dira dans un autre chapitre, des *liquides* ou des *gaz* peuvent en être la véritable cause. (Voy. Chap. VIII. *Structure du Calice et de la Corolle.*)

Matières gommeuses. — Le suc cellulaire d'un certain nombre de plantes renferme une matière épaisse, mucilagineuse ou gommeuse, qui offre une grande analogie avec la dextrine ; les racines de Guimauve, de Consoude, de Saponaire en sont surtout abondamment pourvues. Cette substance semble être parfois le résultat d'une élaboration accomplie par le protoplasma ; mais peut-être aussi n'est-elle que le fait d'une altération, d'une *gélification* de la paroi interne de la membrane cellulaire, altération qui prend des proportions considérables dans les plantes qui donnent les différentes sortes de gommes arabique, adragante ou autres, employées à plusieurs usages, et celle que nous voyons fréquemment s'écouler par les crevasses de nos arbres fruitiers. Ces derniers produits paraissent constamment dus à de véritables maladies, ayant pour effet de ramollir et de détruire les parois des cellules et de les tranformer en une sorte de gelée qui finit par se faire jour au dehors.

Un phénomène analogue se produit quand on humecte des graines de lin ou de coing : les cellules extérieures absorbent l'eau avidement, se distendent, se déchirent et se transforment en un mucilage.

Concrétions minérales. — Le suc cellulaire tient souvent en dissolution une certaine proportion de *sels*, qui ont presque toujours la chaux pour base. Ils sont parfois en si grande abondance qu'ils se précipitent sous forme de cristaux et de concrétions.

Les principaux sont l'oxalate, le carbonate, le tartrate, le sulfate de chaux ; mais le premier est de beaucoup le plus commun.

Les cristaux d'*Oxalate de chaux* (fig. 30), se présentent parfois sous forme d'aiguilles, réunies en paquets ou faisceaux et désignées sous le nom de *raphides* (*IV*, *a*, *b*), disposition fréquente chez les Monocotylédones, où l'on voit certaines cellules en être presque entièrement remplies.

D'autres fois, leur forme appartient au système clinorhombique ou au système quadratique (II). Souvent ils sont pour ainsi dire encastrés les uns dans les autres, pour former des *mâcles* (*III*), dont la masse remplit presque entièrement la cavité cellulaire et se trouve souvent enveloppée de cellulose en continuité avec les parois de la cellule (*V*).

Le *carbonate de chaux*, parfois cristallisé (fig. 30, *I*), est ordinairement à l'état de concrétions amorphes, connues sous le nom de *cystolithes* (κύστος, cellule ; λίθος, pierre). Les Orties et la plupart des plantes de la famille des Urticées en présentent constamment et de

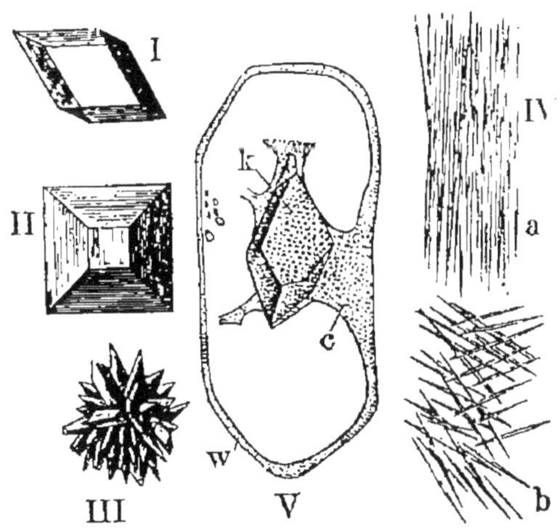

Fig. 30. — Cristaux des cellules végétales ; I, cristal rhomboédrique de carbonate de chaux ; II à V, cristaux d'oxalate de chaux ; II, dans le système quadratique ; III, en mâcles, pris dans un nectaire de Mauve (gross. 600) ; IV, *a*, *b*, raphides, des feuilles de Fuschia (gross. 450) ; V, cellule du fruit du Rosier avec un cristal (*k*) soutenu au milieu de la cellule par un prolongement (*c*) de cellulose de la paroi (*w*).

forme très variable. Celles des feuilles de la plante ornementale connue sous le nom de *Caoutchouc* (*Ficus elastica*) sont particulièrement remarquables.

On dirait un petit lustre attaché par un fin cordon de cellulose à la voûte de la cellule. Le microscope montre que ces concrétions sont composées de cellulose mêlée de grains calcaires.

Silice.

La *silice* se rencontre à l'état de concrétions dans les tissus d'un assez grand nombre de végétaux, notamment dans les Prêles, où son abondance dans les parties superficielles de la tige fait employer ces plantes au polissage du bois et des métaux ; dans les tiges de Bambous, où elle forme des concrétions connues sous le nom de *tabaschir* ; dans les Rotangs, vulgairement appelés Rotins, qui lui doivent leur poli et leur dureté. Citons, pour terminer, les Algues du groupe des Diatomées, entièrement recouvertes d'une carapace siliceuse.

Gaz. — Le suc cellulaire tient toujours en dissolution certains principes gazeux, notamment de l'air et de l'acide carbonique, que les racines ou les feuilles ont puisés dans l'atmosphère ou dans l'eau. Ces gaz circulent également en dehors des cellules, dans les méats intercellulaires ; mais on les trouve surtout dans les cellules dont le protoplasma a disparu. On verra dans un autre chapitre que les vaisseaux du bois sont surtout réservés à la circulation des gaz.

SÉCRÉTIONS VÉGÉTALES ET ORGANES SÉCRÉTEURS

Ce qu'il faut entendre par sécrétions végétales. — Dans le sens le plus général, on pourrait définir les sécrétions : « la formation de toutes les substances élaborées par le protoplasma », et faire rentrer sous ce titre aussi bien la production de l'amidon et de la chlorophylle, par exemple, que la formation et le dégagement de la vapeur d'eau et de l'acide carbonique.

Mais en se plaçant à un point de vue plus restreint, on réserve ce nom aux fonctions de certaines parties affectant souvent une forme particulière, qu'on appelle les *organes sécréteurs* ou *glandes*.

On peut établir une distinction entre les *sécrétions* et les *excrétions*; elle consiste en ce que, dans le premier cas, le produit sécrété reste enfermé dans les tissus de la plante, tandis que dans le second, il se fait jour à l'extérieur.

Les produits des sécrétions végétales doivent être tous regardés comme excrémentitiels et naturellement étrangers à la nutrition; toutefois, ils peuvent, du moins quelques-uns, être repris par les cellules voisines et rentrer alors dans la circulation générale.

Organes sécréteurs. — Leur forme, leur structure et leur situation sont des plus variées. Et d'abord, les uns sont *superficiels*, les autres *profonds*. Les premiers sont situés dans les cellules de l'épiderme ou dans les cellules prolongées en forme de poils qui en dépendent; tel est le cas de l'Ortie commune, dont les poils, terminés par une pointe aiguë, renferment dans leur cavité centrale un

Glandes superficielles.

liquide très irritant; tel est encore celui de nombre de Labiées, dont les poils épidermiques renferment souvent des liquides odorants; dans l'Ortie blanche, chaque poil est

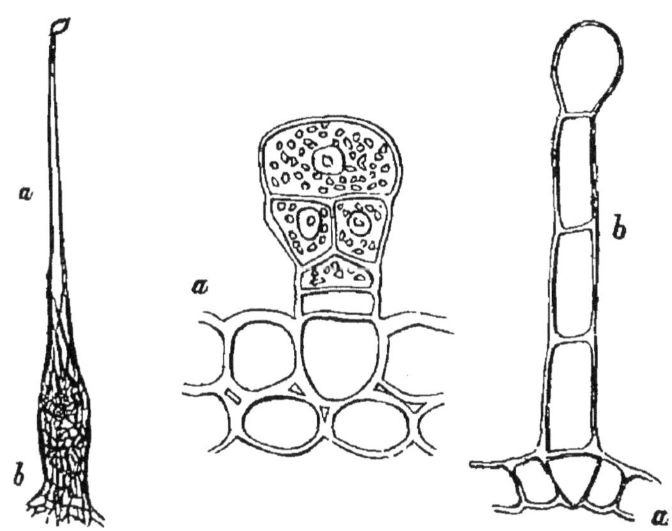

Fig. 31. — La figure de gauche représente un des poils urticants de l'Ortie; *a*, la tige du poil; *b*, sa base renflée. — La figure suivante représente un poil sécréteur du pétiole d'une feuille de l'Ortie blanche, porté par les cellules de l'épiderme. — La figure de droite montre un poil d'une tige de Géranium; *a*, cellules épidermiques; *b*, tige du poil.

renflé à son extrémité et renferme une glande formée de plusieurs cellules. Il faut faire rentrer dans cette catégorie les glandes du stigmate du pistil et des jeunes bourgeons, qui laissent, les unes et les autres, échapper un liquide visqueux, et encore les glandes pédiculées si répandues à la surface des feuilles des plantes dites carnivores. (Voy. Chap. VII. *Digestion*.)

Glandes profondes

Les glandes profondes, situées dans l'épaisseur des feuilles, des organes floraux, de la tige ou des fruits, sont extrêmement variables de forme et de structure.

Les unes sont formées d'une cellule unique, ou plus souvent d'un petit groupe de cellules, dans l'intérieur desquelles s'accumule le produit élaboré; souvent ces cellules éclatent et se déchirent, et il en résulte une petite cavité commune remplie du liquide sécrété, comme c'est le cas des glandes des fruits du Citronnier, de l'Oranger. D'autres fois, les cellules sécrétantes sont disposées autour d'une cavité centrale ou petite poche, qui peut être arrondie, comme c'est le cas des Conifères, ou allongée en forme d'un petit canal, comme cela se voit dans le fruit des Ombellifères, où les glandes ont reçu pour cette raison le nom de *bandelettes*. Les cellules glandulaires ont elles-mêmes une forme allongée, et sont disposées en files superposées; les cloisons intermédiaires se résorbant, on a alors de véritables *canaux sécréteurs*, lesquels conduisent par des transitions insensibles jusqu'à la structure des vaisseaux laticifères.

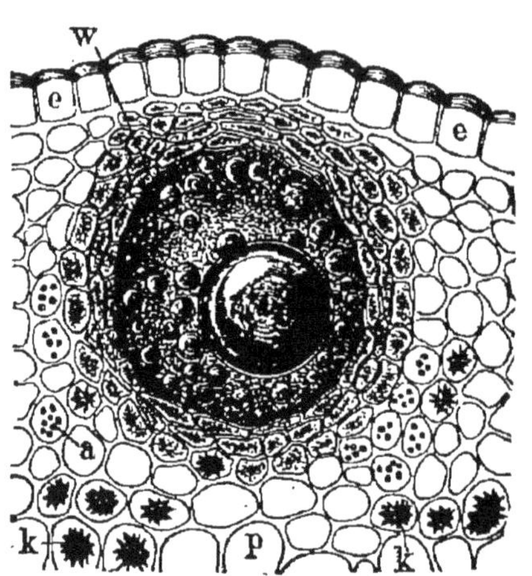

Fig. 32. — Glande huileuse de l'ovaire du *Metrosideros buxifolia* (Myrtacées) coupé en travers et grossi 300 fois ; *e*, épiderme ; *p*, parenchyme ; *w*, paroi interne de la glande ; *t*, grosse goutte d'huile ; *k*, cristaux ; *a*, grains d'amidon.

Le plus souvent, le produit de sécrétion reste enfermé dans les tissus et ne sort pas à l'extérieur, mais il y a un assez grand nombre d'exceptions (excrétions) ; ainsi les glandes stigmatiques du pistil, celles des bourgeons, laissent échapper un liquide visqueux, qui, dans le premier cas, retient les grains de pollen, et dans le second cas sert de vernis protecteur ; les nectaires, dont la plupart des fleurs sont pourvues, laissent écouler leur sécrétion au fond de celles-ci, où elle attire les insectes ; de même, les glandes pédiculées des plantes dites carnivores exsudent un liquide qui s'accumule comme une petite perle à leur extrémité. Tantôt la sortie de la sécrétion se fait par simple exhalation à travers la paroi cellulaire et tantôt par déchirure ou destruction de celle-ci.

Produits de la sécrétion des glandes. — Les organes sécréteurs qui viennent d'être étudiés donnent naissance à des produits très divers, le plus souvent liquides, quelquefois solides, presque toujours aromatiques, et chimiquement formés de carbone et d'hydrogène, Mais la plupart d'entre eux, aussitôt formés, prennent de l'oxygène et absorbent de l'eau, de sorte que la combinaison primitivement binaire devient ternaire : le carbure d'hydrogène devient un hydrate de carbone. Ces produits portent le nom d'*essences*, d'*oléo-résines*, de *résines*, de *gommes-résines* et de *baumes*.

Essences.

Les *essences* n'ont aucun rapport, malgré les noms d'*huiles volatiles*, d'*huiles essentielles*, qu'on leur donne souvent, avec les substances grasses. Toutes sont liquides à la température ordinaire, à une exception près, le Camphre. Elles résultent du mélange de deux principes, ou si l'on veut, de deux huiles essentielles distinctes, dont l'une est cristallisable (*stéaroptène*) et dont l'autre reste toujours liquide (*éléoptène*). A la longue, elles s'altèrent à l'air et à la lumière, s'oxydent et se résinifient. Citons, parmi les principales essences : celles de Rose, de Laurier, le camphre du Japon, qui se forment dans le parenchyme des feuilles ; celles de Thym, d'Hysope et d'un grand nombre de Labiées, qui s'élaborent à l'intérieur de cellules très superficielles ou de poils épidermiques; les essences d'Anis, de Coriandre, de Fenouil, fournies par les fruits de ces plantes ; celles de Cannelle, le camphre de Bornéo, élaborés dans la tige et les rameaux.

Fig. 33. — Fragment de bois du Camphrier de Bornéo avec des cristaux de camphre.

On les obtient par pression ou distillation; quelques-unes ne se forment que par la trituration des organes qui les contiennent : ainsi celle d'amandes amères, qui résulte du mélange de deux principes naturellement séparés dans la graine.

Oléo-résines.

Les *oléo-résines* consistent dans le mélange d'une résine et d'une essence. On peut citer comme types : les térébenthines, qui découlent d'incisions pratiquées sur la tige de plusieurs espèces de Conifères, Mélèze, Pin, Sapin, etc., dans le bois et l'écorce desquels se trouvent accumulés les organes sécréteurs. La distillation de la térébenthine donne l'essence de ce nom et une résine, la *colophane;* citons encore l'oléo-résine désignée à tort sous le nom de *baume de la Mecque* ou de *Judée*, qui découle du Baumier de la Mecque, la *térébenthine de Chio*, celle de *Copahu*, improprement appelée *baume de Copahu*.

Résines. Les *résines* sont des corps solides à la température ordinaire, plus ou moins friables, à cassure vitreuse et d'odeur plus ou moins forte; nous nous contenterons d'en indiquer quelques-unes : la *résine de Gaïac,* la *résine mastic*, fournie par le Pistachier lentisque, de la région méditerranéenne, et qui, à la suite de légères incisions du tronc et des branches s'en écoule sous forme de larmes; les Orientaux s'en servent comme masticatoire, pour se parfumer l'haleine, fortifier les gencives et blanchir les dents, d'où son nom; la *résine copal* ou *résine animé,* produite par des plantes de la famille des Légumineuses, et qui sert à la fabrication de vernis siccatifs; la *sandaraque*, que fournit une espèce de Conifère du nord de l'Afrique, employée dans les vernis et pour rendre du corps au papier aminci par le grattoir; le *jalap*, utilisé en médecine comme purgatif.

Gommes-résines. Les *gommes-résines*, résultant du mélange de résines et de matières gommeuses, sont produites par des plantes herbacées de l'Afrique et de l'Asie. Les principales sont l'*asa fœtida*, l'*opoponax*, la *gomme ammoniaque*, le *galbanum*, fournis par des plantes de la famille des Ombellifères, la *myrrhe* et l'*oliban*, par des Térébinthacées, la *gomme-gutte*, la *scammonée* etc., par d'autres espèces.

Baumes. Les *baumes*, enfin, sont des substances complexes, dans lesquelles il entre des résines, des essences et un acide aromatique, tel que l'acide benzoïque ou cinnamique. Les plus employés sont le *benjoin*, le *storax*, le *liquidambar*, le *baume de Tolu*, le *baume du Pérou*, etc., qui sont utilisés en médecine et surtout dans la parfumerie.

Latex. — Les vaisseaux laticifères, étudiés p. 28, renferment une sécrétion appelée le *suc propre* ou *latex.* Celui-ci est formé d'une partie liquide, incolore, dans laquelle flottent un grand nombre de globules, tantôt incolores et tantôt vivement colorés en rouge, en jaune, en blanc laiteux. La consistance du latex est souvent plus ou moins visqueuse.

On n'est pas bien fixé sur le rôle que joue le latex dans l'économie de la plante. Autrefois on lui attribuait une importance considérable au point de vue de la nutrition. Aujourd'hui on le regarde comme un liquide d'excrétion, tout en reconnaissant qu'il peut être repris par les cellules et concourir alors soit à l'alimentation soit à la calorification de la plante.

Il contient des substances très variables, qui diffèrent suivant les espèces végétales, et dont un grand nombre sont employées à des usages industriels ou médicaux, quelquefois même alimentaires ; beaucoup renferment des poisons violents.

Nous citerons quelques-uns des plus importants.

Le latex du Pavot somnifère blanc constitue l'*opium ;* pour l'obtenir on incise superficiellement le fruit de la plante ou capsule ; il s'en écoule un liquide laiteux qui se concrète en larmes que l'on recueille avec soin ; celui de la Laitue, fourni par des incisions pratiquées au sommet de la tige, est connu sous le nom de *lactucarium.*

Le *caoutchouc* se rencontre dans le latex d'un assez grand nombre de plantes de l'Amérique du Sud, de l'Inde et de l'Afrique ; on l'obtient en faisant des incisions qui traversent toute l'épaisseur de l'écorce ; la *gutta-percha* est le suc desséché d'un grand arbre de la Malaisie, l'*Isonandra gutta ;* elle s'écoule d'incisions faites sur le tronc.

Parmi les plantes qui fournissent un latex alimentaire, citons le *Galactodendron utile* ou l'*arbre à la vache,* de l'Amérique, dont le latex, semblable à du lait, en possède les propriétés nutritives ; le *Papaya carica,* dont le latex contient une substance azotée, la *papaïne,* de même composition chimique que la pepsine retirée du suc gastrique des animaux, et qui, comme elle, a la propriété de digérer les substances albuminoïdes ; aussi l'administre-t-on comme la pepsine aux personnes dont la digestion se fait mal.

Certaines plantes très utiles au point de vue alimentaire, telles que les Maniocs, qui donnent la *cassave* et le *tapioca,* sécrètent un suc propre très vénéneux, dont il faut avoir soin de débarrasser la fécule, sous peine d'empoisonnement ; les Euphorbiacées en général, même celles de notre pays, renferment un suc très âcre et qui peut donner lieu à des accidents.

Le latex de l'*Upas antiar* et de plusieurs plantes voisines est très toxique et sert aux Indiens à empoisonner leurs flèches ; celui qui s'écoule de plusieurs Champignons de notre pays est le plus souvent nuisible, mais il y a des exceptions, certains Champignons laiteux étant comestibles.

Enfin, le latex peut contenir des résines, des baumes, du tannin, etc., ce qui ne doit pas surprendre, puisque, comme on l'a vu plus haut (p. 50), il existe une série de formations intermédiaires entre les laticifères proprement dits et les appareils glandulaires chargés d'ordinaire de la sécrétion de ces substances.

RÉSUMÉ

Les cellules végétales élaborent un grand nombre de produits variés, destinés à la nutrition immédiate de la plante ou à la formation de réserves qui seront utilisées plus tard, ou enfin à rester accumulées en certains points sans paraître jouer un rôle utile dans la nutrition du végétal.

Les plus importants sont l'*amidon*, l'*inuline*, la *dextrine*, la *chlorophylle*, des *substances albuminoïdes cristallisées*, des *matières grasses*, des *matières sucrées*, etc.

L'*amidon* est le plus abondant de ces produits : c'est un hydrate de carbone, composé de petits grains à couches concentriques, de formes variables suivant les espèces et formés chacun de deux substances distinctes, la *granulose* et l'*amylose*. Les grains d'amidon sont *simples*, *agrégés* ou *composés* : ils doivent généralement leur naissance à la chlorophylle. Insoluble dans l'eau, l'amidon se dissout à l'aide d'un ferment, la *diastase*, qui le met en état d'être absorbé par la plante.

L'*inuline*, substance voisine de l'amidon, a l'aspect de cristaux sphériques.

La *dextrine* n'est autre chose que l'amidon rendu absorbable par l'action de la diastase.

La *chlorophylle*, qui donne aux plantes leur couleur verte, se forme dans le protoplasma, sous l'action de la lumière solaire ; son rôle est très important puisque d'elle dépend généralement la formation de l'amidon ; elle se présente sous l'aspect de petit corps d'abord blancs, les *leucites*, qui se colorent ensuite en vert.

Des *substances albuminoïdes cristallisées* ou *cristalloïdes* se rencontrent dans certaines cellules, tantôt complètement libres, tantôt enclavées dans une matière de réserve nutritive, l'*aleurone ;* celui-ci se rencontre surtout dans les graines oléagineuses, et sert au développement de la plantule.

Les *matières grasses* sont très abondantes dans les cellules végétales ; elles se trouvent soit à l'état solide, soit à l'état liquide; elles servent, tantôt de moyens de protection, tantôt d'éléments nutritifs après avoir subi des dédoublements chimiques et des oxydations.

Les *matières sucrées* principales sont la *glycose* ou sucre de raisin, la *saccharose* ou sucre de canne. On peut, dans un grand nombre de cas, regarder les matières sucrées comme des aliments de réserve.

Il en est de même des *matières tanniques*, lesquelles sont susceptibles de se transformer en amidon ou en glycose.

Les *matières gommeuses* sont le plus souvent le résultat d'une altération de la paroi cellulaire.

Des *concrétions minérales* cristallisées se rencontrent fréquemment dans les cellules des plantes.

Enfin, des *gaz* de différente nature s'observent aussi bien dans les cellules mêmes que dans les espaces intercellulaires.

Sous le nom *Sécrétions* on entend l'élaboration de divers produits dans des organes particuliers appelés *glandes*. Parmi ces organes les uns sont superficiels, les autres profonds ; ils sont formés tantôt d'une cellule unique, tantôt d'un groupe de cellules, qui peuvent même se disposer en de véritables canaux. Les produits de sécrétion peuvent rester enfermés dans les tissus ou se faire jour au dehors. La nature de ces produits est très variable ; ce sont des essences, des résines, des baumes, etc.

Le *latex* est une sécrétion généralement abondante, de couleur, de consistance et de composition très variables, qui circule dans des canaux particuliers, lesquels forment souvent dans les tissus de la plante des réseaux très compliqués.

CHAPITRE III

ORGANOGRAPHIE VÉGÉTALE OU ANATOMIE DESCRIPTIVE DES ORGANES DES PLANTES

I. Organes de Nutrition

TIGE

Division des fonctions des végétaux. Fonctions de nutrition ; Membres et Organes. — Définition de la tige. 1° Tiges aériennes : ramification, forme, durée, consistance, port, etc. 2° Tiges souterraines : Rhizome, Bulbe, Tubercule. — Structure de la tige. A. DICOTYLÉDONES : écorce et cylindre central. Développement de la tige ; structure primaire ; structure secondaire et accroissement en épaisseur ; le bourgeon terminal et l'accroissement en hauteur. Tableau résumé de la structure de la tige des Dicotylédones. Mesure de l'accroissement de la tige en longueur. Action des circonstances extérieures sur la croissance de la tige : pesanteur (géotropisme); lumière (héliotropisme); pression ; causes internes. — B. MONOCOTYLÉDONES. Modifications offertes par certaines Monocotylédones. — C. GYMNOSPERMES. — D. ACOTYLÉDONES. Cryptogames cellulaires ; Cryptogames vasculaires. — Principales fonctions de la tige.

Division des fonctions des végétaux. — La plante, qui est un être vivant, possède, d'une part, la faculté de conserver, d'entretenir, d'accroître ses différentes parties, et d'autre part, celle de reproduire son espèce ; d'où deux ordres de fonctions, celles de *nutrition* et celles de *reproduction*.

On ne rencontre pas chez les végétaux le troisième ordre de fonctions connues chez les animaux sous le nom de *fonctions de relation*. Cependant, comme ils présentent certains mouvements, qui paraissent au premier abord se rattacher à ces fonctions, on consacrera, à la fin de l'ouvrage, quelques pages à l'étude de ces manifestations particulières de l'activité des plantes.

Fonctions de nutrition ; Membres et Organes. — Les parties de la plante qui servent à la nutrition peuvent être classées, pour l'étude, au point de vue soit anatomique, c'est-à-dire de la structure et de l'origine, soit physiologique, c'est-à-dire de la fonction.

Dans le premier cas elles comprennent trois divisions principales, auxquelles on donne le nom de *membres :* ce sont la *tige*, la *racine*, la *feuille*. Mais il s'en faut que ces trois parties se retrouvent chez tous les végétaux ; ainsi dans tous les Cryptogames de la division des Thallophytes (voy. p. XI), les feuilles manquent absolument.

Dans le second cas, elles comprennent un grand nombre d'appareils ou *organes*, dont chacun a un rôle spécial à remplir dans la nutrition. Ces organes peuvent être limités à l'un ou l'autre des membres de la plante, ou bien, ce qui est le plus ordinaire, se trouver répartis entre plusieurs. Les principaux organes ou appareils ont été énumérés déjà à la p. 30.

C'est en nous plaçant au point de vue anatomique que nous ferons la description de la plante, car c'est de cette façon qu'elle peut être exposée le plus méthodiquement.

Définition de la tige. — La *tige* est cette partie de la plante, qui, en général, s'élève en l'air et se dirige vers la lumière. Mais son caractère essentiel, celui qui la distingue constamment de la racine, c'est qu'elle porte des feuilles, tandis que celle-ci n'en offre jamais.

Si, comme il vient d'être dit, la tige se dresse en général en l'air, il existe certaines exceptions à cette règle, de sorte qu'il y a lieu de distinguer des tiges *aériennes* et des tiges *souterraines*.

1° TIGES AÉRIENNES

Les caractères extérieurs de ces tiges, que nous devons d'abord étudier, se rapportent à leur *situation apparente* ou *cachée,* leur *ramification*, leur *forme*, leur *durée*, leur *consistance*, leur *port*, etc.

Fig. 34. — Plante acaule (*Caladium*).

A. — Situation apparente ou cachée. La tige existe constamment, mais elle est parfois très réduite; de sorte que l'on pourrait croire à son absence (fig. 34) ; on dit alors que la plante est *acaule* (*a* privatif; *caulis*, tige), par opposition à celles qui ont une tige apparente bien développée, et sont dites *caulescentes*.

B. — Ramification. La tige est tantôt *simple*, c'est-à-dire réduite à l'*axe principal* ou *primaire* (Palmiers), tantôt plus ou moins *ramifiée*, et pourvue d'*axes secondaires, tertiaires*, etc. (fig. 35), vulgairement appelés branches, rameaux, ramuscules.

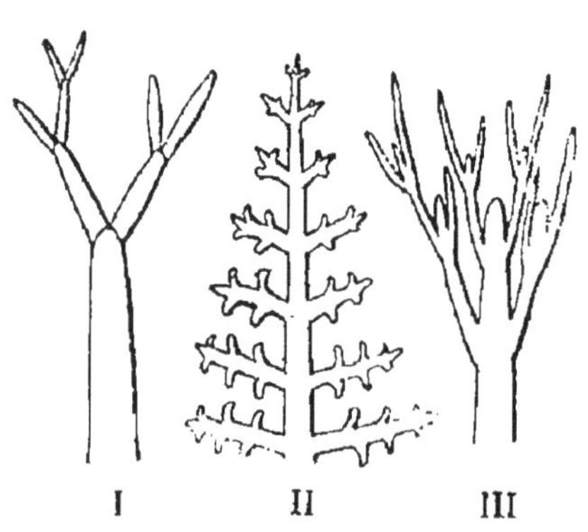

Fig. 35. — Modes de ramification de la tige; I, ramification terminale; II, ramification latérale en grappe; III, ramification latérale en cyme dichotome.

Deux cas peuvent alors se présenter : dans l'un, le sommet de la tige seul produit des rameaux, par suite d'une bifurcation de son méristème, puis chacun des deux rameaux ainsi formés se comportera de même ; c'est ce qu'on appelle la *ramification terminale*, laquelle ne se rencontre que chez les Cryptogames, les Fougères, par exemple (fig. 35).

Dans l'autre, beaucoup plus commun, le sommet de la tige continue à croître, en produisant, sur ses parties latérales, des bourgeons, qui se développeront en rameaux (Phanérogames et certains Cryptogames) ; c'est ce qu'on appelle la *ramification latérale*, laquelle présente plusieurs espèces.

Ainsi, lorsque la croissance de la tige ou d'un axe quelconque l'emporte en activité sur celle des axes d'ordre inférieur, c'est-à-dire nés de lui, de façon à avoir toujours une avance sur eux, c'est la *ramification en grappe* (II), et l'ensemble de la plante a une forme pyramidale (Sapin).

Au contraire, si l'axe principal se développant peu, les axes secondaires le dépassent (III), c'est la *ramification en cyme* (Tilleul, Chêne). Celle-ci présente des variétés : la *cyme unipare*, s'il ne se forme sur l'axe principal qu'un seul rameau à la fois, lequel prend alors la direction de cet axe ; il en émet à son tour un autre qui le remplacera de la même façon, de telle sorte que l'on aura une série d'axes, d'ordres différents par leur naissance, que l'on prendrait au premier abord pour un seul et même axe, recourbé sur lui même et émettant de distance en distance des rameaux secondaires (fig. 115, I). La cyme unipare est dite *scorpioïde*, quand la ramification se fait toujours du même côté (tige fleurie du Myosotis), et *hélicoïde* (fig. 115, II), quand elle a lieu alternativement d'un côté et de l'autre (Tilleul).

Si dans une ramification en cyme, il se développe plusieurs rameaux au même niveau, ceux-ci peuvent se former par bifurcations (fig. 36) ou trifurcations de l'axe précédent, et la tige est dite alors *dichotome* ou *trichotome*.

C. — Forme. Le plus souvent la tige est arrondie, *cylindrique ;* parfois elle est aplatie ou *comprimée*, *triangulaire*, comme dans les Carex, ou bien *quadrangulaire* (Labiées).

D. — Durée. Les tiges sont, comme les plantes dont elles font partie, annuelles, bisannuelles ou vivaces. Lorsque la plante est *annuelle*, c'est-à-dire subit en un an toute son évolution et périt ensuite, la tige est évidem-

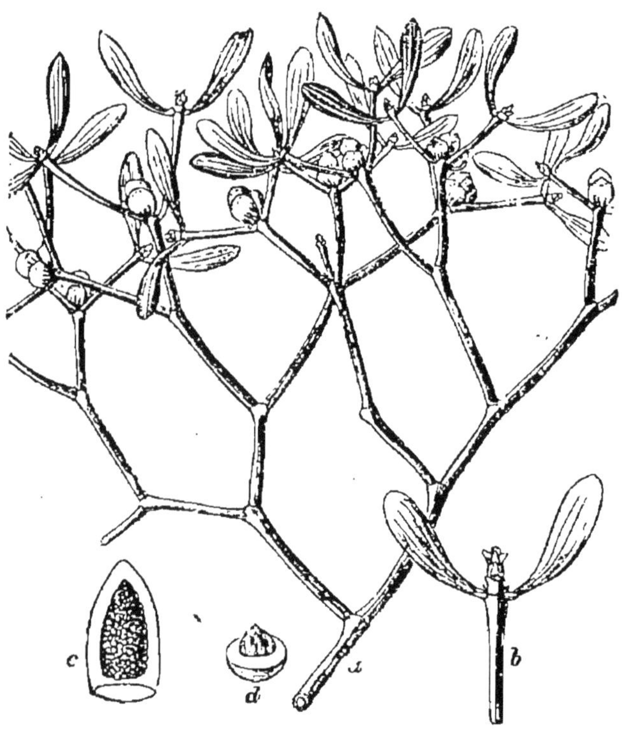

Fig. 36. — Tige à ramification en cyme dichotomique (Gui).

ment annuelle (Chanvre, Lin, Blé). Elle dure deux ans dans les plantes *bisannuelles*, c'est-à-dire qui emploient deux années à germer, croître et fructifier, pour mourir après (Carotte, Betterave). Mais parmi les plantes *vivaces*, c'est-à-dire celles qui vivent un grand nombre d'années, les unes conservent leurs tiges et leurs rameaux dans leur totalité ou pour la plus grande partie, ce qui est le cas de tous les végétaux ligneux ; tandis que les autres perdent, chaque année, après la fructification, toutes leurs parties aériennes ; la plante alors ne continue à exister que par ses portions souterraines, à savoir, les racines et la base de la tige, ou par un rhizome (plantes herbacées vivaces : Nénuphar, Guimauve, etc.).

On divise encore de la façon suivante les plantes au point de vue de leur durée : on appelle *monocarpiennes* ou *monocarpiques* celles qui meurent après avoir produit leurs fruits, cette fructification demandant d'ailleurs pour s'accomplir un temps très variable suivant les espèces ; ainsi, tandis que le Blé se développe et mûrit ses graines dans une période d'une année, l'*Agave americana* y emploie 10 à 15 ans dans son pays d'origine, et 50 à 60 ans dans notre climat. Par contre, on appelle *polycarpiennes* ou *polycarpiques* les plantes qui produisent des fruits pendant plusieurs années.

E. — Consistance. La tige est dite *ligneuse* quand elle est incrustée d'une matière dure, qui forme le bois, et donne aux arbres leur rigidité ; *herbacée,* lorsque sa consistance est molle, comme celle des herbes ; on appelle *frutescente* celle dont la consistance est intermédiaire aux précédentes, l'extrémité des rameaux seule ne se lignifiant pas et se détruisant chaque année ; *charnue*, enfin, celle qui tout en étant vivace, reste très molle, gorgée de sucs, ce qui a valu le nom de *plantes grasses*, aux végétaux qui offrent ce caractère.

F. — Port. Il y a à cet égard de nombreuses variétés de tiges ; les trois principales sont : le *tronc*, qui a sa base sensiblement plus large que le sommet et qui porte un grand nombre de rameaux (Chêne, Peuplier) ; le *stipe*, qui s'élevant comme une colonne droite, à peu près de même diamètre à la base et au sommet, n'offre pas de ramifications, mais se termine par un grand bouquet de feuilles (Palmiers, Dracœna) ; le *chaume*, qui est creux à l'intérieur et coupé d'entre-nœuds qui divisent sa cavité par autant de cloisons horizontales d'où partent les feuilles ; il peut être de consistance herbacée (Blé, Seigle, etc.) ou ligneuse (Bambous).

Mais il existe bien d'autres variétés secondaires de tiges au point de vue du port : quelques-unes sont *obliques*, c'est-à-dire plus ou moins inclinées ; d'autres *couchées* et reposent par toute leur longueur sur le sol, en s'y fixant par de petites racines adventives qui naissent à son contact (fig. 37), et qui donnent de distance en distance des rameaux grêles, désignés sous les noms de *coulants, gourmands* ou *stolons* (Fraisier).

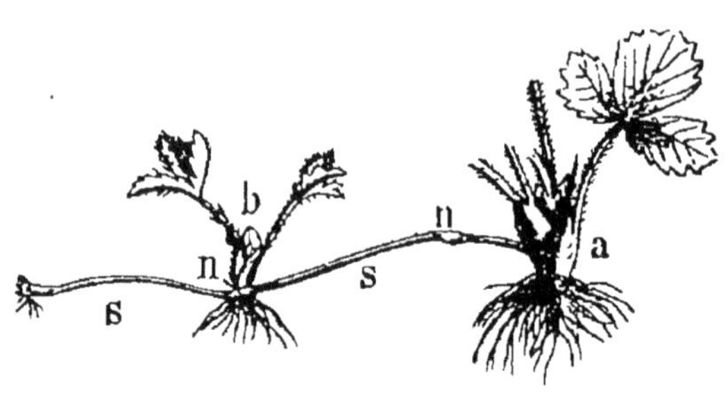

Fig. 37. — Fraisier (*a*) d'où est sorti un stolon (*ss*), lequel au contact du sol a produit des racines et une tige nouvelle (*b*), d'où sort un nouveau stolon (*ns*).

Certaines tiges, tout en étant ligneuses, sont cependant trop flexibles pour se tenir verticales et sont obligées de s'appuyer sur le sol, ou de s'accrocher aux objets voisins en s'y enroulant elles-mêmes ou au moyen de certains appendices appelés *vrilles* (Vigne) : on les appelle *sarmenteuses ;* quelques-unes s'attachent, s'incrustent au moyen de *crampons* sur les arbres ou les murs et sont dites *grimpantes* (Lierre, Vigne-vierge) ; d'autres encore, appelées *volubiles*, s'enroulent autour d'un support quelconque et la plupart toujours dans le même sens, pour une espèce donnée, de sorte que si l'on vient à contrarier cette direction normale, la plante reprend d'elle-même sa position première, ou finit par périr ; celles qui s'enroulent de gauche à droite (Haricot) sont dites *dextrorsum*, et celles qui le font de droite à gauche, *sinistrorsum* (Houblon, Chèvrefeuille). Elles peuvent en outre, être pourvues devrilles (fig. 38), qui s'accrochent à leur support (1).

(1) Nous étudierons plus loin le mécanisme suivant lequel s'opèrent ces phénomènes.

Parfois la plante grimpante enserre si étroitement l'arbre qui lui sert de tuteur, qu'elle s'y enfonce profondément à travers l'écorce, en arrêtant la sève de retour, et finit par étouffer son support, comme le Chèvre-feuille en offre de fréquents exemples dans nos bois. Le type des plantes grimpantes, le plus célèbre par son incroyable développement, est celui des *lianes* des pays chauds, qui, tout en conservant constamment un faible diamètre, atteignent une longueur qui peut aller jusqu'à 300 mètres, et qui s'élançant de branche en branche et d'arbre en arbre, contribuent à transformer parfois les forêts intertropicales en fourrés inextricables.

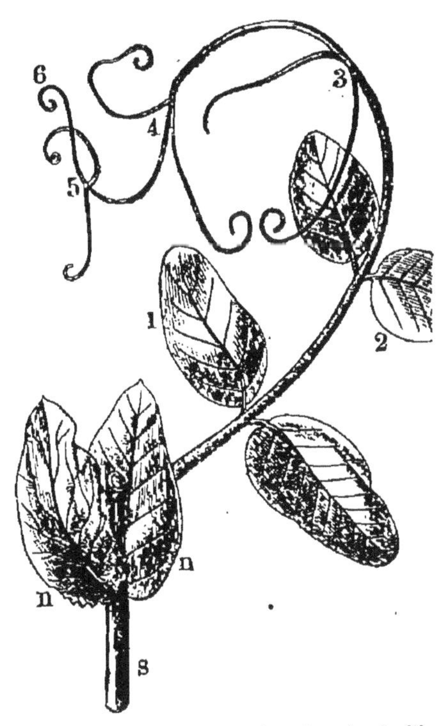

Fig. 38. — Rameau de Haricot dont les feuilles opposées deux par deux sont remplacées à l'extrémité de la tige par des vrilles ou cirres.

G. — Désignation des plantes phanérogames, d'après leur port, leur dimension et leur consistance. Les *herbes* sont des tiges molles, complètement herbacées ; les *sous-arbrisseaux*, des tiges ligneuses à rameaux herbacés (Sauge, Vigne-vierge, Clématite); les *arbustes*, des tiges ligneuses, ramifiées dès la base et ne dépassant pas la taille d'un homme (Groseiller) ; les *arbrisseaux*, des tiges ligneuses ramifiées dès leur base et pouvant avoir trois ou quatre fois la taille d'un homme ; les *arbres*, enfin, ont un tronc ligneux s'élevant à cinq ou six mètres au moins et ne portant d'ordinaire des branches qu'à partir d'une certaine hauteur, pour constituer la *cime* de l'arbre.

2° TIGES SOUTERRAINES

D'après leur forme, on les partage en trois catégories : les *rhizomes*, les *bulbes* et les *tubercules*.

A. — *Rhizomes.* On peut les considérer comme des tiges rampantes, qui au lieu de s'étaler à la surface du sol, rampent au-dessous de lui. Leur aspect rappelle celui des

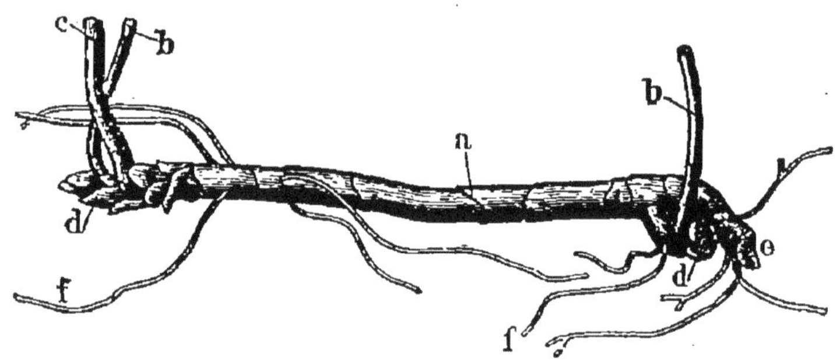

Fig. 39. — Rhizome indéfini d'Anémone (grand. nat.) ; *a*, cicatrices de feuilles; *b*, pédoncules foliaires ; *c*, hampe florale ; *d*, bourgeon foliaire ; *e*, section du rhizome ; *f*, racines.

bourgeons ; ces feuilles, il est vrai, sont réduites à de petites écailles incolores.

Parmi les rhizomes les uns sont *définis*, les autres *indéfinis* : dans le premier cas, l'*axe principal* sort de terre et produit une ou plusieurs fleurs, qui mettent un terme à sa végétation ; mais l'année suivante, à l'aisselle d'une des feuilles portées par cette tige souterraine naît un *axe secondaire*, qui après s'être développé horizontalement dans le sol, se relève à son tour comme l'axe primaire, puis meurt aussi, après avoir produit une fleur ; et ainsi de suite d'année en année.

Dans le deuxième cas, l'axe principal reste toujours caché dans le sol et s'y accroît indéfiniment par son extrémité ; mais de distance en distance il donne naissance, chaque année, à un *axe secondaire* ou rameau, qui sort de terre, porte des feuilles et des fleurs, puis meurt, pour être remplacé par un autre à la période de végétation suivante.

Dans les rhizomes, à mesure que la plante vieillit, la portion ancienne se détruit, tandis que la partie plus récente tend à s'éloigner de plus en plus du point de départ, de sorte que chaque année les rameaux aériens apparaissent à une place un peu différente de celle de l'année précédente. Parmi les exemples de plantes pourvues de rhizomes on peut citer l'Iris, l'Anémone, le Sceau de Salomon.

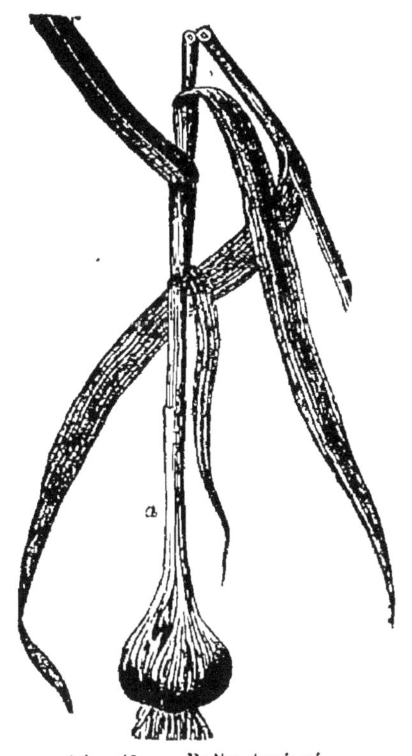

Fig. 40. — Bulbe tuniqué.

B. — Bulbes. Les bulbes sont une modification du rhizome : au lieu de s'allonger, ils restent très raccourcis et sont formés d'une sorte de plateau arrondi ou plutôt de cône très court (fig. 41, B), de la face inférieure duquel partent des racines, tandis que la face supérieure porte un bourgeon enveloppé d'écailles, qui se

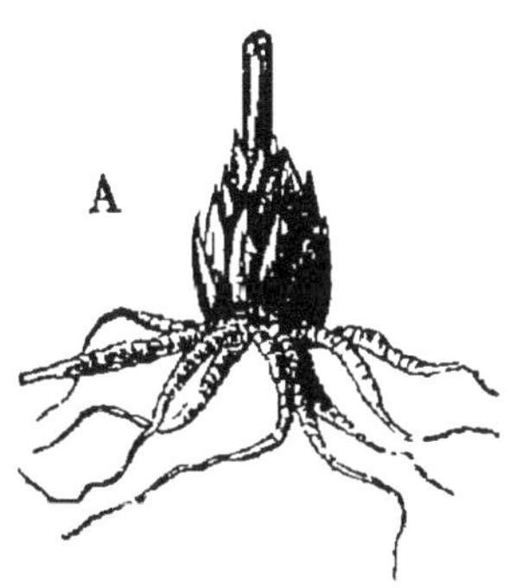

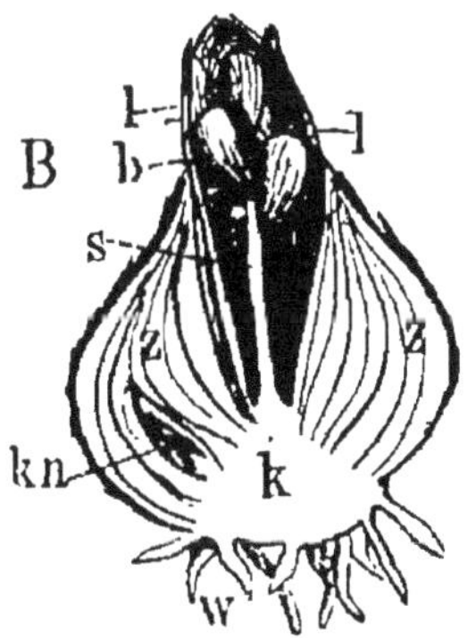

Fig. 41. — Bulbes écailleux ; A, du Lis martagon, avec ses racines ; B, de la Jacinthe, coupé en long ; *k*, plateau ; *kn*, un bourgeon ou caïeu ; *z*, écailles du bulbe ; *l*, enveloppe de l'inflorescence ; *b*, fleurs non épanouies ; *s*, hampe florale ; *w*, racines

transformera en feuilles et en fleurs. Sur les côtés du plateau, à l'aisselle des feuilles, naissent des bourgeons secondaires (*k n*), appelés *caïeux*.

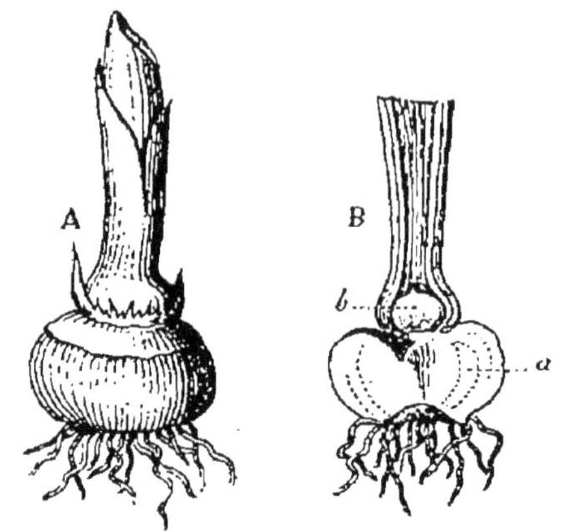

Fig. 42. — A, bulbe solide du Safran (*Crocus sativus*) ; B, le même coupé en long ; *a*, plateau ; *b*, le bulbe de l'année suivante.

On distingue plusieurs variétés de bulbes : les *bulbes tuniqués* (fig. 40), dont les écailles se recouvrent complètement les unes les autres, comme autant de tuniques ; on les appelle vulgairement *oignons* (Poireaux, Oignons comestibles) ; les *bulbes écailleux* (fig. 41, A, B), dont les écailles charnues sont imbriquées à la façon des tuiles d'un toit (Lis, Jacinthes) ; les *bulbes solides* (fig. 42), dont toute la masse est solide et pleine, par suite de l'épaississement de l'axe, que recouvrent seulement quelques minces tuniques sèches (Glaïeul, Safran).

Fig. 43. — Tige et racine de la Pomme de terre ; *a*, *b*, rameaux aériens coupés ; *c*, *d*, feuilles ; *e*, *e*, rameaux souterrains renflés à leur extrémité en tubercules (*f*) ; *g*, bourgeon souterrain ; *h*, racine. A gauche et en haut un bourgeon souterrain isolé ; *a*, tige ; *b*, feuille à l'aisselle de laquelle s'est développé le bourgeon *c*.

C. — Tubercules. Ce sont encore des tiges souterraines, formées d'une masse renflée, épaisse, charnue et ordinairement gorgée de fécule (Pomme de terre, Topinambour). Les petits enfoncements que présente la surface des tubercules de Pomme de terre, et que les jardiniers appellent les *yeux*, sont occupés par de petits bourgeons, dont chacun mis en terre au moment convenable, suffit à reproduire une plante nouvelle (fig. 43).

STRUCTURE DE LA TIGE

Nous étudierons la structure de la tige en considérant d'abord, 1° les *Dicotylédones*, ensuite 2° les *Gymnospermes* ou *Conifères*, puis 3° les *Monocotylédones*, enfin 4° les *Acotylédones*.

A. Dicotylédones

Parties constitutives de la tige. — Pour se rendre

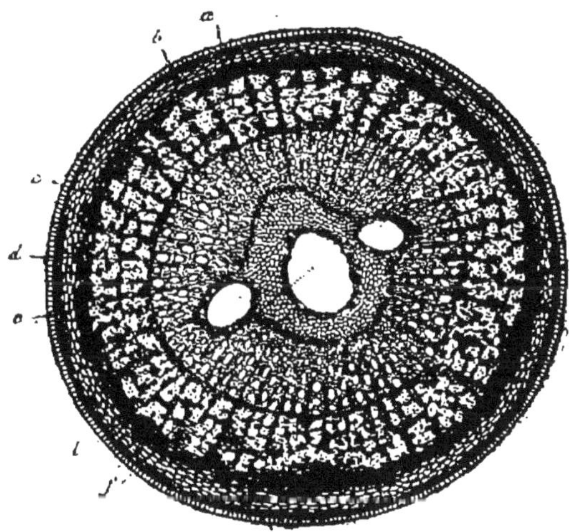

Fig. 44. — Coupe transversale d'un rameau de l'année (*Camphrier de Bornéo*); *a*, épiderme; il n'y a pas encore de liège; *b*, parenchyme herbacé; *c*, liber; *d*, zone génératrice ou cambium; *e*, bois (fibres et vaisseaux); *f*, moelle; *l*, lacunes qui y sont creusées.

compte de la structure de cette partie des végétaux dicotylédonés, il faut prendre une tige, un rameau, d'un an ou deux, et avec un rasoir bien affilé en détacher une rondelle aussi mince que possible (fig. 44) ; d'autre part, fendre le rameau dans sa longueur et en couper de même une mince lamelle, parallèlement à son axe (fig. 45). Ces deux préparations examinées au microscope permettront de se rendre compte à la fois de la forme des éléments constituants et de la façon dont il sont agencés.

La tige se compose de deux parties principales : l'*écorce* et le *cylindre central*, qui en comprennent elles-mêmes plusieurs secondaires ; leur limite réciproque est indiquée par une couche de cellules spéciales, formant l'*endoderme*.

SYSTÈME CORTICAL

L'écorce comprend l'*épiderme*, le *liège*, le *parenchyme cortical*, l'*endoderme*.

1° Épiderme. — L'épiderme (fig. 47, *b*) forme une couche continue, souvent hérissée de poils développés au dépens de ses cellules, et présentant fréquemment les orifices d'un assez grand nombre de stomates, petits organes qui seront étudiés à propos de la structure des feuilles. L'épiderme peut être formé d'une couche unique de cellules, ou bien de 2, 3 ou 4 couches superposées. Le caractère dominant de ces éléments est d'être aplatis, transparents, incolores; ils sont fortement reliés entre eux, de sorte que l'épiderme peut facilement s'arracher par lambeaux.

Cuticule. La surface extérieure de l'épiderme est recouverte d'une sorte de vernis, sous forme d'une pellicule très mince, qu'on appelle la *cuticule*, et dont le rôle est de protéger les cellules épidermiques contre l'action directe des agents extérieurs. Bien qu'elle soit une production de l'épiderme, la cuticule a une composition chimique différente de celui-ci, car elle n'offre pas comme lui les réactions propres à la cellulose.

2° **Liège ou couche subéreuse.** — Cette portion de l'écorce est formée par des éléments qui perdent prompte-

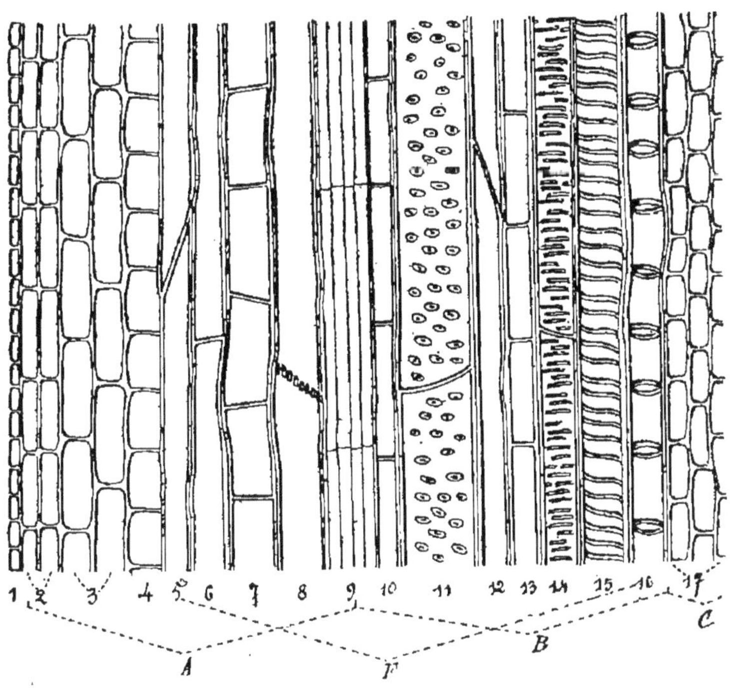

Fig. 45. — Coupe longitudinale demi-schématique d'une tige de Dicotylédone; A, écorce; B, bois; C, moelle; F, faisceau fibro-vasculaire ou libéro-ligneux; *1*, épiderme; *2*, liège; *3*, parenchyme herbacé; *4*, endoderme; *5*, fibre libérienne; *6*, parenchyme libérien à cellules longues; *7*, parenchyme libérien à cellules courtes; *8*, tube criblé; *9*, zone génératrice ou cambium; *10*, parenchyme ligneux; *11*, vaisseau ponctué; *12*, fibre ligneuse; *13*, parenchyme ligneux; *14*, vaisseau rayé; *15*, vaisseau spiralé; *16*, vaisseau annelé; *17*, cellules de la moelle.

ment leur protoplasma et par là même leur vitalité. Ce sont des cellules aplaties, de couleur foncée, serrées les unes contre les autres et alignées avec une assez grande régularité; la teinture d'iode et l'acide sulfurique n'y décèlent plus l'existence de la cellulose. Ces cellules sont dues à l'activité d'une zone génératrice particulière, qui constitue un méristème secondaire et qu'on appelle le *phellogène* (1). Très promptement ces cellules deviennent inertes et se sont, comme on dit, *subérifiées* (fig. 46, *s*; 47, *c*).

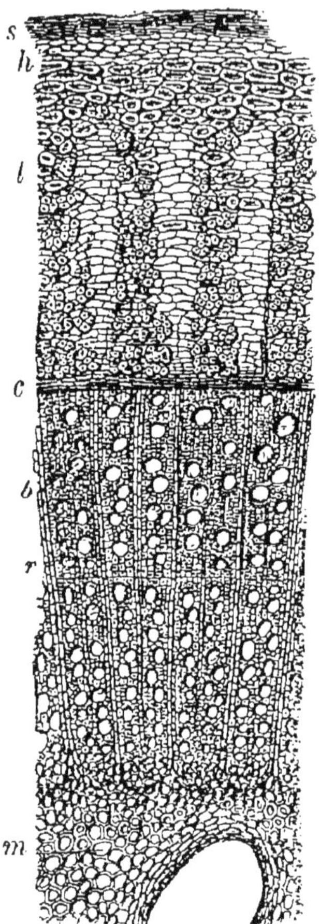

Fig. 46. — Coupe transversale d'une tige de deux ans (*Camphrier de Bornéo*); *s*, couche subéreuse; *h*, parenchyme herbacé; *l*, liber formé de parenchyme et de petits îlots de fibres; *c*, cambium; *b*, vaisseaux et fibres du bois; *r*, rayons médullaires; *m*, moelle.

Dans certaines tiges le suber prend un développement énorme, et présente des propriétés qui permettent de l'employer à divers usages industriels sous le nom bien connu de *liège*. Le meilleur est celui du Chêne-liège (*Quercus suber*), que l'on cultive en Algérie, précisément pour mettre son écorce en coupe réglée (2).

Si la zone génératrice du liège conserve indéfiniment son activité, de nouveau liège se forme à mesure que la tige s'accroît; et la couche subéreuse suit ainsi sans difficulté, le mouvement d'expansion de la tige, de sorte que l'écorce ne se fendille pas et conserve une surface lisse : c'est le cas du Hêtre et du Charme. Mais il s'en faut qu'il en soit toujours de même. Ainsi, dans un certain nombre d'arbres, il se forme chaque année dans des couches profondes de l'écorce, une nouvelle assise de phellogène qui produit des lames de liège. Celles-ci ont pour effet

(1) Phellogène, de φελλός liège; γέννησις, génération.

(2) Quand le Chêne-liège atteint l'âge de dix à quinze ans, on trace sur son écorce des incisions longitudinales, puis on enlève les lames d'écorce ainsi circonscrites : c'est le *démasclage*. Le liège ainsi obtenu manque de souplesse, est tout crevassé, se prête mal aux usages

de soulever et détacher, souvent par grands lambeaux, toute la partie de l'écorce située au-dessus ; cette exfoliation de la tige est facile à constater sur les Bouleaux, Cerisiers, Platanes.

C'est une formation analogue qui détermine ces crevasses rugueuses dont l'écorce d'un grand nombre de nos arbres est sillonnée : des assises génératrices du liège se forment de plus en plus profondément, isolant par conséquent, des parties vivantes de l'arbre, toute la partie située en dehors de ces assises. Mais dans ce cas, au lieu de se détacher complètement, les parties mortifiées continuent à adhérer au reste de l'écorce; c'est à cette écorce ainsi crevassée que l'on a donné le nom de *rhytidome* (ῥυτὶς, ride ; et δῶμα, couverture); tout le monde a pu observer cette particularité sur le Pin, le Chêne, l'Orme et bien d'autres arbres.

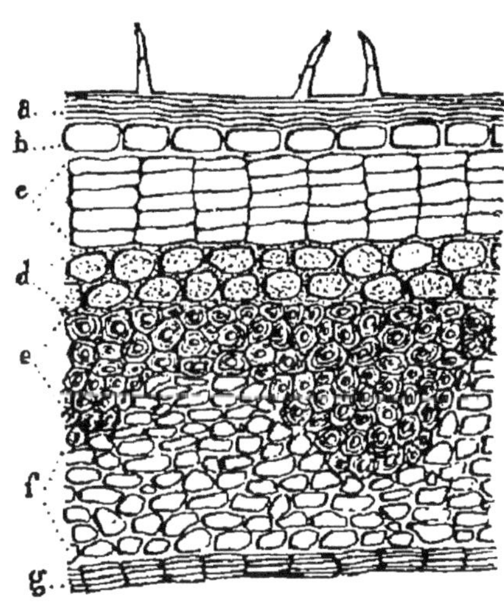

Fig. 47. — Coupe transversale de l'écorce très grossie ; *a*, cuticule, sur laquelle se voient plusieurs poils ; *b*, épiderme ; *c*, liège et couche subéreuse ; *d*, parenchyme herbacé ; *e*, fibres libériennes ; *f*, cellules du parenchyme libérien ; *g*, zone génératrice ou cambium.

On appelle *lenticelles*, nom qui rappelle leur forme lenticulaire, de petites proéminences du liège à travers les parties superficielles de l'écorce, et produites surtout au niveau des stomates. Les cellules de cette petite production subériforme sont séparées par de nombreuses lacunes, qui permettent de rétablir entre les parties internes de la plante et l'amosphère extérieure une communication, qui existait, quand la tige était jeune, par l'intermédiaire des stomates, Lenticelles.

industriels, et les ouvriers l'appellent *liège mâle ;* son enlèvement met à nu l'enveloppe herbacée. Cette dernière partie, jointe au liber, est appelée par les ouvriers le *lard* ou la *mère*, parce que c'est elle qui formera le nouveau liège. Au bout de sept à huit ans, un liège beaucoup plus fin et plus souple s'est développé : c'est le *liège femelle*, lequel est enlevé à son tour. Un Chêne-liège peut durer environ cent cinquante ans et fournir 15 à 20 récoltes.

mais que les assises multipliées du liège menaçaient d'interrompre.

Hypoderme. Enfin, entre le liège et le parenchyme cortical, qui va être étudié, on trouve souvent un **hypoderme,** formé de ces cellules variables de forme, à parois souvent très épaisses, mais molles, désignées sous le nom de *collenchyme* (fig. 19, V), ou épaisses et dures et constituant le *sclérenchyme* (fig. 19, VI).

3° **Parenchyme cortical.** — Appelée encore *couche herbacée*, cette partie de l'écorce renferme une grande quantité de matière verte ou chlorophylle. Sur les jeunes rameaux, elle se voit à travers la couche subéreuse et l'épiderme transparents (fig. 47, *d*). Elle atteint son maximum de développement dans les plantes herbacées. Elle est formée de cellules globuleuses ou polyédriques, à parois minces et en pleine voie d'activité; à son niveau s'élaborent un grand nombre de produits d'origine très diverse, tels que fécule, sucre, gomme, latex, etc.

4° **Endoderme.** — La dernière couche du système cortical, celle qui en établit la limite anatomique réelle, et à partir de laquelle tous les éléments qui se rencontrent désormais appartiennent au cylindre central de la tige, est représentée par une zone ou assise unique de cellules offrant des caractères tout particuliers. Elles ont une forme quadrangulaire, sont disposées en couche continue, et sont fort remarquables en ce qu'elles présentent, sur leurs côtés, des plissements au moyen desquels elles s'engrènent solidement entre elles ; on donne à cette couche, le nom d'*endoderme* ou de *gaine protectrice* (fig. 54, *k*, et 45, 4).

CYLINDRE CENTRAL

Le cylindre central se compose du *péricycle,* des *faisceaux libéro-ligneux,* des *rayons médullaires* et de la *moelle*.

1° **Péricycle.** — On donne le nom de *péricycle* à une assise de cellules formées de tissu conjonctif comme les rayons médullaires, que l'on étudiera bientôt, et ayant la même origine qu'eux. Cette couche, concentrique à l'endoderme, et placée en dehors des faisceaux libéro-ligneux, entoure par conséquent tout le cylindre central.

2° **Faisceaux libéro-ligneux.** — Un faisceau libéro-ligneux nous présente à étudier trois parties (fig. 53, *g*), l'une extérieure, le *liber* ou ensemble des *faisceaux libériens ;* une autre, intérieure, le *bois* ou les *faisceaux ligneux ;* une intermédiaire, la *zone génératrice* ou cambium.

A. *Liber.* — Cette zone, qui doit son nom à ce qu'elle est souvent formée de couches minces superposées, qui peuvent même parfois se lever comme les feuillets d'un livre, se compose de plusieurs sortes d'éléments. On y trouve, en effet, du *parenchyme libérien*, tissu cellulaire rond (fig. 47, *f*), analogue à celui de la couche herbacée, et au milieu duquel se trouvent plongés des *faisceaux de fibres* (fig. 46, *l*, et 48).

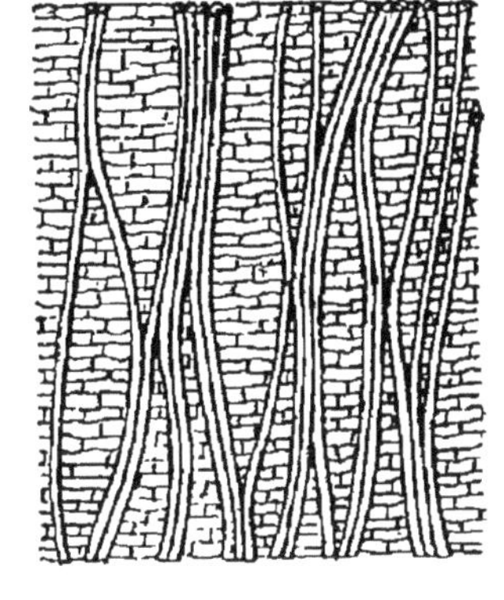

Fig. 48. — Coupe longitudinale d'un fragment d'écorce montrant des faisceaux de fibres du liber, entre lesquels se voit le parenchyme libérien.

Ces faisceaux de fibres libériennes ont une direction générale verticale, mais en même temps plus ou moins flexueuse (fig. 48), jusqu'à venir même au contact les uns des autres et se souder fortement dans ces points de jonction, de manière à former une sorte de treillis, qui offre, en général, une grande résistance. Cette disposition est aussi manifeste que possible dans un arbre des Antilles, le *Laghetta lintearia,* chez lequel les feuillets du liber ressemblent à une dentelle, d'où le nom de *Bois-dentelle* donné à cette plante.

Les fibres du liber sont des tubes à parois ordinairement épaisses mais non lignifiées et restées flexibles, dont le canal, souvent très étroit, peut même diminuer jusqu'à

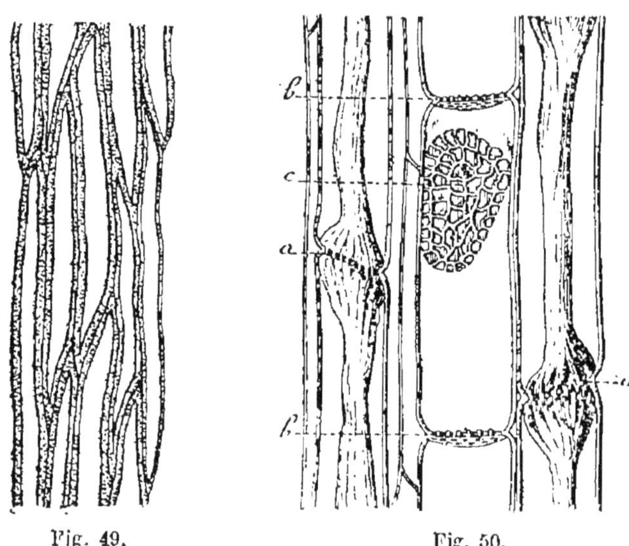

Fig. 49. Fig. 50.

Fig. 49. — Fibres du liber.

Fig. 50. — Tubes criblés du liber ; *a, a,* cloisons criblées, à travers lesquelles le contenu cellulaire passe d'une cellule à l'autre ; *b, b,* même disposition dans un tube vide ; *c,* plaque criblée sur la paroi de la même cellule.

s'oblitérer complètement, dans le Chanvre, par exemple, et qui se terminent en pointe oblique à leurs deux extrémités (fig. 49).

Sur les parois transversales et même verticales de ces tubes se trouvent des espaces où la membrane est restée d'une extrême minceur, mais où se produisent des épaississements disposés en forme de grillages, d'où le nom de *tubes grillagés*, qui leur est donné. La membrane finit par se perforer complètement au niveau des mailles du grillage, de sorte que les deux tubes libériens voisins communiquent alors librement par l'intermédiaire de ces pores que présente la cloison cellulaire, disposition qui a valu à ces éléments le nom de *tubes criblés* (fig. 50).

Les fibres libériennes donnent de la solidité à la plante ; ce sont elles qui constituent la partie textile du Chanvre, du Lin, de l'Ortie, du China-grass (*Urtica nivea*), très employé en Chine, et de quelques autres plantes recherchées pour la fabrication des tissus. Par le rouissage, c'est-à-dire la macération dans l'eau, ces fibres se séparent les unes des autres après destruction de la gangue cellulaire dans laquelle elles se trouvent plongées.

Mais elles ont encore un rôle physiologique plus important, car c'est par les tubes criblés que circulent les matières non solubles de la plante. (Voy. p. 25.)

Dans une très jeune branche, les faisceaux libériens sont disposés sur une seule ligne circulaire (fig. 53, *g*); mais par les progrès de la végétation, de nouveaux faisceaux apparaissent en dedans des premiers, et dans le cours de l'année il peut se former ainsi jusqu'à cinq rangées de faisceaux concentriques (fig. 46, *l*).

B. Faisceaux ligneux. — Les éléments des faisceaux ligneux sont des *fibres* et des *vaisseaux*. Les premières ont la forme de tubes étroits terminés en pointe, soudés les uns aux autres et anastomosés pour former des réseaux. Elles peuvent présenter les ponctuations ou les épaississements variés qui ont été décrits à la p. 12; enfin elles s'incrustent de ligneux et deviennent très résistantes.

Les seconds, épars au milieu des fibres, sont ponctués, rayés, ou quelquefois annelés. Avec le temps, leurs parois d'abord minces s'épaississent, et leur calibre diminue par suite d'un dépôt de ligneux, qui leur donne une grande consistance en même temps qu'une couleur plus foncée.

Étui médullaire.

Mais à la partie la plus interne du bois, se trouve une zone souvent désignée sous le nom d'*étui médullaire*, que des caractères très nets distinguent du reste du système ligneux. On y trouve, en effet, des éléments spéciaux, à savoir des vaisseaux annelés, que nous avons, il est vrai, déjà vu exister, mais rarement, dans le reste du bois, et surtout des vaisseaux spiralés ou trachées à spire déroulable, que l'on rencontre uniquement dans cette région de la tige.

Direction des faisceaux libéro-ligneux.

La marche des faisceaux libéro-ligneux ne se fait pas suivant une ligne droite, mais onduleuse et de forme très variable. Au niveau de chaque feuille une portion de faisceau traverse obliquement la tige pour pénétrer dans cet appendice (fig. 63).

C. — Zone génératrice ou Cambium. — Interposée entre les faisceaux libériens et les faisceaux ligneux, la zone génératrice est formée de cellules à parois minces, gorgées de sucs, et qui ont la propriété de se multiplier activement. C'est un méristème de formation secondaire et dont l'effet est double, c'est-à-dire qu'il produit, du côté extérieur, de nouvelles couches de liber, et du côté interne, de nouvelles couches de bois. La période de plus grande activité correspond au printemps, se continue en été et s'arrête en automne. Chaque année une zone nouvelle se forme de la sorte de part et d'autre du cambium, de façon à donner à la tige un diamètre de plus en plus considérable (fig. 46, *c*).

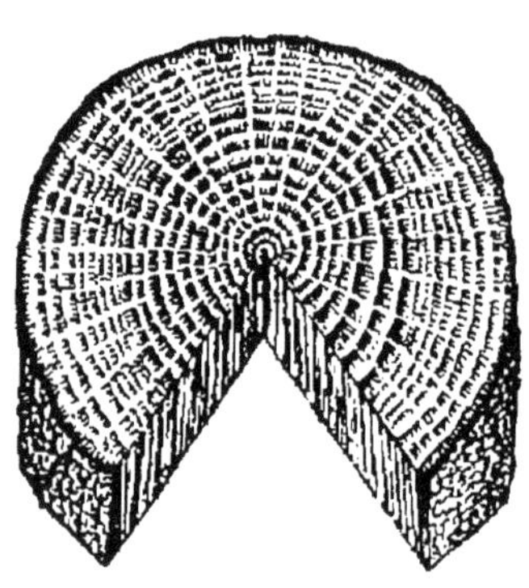

Fig. 51. — Tronçon de Chêne montrant le cœur du bois, plus foncé, l'aubier en dehors, les rayons médullaires, allant de la périphérie au centre, et enfin l'écorce.

Remarque. — C'est au niveau du cambium, dans l'épaisseur même des faisceaux libéro-ligneux, que se détache, en général avec facilité, surtout au moment où la végétation est la plus active, ce qu'on appelle vulgairement l'*écorce*. Il faudra donc bien se rappeler que dans le langage des botanistes, la limite de l'écorce n'est pas la même que dans celui du vulgaire, puisqu'ils n'y comprennent pas le liber, ce que l'on fait dans le second cas.

Couches circulaires des arbres.

La coupe transversale de la partie ligneuse d'un tronc d'arbre ou d'une branche de plusieurs années, nous montre des couches circulaires comme emboîtées les unes dans les autres autour d'une partie centrale occupée par la moelle. De plus, on voit que de celle-ci partent des lignes étroites qui vont en rayonnant vers l'écorce et déterminent autant de triangles, dont la base est en dehors, le sommet en dedans (fig. 51).

Les zones concentriques représentent chacune une année de végétation et ont toutes, sauf la plus interne, la même structure ; il suffit donc d'en étudier une pour les connaître toutes (1).

Quant aux lignes rayonnantes, ce sont les *rayons médullaires*, qui sont, comme nous le verrons, les restes du tissu parenchymateux dans lequel se sont développés les éléments qui constituent le bois.

Cœur du bois et Aubier.

Souvent la masse du bois est en outre nettement divisée en deux régions distinctes, une interne, d'une couleur plus sombre, d'un tissu plus serré, plus dur ; une externe, de nuance plus claire, et d'un tissu bien moins résistant. La première, qui est formée depuis plus longtemps, constitue le *duramen* ou *cœur du bois*, tandis que l'autre, de formation plus récente, constitue l'*aubier*. Le Chêne présente d'une façon très nette cette distinction en aubier et en duramen ; dans la bonne menuiserie on n'emploie que cette dernière partie. Lorsque l'arbre est jeune, la quantité d'aubier est en beaucoup plus grande proportion que plus tard ; aussi convient-il de n'abattre les chênes que lorsqu'ils ont au moins 100 ou 150 ans.

3° **Rayons médullaires.** — Comme on l'a dit un peu plus haut, les rayons médullaires sont les restes du tissu cellulaire ou parenchyme primitif, dans lequel se sont formés les éléments du bois et du liber (fig. 53, *s*). Refoulé de plus en plus par le développement de ces derniers, le tissu cellulaire se trouve réduit à l'état de minces cloisons interposées entre eux. Celles-ci partent toutes de la région extérieure du bois et s'avancent plus ou moins loin, les unes jusqu'au centre, les autres à travers un plus petit nombre de zones ligneuses (fig. 51).

Les cellules constituantes des rayons médullaires ont une forme généralement quadrilatère, allongée de dedans en dehors (fig. 46, *r*), contrairement aux cellules des autres parties de la tige, dont le grand diamètre est transversal.

4° **Moelle.** — Partie la plus interne de la tige, la

(1) La disposition en zones concentriques distinctes n'est guère accusée que dans les arbres des pays froids ou tempérés, c'est-à-dire ceux où la végétation offre, chaque année, une période de grande activité, laquelle va en se ralentissant, pour être bientôt suivie d'une période de repos ; cependant, même dans ces pays, toutes les plantes n'en sont pas pourvues. Dans les pays chauds, la végétation ne subissant pas d'arrêt, le bois ne forme qu'une masse homogène.

moelle est formée de cellules ordinairement hexagonales, remplies de suc et souvent colorées en vert dans les jeunes rameaux. Elle constitue d'abord une réserve nutritive ; mais bientôt, par suite des progrès de la végétation, tous les sucs dont elle est gorgée sont employés au développement des feuilles et des fleurs, et dès lors ses cellules constituantes sont desséchées, vides et décolorées. Souvent même, ces cellules se rompent; de larges cavités sont creusées au milieu d'elles, et les débris de la moelle ne se voient plus que sur le pourtour de l'étui médullaire.

La moelle renferme à l'état jeune, comme il a été dit, des substances diverses, dont plusieurs sont extraites par l'industrie, pour les faire servir à notre alimentation ou à d'autres usages. Ainsi plusieurs sortes de fécules du commerce ont cette provenance ; la plus commune de toutes, celle de la Pomme de terre, n'a pas une autre origine. Les tubercules de cette plante sont des tiges souterraines, dont la moelle énormément développée est remplie de fécule. Le *papier de riz*, d'une texture si fine et d'une éclatante blancheur, qui nous vient de Chine, et qui est employé à la fabrication de fleurs artificielles ou de petites images peintes, n'est autre chose que des lames de moelle d'une plante de ce pays, l'*Aralia papyrifera*.

DÉVELOPPEMENT ET ACCROISSEMENT DE LA TIGE

Structure primaire de la tige. — Pour compléter les notions précédentes et avoir une idée d'ensemble de la composition d'une tige dicotylédone, il reste à voir comment se développent les parties qui la constituent.

Si l'on veut étudier une tige (1) en voie de formation, c'est-à-dire au moment où les éléments qui doivent la constituer prennent naissance, il faut pratiquer une coupe transversale près du sommet de cette tige, dans la partie qu'on appelle le *cône végétatif*.

On remarque alors que celui-ci se compose de cellules ayant toutes un aspect uniforme et se multipliant active-

(1) Tout ce que nous disons de la tige s'applique aussi, bien entendu, à ses rameaux.

ment. Un tissu semblable nous est déjà connu sous le nom de *méristème* (p. 15).

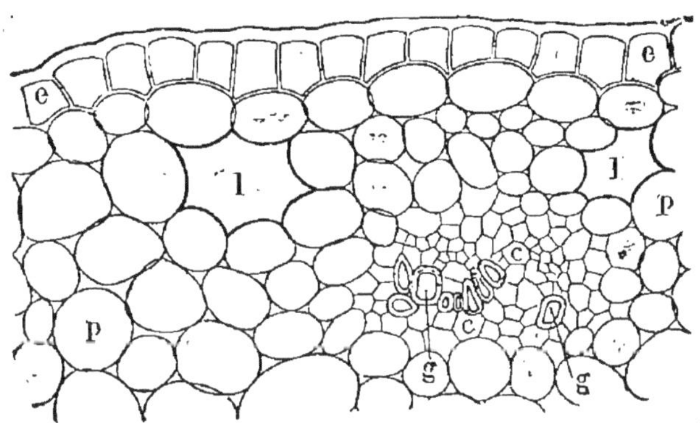

Fig. 52. — Portion d'une coupe transversale du sommet d'une tige (*Rhipsalis*) (gross. 300); *e*, épiderme surmonté de la cuticule; *p*, parenchyme herbacé; *l*, *l*, lacunes intermédiaires; *c*, *c*, fibres; *g*, *g*, vaisseaux.

Un peu plus tard, les cellules de la périphérie s'aplatissent et prennent peu à peu les caractères d'un *épiderme* (fig. 52, *e*); au-dessous de celui-ci se reconnaît une zone de cellules assez irrégulières et entremêlées de méats (*l*, *l*) : c'est le *parenchyme cortical* (*p*). Plus en dedans, des éléments prennent la forme de fibres (*c*) et d'autres celles de vaisseaux (*g*); c'est l'origine des faisceaux fibro-vasculaires ou libéro-ligneux, les premières constituant les éléments essentiels du liber, et les seconds, ceux du bois.

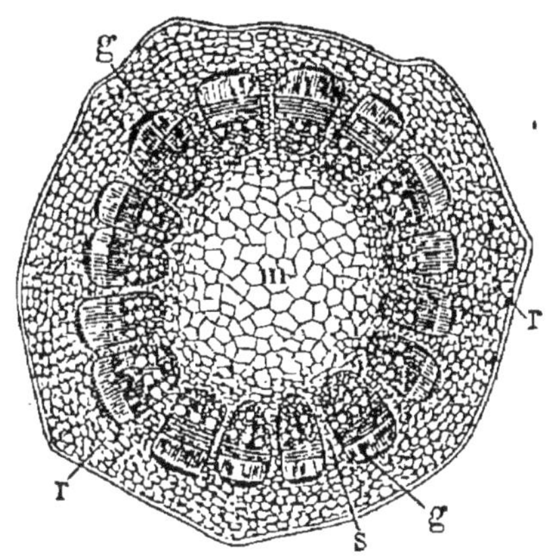

Fig. 53. — Coupe transversale d'une jeune tige de Dicotylédone (*Kerria japonica*). En dedans de l'épiderme et du parenchyme herbacé (*r*) se voient de nombreux faisceaux (*g*), encore isolés les uns des autres, disposés sur une ligne circulaire et présentant chacun le liber en dehors, puis le cambium ou zone génératrice, enfin des vaisseaux en dedans; *s*, rayons médullaires; *m*, moelle.

Chaque faisceau a la forme d'un triangle (fig. 53), dont

la base tournée en dehors est composée de fibres libériennes, tandis que le sommet dirigé vers le centre est formé

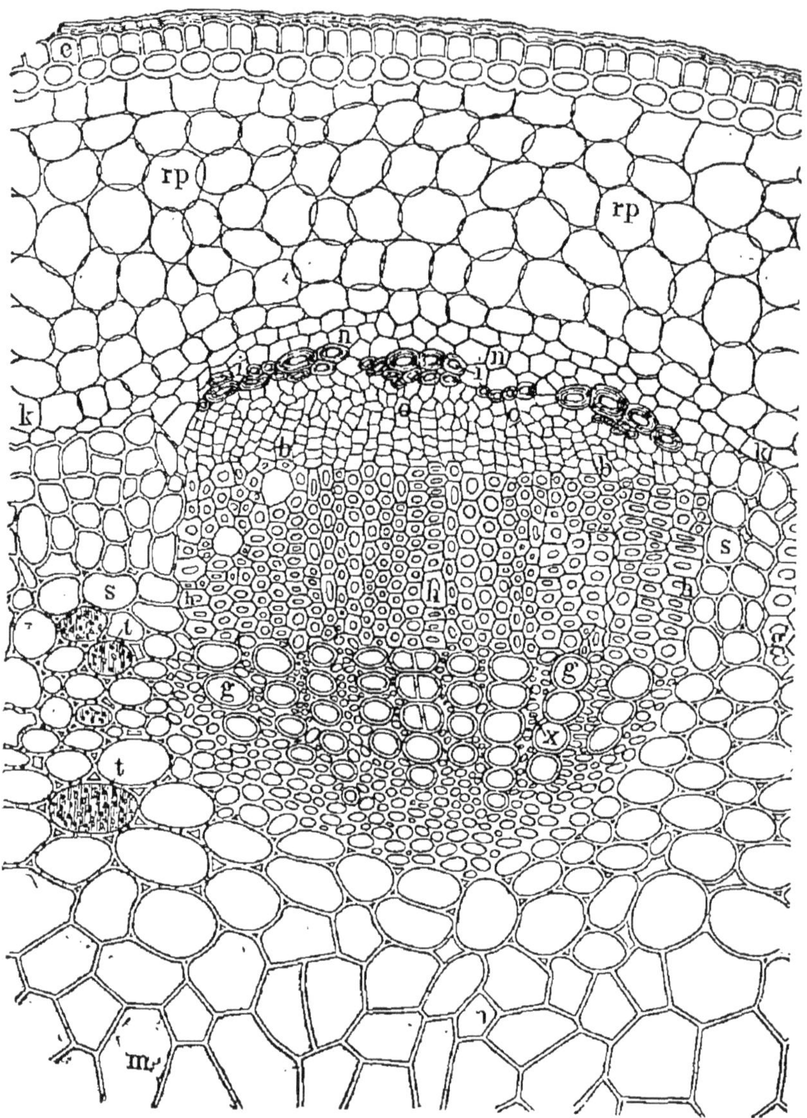

Fig. 51. — Coupe transversale d'une portion de tige, montrant un faisceau libéro-ligneux très grossi de la figure 53; *c*, épiderme, recouvert d'une cuticule épaisse; *rp*, parenchyme herbacé; *k*, gaine protectrice ou endoderme; *n*, *i*, *o*, éléments fibreux et parenchymateux de la partie libérienne du faisceau; *b*, *b*, cambium; *h*, *g*, *x*, fibres et vaisseaux de la partie ligneuse du faisceau; *m*, *m*, moelle; *s*, *s*, prolongements de la moelle entre les faisceaux, ou premiers rayons médullaires.

par les fibres et vaisseaux du bois, parmi lesquels on reconnaît des trachées à spire déroulable.

Ces faisceaux sont disposés sur un cercle, et de larges rayons médullaires sont interposés entre eux.

La disposition relative des éléments du liber et des éléments du bois est bien différente, comme nous le verrons plus loin, de celle qui existe dans la racine ; et on a tiré de là, un des meilleurs caractères distinctifs de ces deux membres du corps de la plante.

Faisceaux fermés et faisceaux ouverts.

Si le cambium manque ou disparaît par suite de son entière transformation en fibres ou en vaisseaux, le faisceau ne peut plus s'accroître et est dit *fermé* (fig. 61), par opposition à celui dans lequel le cambium persiste et tend à augmenter continuellement l'épaisseur du faisceau fibro-vasculaire, qui mérite alors le nom d'*ouvert* (fig. 54). Le premier cas, qui se rencontre exceptionnellement chez les Dicotylédones, est général chez les Monocotylédones et les Cryptogames.

Enfin, tout à fait au centre de la tige primaire se voit la *moelle* (fig. 53, *m*), d'abord de dimension relativement considérable et formée de cellules qui ne se distinguent pas du reste du tissu cellulaire, mais qui prend un peu plus tard, dès la fin de la première année, les caractères que nous lui avons vus sur une tige plus âgée.

Structure secondaire de la tige et accroissement en épaisseur. — Par structure secondaire de la tige on entend les modifications apportées aux dispositions anatomiques que nous venons d'examiner, par suite de formations nouvelles. Nous allons voir qu'à cette étude est liée celle de l'accroissement de la tige en épaisseur.

Entre les éléments libériens et les éléments vasculaires des faisceaux il se forme, aux dépens de quelques cellules, un tissu plein d'activité, un *méristème secondaire*, le cambium, en un mot, lequel, par la segmentation répétée de ses cellules, produit de nouveaux tissus dans deux directions opposées, à savoir, du liber en dehors, du bois en dedans. Les fibres de ce liber secondaire sont d'ailleurs semblables à celles du liber primaire et il en est de même pour les fibres et vaisseaux du bois, sauf qu'il ne se produira plus désormais de vaisseaux spiralés. Et ainsi, d'année en année le liber et le bois augmentent d'épaisseur.

En même temps, il se produit le plus souvent de nouveaux faisceaux qui s'intercalent entre les précédents. Ils sont dus à la formation d'une zone de cambium dans les interstices que laissent entre eux les faisceaux déjà formés.

Tandis que ces phénomènes se passent dans le cylindre central, l'écorce ne reste pas inactive ; elle forme aussi, dans son épaisseur, une étroite *zone génératrice externe*, appelée ainsi par comparaison avec la zone génératrice interne ou des faisceaux. Sa position est variable, plus ou moins superficielle, et suivant les cas elle donne naissance seulement à de nouvelles couches de liège ou encore à du parenchyme cortical (écorce secondaire).

On comprend facilement que sous l'action des phénomènes dont l'écorce et le bois sont le siège, la tige s'accroisse en épaisseur.

Le bourgeon terminal et l'accroissement en hauteur. — Quant à l'accroissement en hauteur ou à l'élongation de la tige et des rameaux, il dépend du développement des *bourgeons foliaires* qui terminent ces parties.

Les bourgeons des plantes sont de deux sortes : les uns, ovoïdes renflés, volumineux, produisent des fleurs (bourgeons florifères) ; les autres, ovoïdes allongés, plus grêles, produisent des feuilles (bourgeons foliifères ou foliaires) ; c'est de ces derniers seuls qu'il est question en ce moment (fig. 55).

On divise les bourgeons en *terminaux* et en *axillaires*, d'après leur situation à l'extrémité de la tige, des rameaux, ou au contraire sur leurs parties latérales, à l'aisselle des feuilles.

Structure du bourgeon. Un bourgeon foliaire n'est autre chose qu'une tige très raccourcie (fig 55, *II*), portant des feuilles très rapprochées les unes des autres ; le tout est souvent protégé par des écailles, surtout dans les pays froids ou tempérés.

Très fréquemment, ces écailles, sortes de feuilles avortées, de consistance dure, ligneuse, sont enduites d'un vernis ou garnies d'une épaisse couche de duvet, pour mieux garantir du froid les parties délicates qu'elles enveloppent. Ces bourgeons, en effet, doivent passer l'hiver dans un état de non-activité pour se développer seulement au printemps suivant. Les feuilles rudimentaires qui entrent dans la constitution des bourgeons ont une disposition constante pour chaque espèce de plantes, et souvent pour un même genre ou une même famille ; ces caractères, désignés sous le nom de *préfoliation*, peuvent être utilisés dans la classification. Tantôt, en effet, elles sont pliées dans le sens de leur longueur ou de leur largeur, tantôt plissées à la manière d'un éventail, roulées sur elles-mêmes de différentes façons, etc.

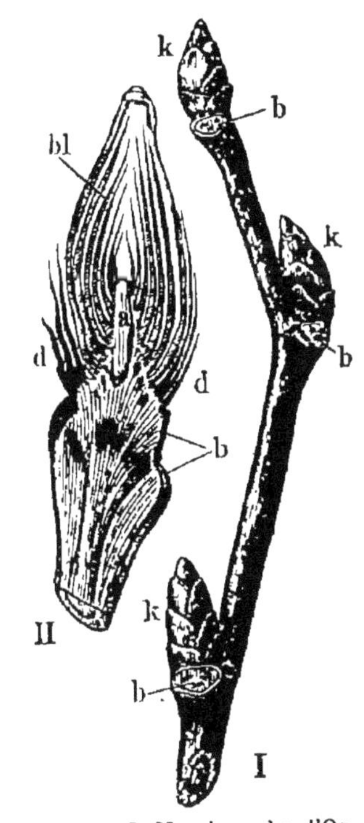

Fig. 55. — I, Une branche d'Ormeau avec bourgeons (gr. nat.) ; II, coupe longitudinale d'un bourgeon. Dans les deux dessins : *k*, bourgeon ; *b*, cicatrices foliaires ; *a*, sommet végétatif ; *bl*, jeunes feuilles ; *d*, écailles.

Les bourgeons axillaires sont, en général, le point de départ d'autant de branches ou rameaux. Chacun de ceux-ci naît donc toujours à l'aisselle d'une feuille, c'est-à-dire immédiatement au-dessus de l'une d'elles, dans l'angle qu'elle forme avec la tige qui la porte.

Ajoutons que l'origine des branches est très peu profonde. Elles naissent, en effet, des parties externes de l'écorce ; aussi dit-on qu'elles ont *une origine exogène*. On verra plus loin que les racines secondaires naissent beaucoup plus profondément sur la racine principale, ou ont, comme on dit, une *origine endogène*.

Par l'accroissement et la division de ses cellules, le cône terminal de la tige ou *sommet végétatif* formé par le méristème primitif (fig. 55, *II*, *a*, et 56) s'allonge et produit au fur et à mesure de nouvelles feuilles sur ses parties

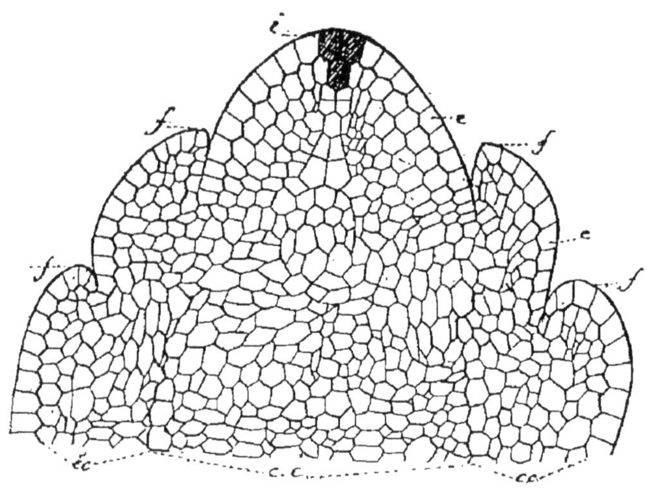

Fig. 56. — Sommet végétatif d'une tige de Dicotylédone; *i*, cellules initiales; *e*, *e*, cellules épidermiques; *f*, *f*, feuilles; *éc*, écorce; *c*, *c*, cylindre central.

latérales, de sorte qu'il n'est jamais à nu, mais au contraire se trouve toujours enveloppé de feuilles qui le recouvrent.

Entre-nœuds. En même temps, les feuilles de la base du bourgeon s'épanouissent, et l'espace qui sépare deux feuilles superposées constitue ce qu'on appelle un *entre-nœud*. Il peut se faire que les entre-nœuds une fois dégagés du bourgeon ne s'allongent plus ou du moins que fort peu ; les feuilles restent alors très serrées sur la tige. Plus souvent, les cellules des entre-nœuds, une fois formées, croissent pendant un certain temps, ou même des cellules relativement éloignées du point végétatif continuent à se multiplier, de sorte que chaque entre-nœud s'allonge ; alors les feuilles s'espacent de plus en plus, et la tige s'accroît d'autant. Cette croissance *intercalaire*, comme on l'appelle, vient donc ajouter ses effets à la croissance *terminale*, déterminée par la production de cellules nouvelles au sommet végétatif.

Quoi qu'il en soit, l'allongement ne se fait que sur une certaine longueur, laquelle ne dépasse pas quelques centimètres ou quelques décimètres au plus. L'accroissement terminal peut être indéfini ou défini ; il est *indéfini*, tant que le sommet végétatif se termine par un bourgeon foliaire ; mais il a un terme et est dit *défini*, quand il vient à se produire un bourgeon floral, une fleur, ou encore lorsque la masse tout entière du méristème prend une forme définitive, se lignifie, comme c'est le cas pour les rameaux épineux du Prunellier, par exemple.

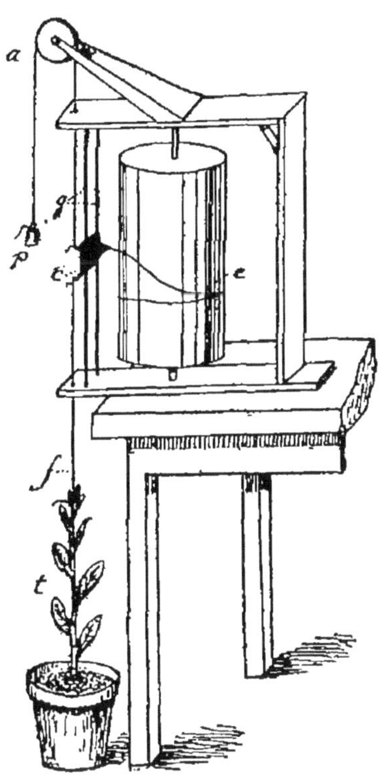

Fig. 57.— Auxanomètre enregistreur ; *t*, tige en voie de croissance ; *f*, un fil attaché à son sommet passe sur une poulie (*a*) et est tendu par un contre-poids (*p*) ; ce fil est, d'autre part, attaché à un curseur (*c*) mobile entre deux glissières (*g*) ; *e*, cylindre animé d'un mouvement de rotation.

Mesure de l'accroissement de la tige en longueur. — On a inventé sous le nom d'*auxanomètres* (1) d'ingénieux appareils pour mesurer la croissance des tiges pendant un temps donné. Le plus pratique, qui a reçu le nom d'*auxanomètre enregistreur* (fig 57), consiste en un cylindre vertical, sur lequel est appliqué un papier couvert de noir de fumée ; un mécanisme d'horlogerie fait tourner d'une façon uniforme le cylindre sur son axe; d'autre part, un fil très fin attaché au sommet d'une tige en voie de croissance, placée au pied de l'appareil, passe sur une poulie fixée au-dessus du cylindre et est convenablement tendu par un léger poids attaché à son autre extrémité

(1) Auxanomètre, de αὔξη, croissance ; μέτρον, mesure.

enfin, à hauteur convenable, ce fil porte un stylet dont la pointe appuie sur le papier enfumé du cylindre. Celui-ci exécutant alors son mouvement de rotation sur lui-même, le stylet y trace une ligne continue, à la fois circulaire et ascendante, dont la hauteur au-dessus d'une ligne horizontale marquée au niveau du point de départ du tracé, indique de quelle longueur la tige grandit successivement. On peut donc constater et suivre, en quelque sorte *de visu*, la croissance de la plante ; noter, toutes les circonstances extérieures restant identiques, dans quelle proportion cette croissance a lieu. On arrive ainsi à conclure, qu'envisagée pendant chaque période entière de végétation, d'abord lente, elle acquiert progressivement une vitesse maxima, pour diminuer ensuite peu à peu et finir par être nulle, la plante étant arrivée au terme de sa croissance annuelle. La même règle s'applique aux plantes qui ne vivent que l'espace d'une année. L'intensité de la croissance dépend donc de l'époque à laquelle on l'étudie, ou comme on dit, elle est en *fonction du temps*.

Nous savons déjà que cette croissance ne se produit pas dans toute la hauteur de la plante ; elle est exclusivement limitée à la région du sommet ; bien plus, elle est loin d'être égale pour les différentes portions de cette même région. On le constate facilement de la façon suivante : on trace sur cette partie de la plante des marques également distantes les unes des autres, puis au bout de quelque temps, on mesure au compas les intervalles ainsi délimités ; on observe alors que ceux qui sont le plus rapprochés du sommet se sont accrus d'une faible quantité, laquelle augmente et acquiert son maximum pour ceux qui viennent ensuite, puis diminue de nouveau à mesure qu'on descend plus bas, pour finir enfin par être tout à fait nulle à une certaine distance du sommet. Ceci montre, par conséquent, que l'activité de la croissance pour une portion quelconque d'une tige dépend de la distance qui la sépare du sommet, ou autrement dit est en *fonction de sa distance au sommet*.

Action des circonstances extérieures sur la croissance de la tige. — Les principales circonstances extérieures qui ont une influence marquée sur la croissance et la direction de la tige sont au nombre de quatre, à savoir : la pesanteur ou *géotropisme ;* la lumière ou *héliotropisme ;* la *pression extérieure ;* des *causes internes* encore mal définies.

1° *Influence de la pesanteur ou Géotropisme* (1). D'une façon générale, la croissance de la tige se fait de telle sorte que celle-ci se dirige en haut, en sens opposé de la racine. Cette direction est attribuée à l'action de la pesanteur, dont l'influence est alors désignée sous le nom de *géotropisme négatif*. L'expérience bien connue

(1) Géotropisme, de γῆ, terre ; τρέπω, tourner, c'est-à-dire attiré par la terre.

de Knight, montrant que la tige se porte en sens inverse de la direction de la force d'attraction qui agit sur la plante, donne une grande probabilité à cette opinion : on place des graines en germination sur une roue de vingt centimètres de diamètre, par exemple, qui tourne verticalement d'un mouvement uniforme. Si d'abord la roue tourne lentement, mais assez vite cependant pour que l'action de la pesanteur soit simplement annihilée, ce qui a lieu quand la première exécute une vingtaine de tours à la minute, la tige comme la racine se portent dans une direction indifférente, c'est-à-dire en n'importe quel sens. Mais, si la vitesse de rotation augmente et que la roue fasse, par exemple, cent cinquante tours à la minute, une nouvelle force apparaît, la force centrifuge, dont l'action se substituant à celle de la pesanteur qui s'exercerait sur ces plantes si elles étaient dans le sol, projette toutes les racines en dehors et par contre dirige toutes les tiges en dedans, par conséquent *dans le sens opposé à celui de la force* (force centrifuge) qui s'est développée pendant la rotation de la roue.

C'est donc le géotropisme qui fait qu'une branche en voie de végétation, abaissée de force et maintenue horizontale, redresse vers le ciel son extrémité à mesure que celle-ci s'accroît.

Mais il s'en faut que dans toutes les plantes ou dans toutes les parties d'une même plante, la direction soit rigoureusement soumise à l'action de la pesanteur. C'est ainsi que les tiges souterraines y paraissent soustraites, puisqu'elles se dirigent horizontalement dans le sol ; il en est de même des tiges rampantes de Fraisier, de Violette et autres ; de même, tandis que la tige de la plupart des arbres verts (Sapins, Cèdres) est fortement géotropique, leurs branches, surtout celles de deuxième ou troisième ordre, ne le sont pour ainsi dire plus et se dirigent en tous sens.

2° *Influence de la lumière ou Héliotropisme* (1). L'action de la lumière sur la direction de la tige et des rameaux n'est pas douteuse. Une plante en végétation, placée dans un appartement éclairé d'un seul côté, dirige ses rameaux vers ce point ; c'est ce qu'on appelle l'*héliotropisme positif*. Ce phénomène trouve son explication dans un fait d'observation vulgaire. Tout le monde, en effet, sait qu'une plante renfermée dans un endroit obscur s'allonge beaucoup plus vite que si elle se trouvait à la lumière. Or, dans une plante placée au milieu d'une chambre éclairée par une seule fenêtre, un côté de chacun des rameaux reçoit plus de lumière et l'autre côté en reçoit moins. Il en résulte une croissance inégale de ces deux parties du rameau : celle qui est tournée vers la lumière pousse moins que la partie qui regarde vers le fond obscur de la pièce ; le rameau est dès lors forcé de former une courbure dont la concavité regarde vers

(1) Héliotropisme, de ἥλιος, soleil ; τρέπω, tourner.

la lumière et la convexité vers le côté obscur ; et ainsi l'extrémité de la branche se porte vers la lumière.

L'action de la lumière sur les diverses espèces de plantes est loin d'être d'une intensité égale ; les unes y sont plus, les autres moins sensibles ; il en est même qui se dirigent en sens opposé, le côté éclairé se développant plus que celui qui ne l'est pas. C'est ce qu'on appelle l'*héliotropisme négatif*, lequel se rencontre chez un assez grand nombre de plantes, mais dont le Lierre, le Gui, la Capucine nous offrent les exemples les plus connus.

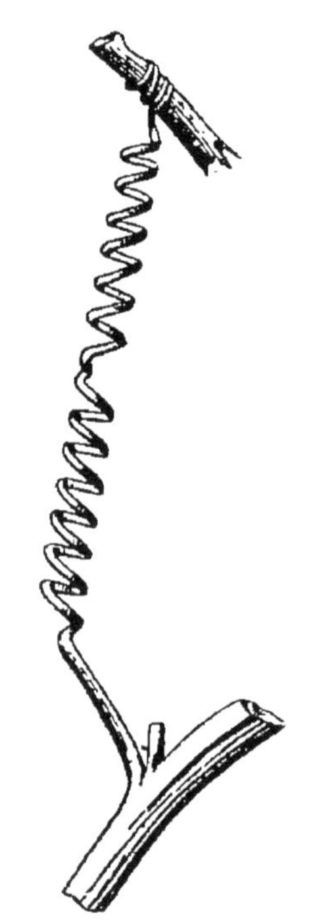

Fig. 58. — Vrille de Bryone.

3° *Influence de la pression extérieure.* Un certain nombre de tiges portent des *vrilles*, qui peuvent être des rameaux modifiés, comme celles de la vigne, ou bien des feuilles transformées, comme c'est le cas du Haricot. Ces vrilles poussent d'abord droites, puis si elles viennent à rencontrer un support quelconque, la légère *pression* qui se produit à ce niveau a pour effet de déterminer un accroissement moindre, tandis que la partie opposée continue à s'accroître normalement ; il en résulte que la vrille se courbe et, à mesure qu'elle s'allonge, s'enroule autour de son support. De plus, la pression qui s'exerce au point de contact se propageant entre celui-ci et la base de la vrille, celle-ci dans sa portion libre s'enroule sur elle-même en tire-bouchon, en deux sens opposés, comme le montre la figure 58. Cette opération, qui ajoute son effet à celui de l'enroulement de la vrille autour de son support, a pour résultat de soulever la plante et de la tendre sur celui-ci. La Bryone, si commune dans nos haies, offre un excellent exemple de ces phénomènes.

4° *Influence des causes internes ; nutation.* Des actions que l'on ne saurait attribuer à des agents extérieurs influencent encore la direction de la tige d'une façon remarquable. Nous voulons parler de l'*enroulement des tiges volubiles.* Cet enroulement paraît ordinairement dû à une double action : la première consiste en ce que la tige s'accroît inégalement sur les différentes parties de sa circonférence, de sorte qu'elle est obligée de se courber, phénomène désigné sous le nom de *nutation* (1) ; la seconde, en ce que l'axe de la

(1) Du latin *nutatio*, de *nutus*, changement de direction de la tête.

tige, sa partie centrale, s'accroissant moins que la partie périphérique qui l'enveloppe, cette tige est obligé de subir une torsion sur elle-même. Ces deux actions s'unissant l'une à l'autre, il en résulte que la tige tout en s'allongeant décrit une hélice. C'est de cette façon que les plantes volubiles montent en s'enroulant autour de leurs supports. La direction suivant laquelle se fait l'enroulement est ordinairement constante pour une même espèce, comme il a été déjà dit ailleurs ; mais il y a quelques exceptions : ainsi une plante de la famille des Solanées, la Douce-Amère, en offre un exemple.

TABLEAU DE LA COMPOSITION DE LA TIGE DES DICOTYLÉDONES

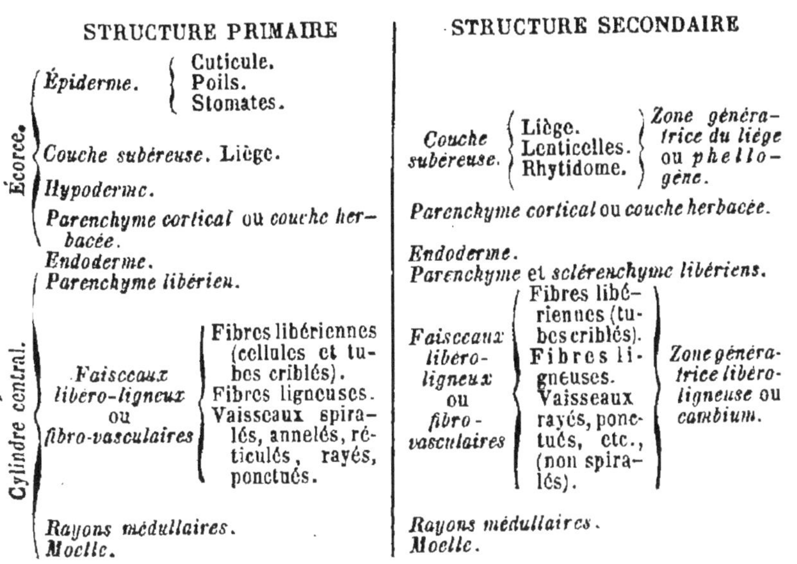

STRUCTURE PRIMAIRE

- Écorce.
  - *Épiderme.* { Cuticule. Poils. Stomates.
  - *Couche subéreuse.* Liège.
  - *Hypoderme.*
  - *Parenchyme cortical* ou *couche herbacée.*
- *Endoderme.*
- Cylindre central.
  - *Parenchyme libérien.*
  - *Faisceaux libéro-ligneux* ou *fibro-vasculaires* { Fibres libériennes (cellules et tubes criblés). Fibres ligneuses. Vaisseaux spiralés, annelés, réticulés, rayés, ponctués.
  - *Rayons médullaires.*
  - *Moelle.*

STRUCTURE SECONDAIRE

- *Couche subéreuse.* { Liège. Lenticelles. Rhytidome. } *Zone génératrice du liège* ou *phellogène.*
- *Parenchyme cortical* ou *couche herbacée.*
- *Endoderme.*
- *Parenchyme* et *sclérenchyme libériens.*
- *Faisceaux libéro-ligneux* ou *fibro-vasculaires* { Fibres libériennes (tubes criblés). Fibres ligneuses. Vaisseaux rayés, ponctués, etc., (non spiralés). } *Zone génératrice libéro-ligneuse* ou *cambium.*
- *Rayons médullaires.*
- *Moelle.*

B. Tige des Monocotylédones

Parties constitutives de la tige. — La *coupe transversale* d'une plante monocotylédone, d'une tige de Palmier, par exemple, offre un aspect tout différent de celui que nous connaissons à la tige des Dicotylédones.

On voit, à l'extérieur, une *zone corticale* peu épaisse; et en dedans un *cylindre central*, dans lequel se reconnaissent difficilement des zones concentriques, et dépourvue de rayons médullaires bien dessinés, de moelle centrale bien définie.

Système cortical.

Le *système cortical* offre un *épiderme*, un *hypoderme*, un *parenchyme cortical* ou *couche herbacée* et un *endoderme* établissant la limite entre le système cortical et le cylindre central.

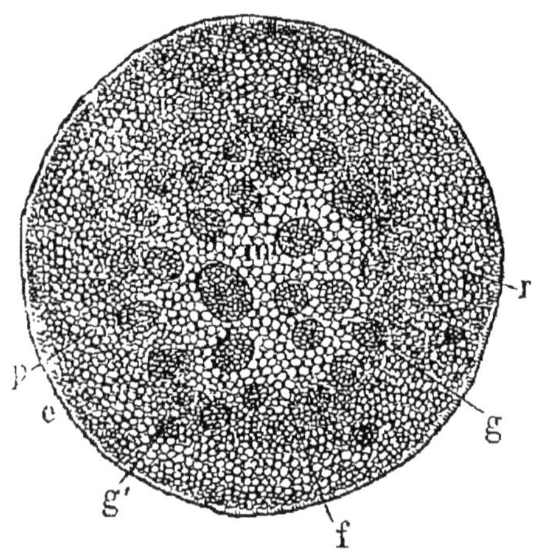

Fig. 59. — Coupe transversale d'une jeune tige de Monocotylédone (*Aspidistra*) (gross. 15) ; *e*, épiderme ; *p*, *r*, tissu cellulaire ; *m*, moelle ; *g*, *g'*, faisceaux disséminés dans le parenchyme ; *f*, tissu médullaire interposé aux faisceaux.

Cylindre central.

Le *cylindre central* est formé de *faisceaux libéro-ligneux* ou *fibro-vasculaires* distincts, disséminés, bien plus nombreux et rapprochés les uns des autres vers la périphérie, bien plus espacés et plus rares vers le centre, de sorte que, contrairement à ce qui a lieu dans les Dicotylédones, la partie extérieure est d'un tissu beaucoup plus dur que le cœur de la tige. Ces faisceaux sont séparés par du tissu cellulaire ou parenchyme.

Structure des faisceaux.

La coupe transversale d'un faisceau (fig. 60) montre : 1° que sa forme est à peu près arrondie et qu'il est composé, dans sa partie périphérique, de fibres à parois épaisses formant autour de lui un cercle complet, lequel représente le *liber* (*g*,*g*) ; 2° qu'en dedans est une petite masse (*c*,*c*) formée de *vaisseaux* ponctués ou rayés, mêlés de *fibres ligneuses*, puis de vaisseaux annelés, et enfin tout à fait au centre, de vaisseaux spiralés ou trachées; 3° qu'entre ces deux ordres d'éléments, libériens et ligneux, se trouve une zone annulaire, le *cambium*, qui a servi à les former, mais dont la

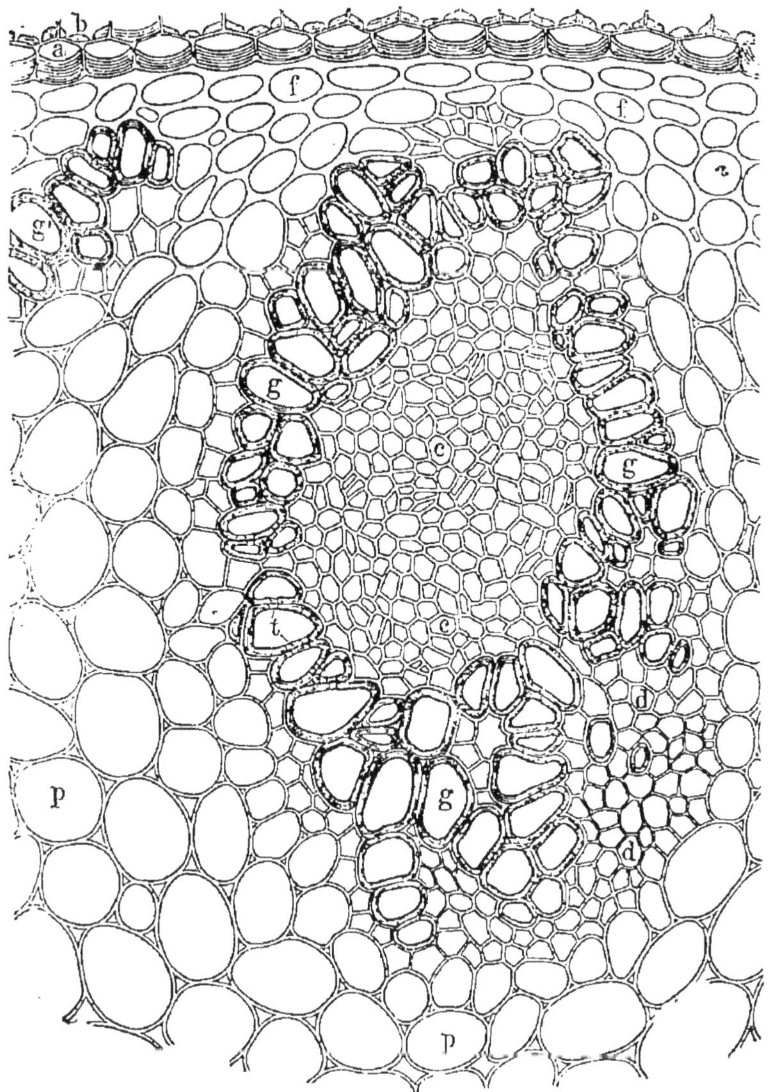

Fig. 60. — Coupe transversale d'un faisceau fermé de Monocotylédone (Muguet) (gr. 450) ; *g*, cellules à parois très épaissies ou sclérenchymateuses entourant le faisceau, qui est ainsi complètement fermé et incapable de s'élargir ; *t*, perforations dans les parois faisant communiquer deux cellules voisines ; *c*, éléments ligneux ; *d*, éléments semblables, en dehors du faisceau ; *p*, tissu cellulaire au milieu duquel se sont développés les faisceaux ; *a*, endoderme ; *g*" cellules sclérenchymateuses du faisceau voisin.

période d'activité est courte, de sorte qu'au lieu de continuer à produire des vaisseaux et des fibres ligneuses, d'une part, des fibres libériennes, de l'autre, il s'entoure promptement de tous côtés d'éléments définitifs (*g*) et n'a plus aucune communication avec les rayons médullaires et la zone génératrice des faisceaux voisins; il en résulte que le faisceau ne peut augmenter de volume et mérite bien le nom qu'on lui donne, de *faisceau fermé.* Les faisceaux ne s'épaississant pas, le tronc de la plante reste toujours assez grêle.

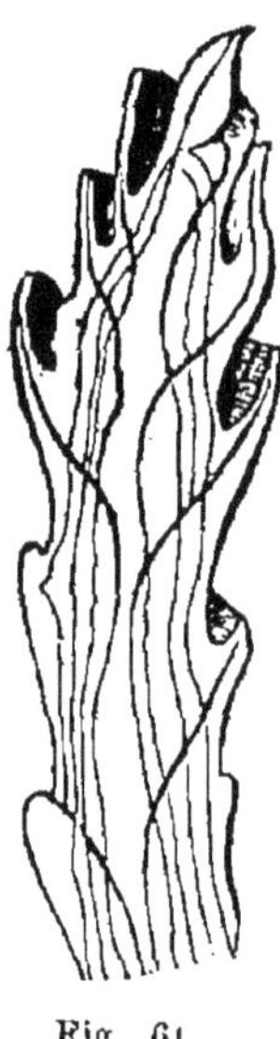

Fig. 61.

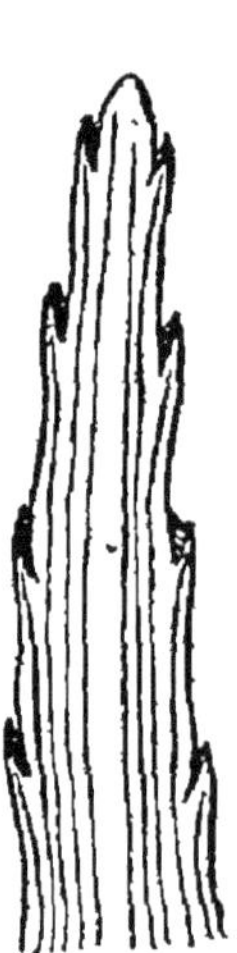

Fig. 62.

Fig. 61. — Marche des faisceaux fibro-vasculaires dans la tige des Monocotylédones.

Fig. 62. — Marche des faisceaux fibro-vasculaires dans la tige des Dicotylédones.

Cette structure normale des Monocotylédones offre quelques exceptions : ainsi, les vaisseaux de chaque faisceau sont parfois groupés sous une forme demi-circulaire dont la concavité est occupée par le liber du faisceau; et même les deux extrémités du croissant peuvent se rejoindre pour former un cercle qui entoure le liber (Iris).

Étude d'une coupe longitudinale.

Une *coupe longitudinale* de la tige montre la façon dont ces mêmes faisceaux se comportent dans leur trajet (fig. 61). On peut observer 1° que chacun d'eux aboutit à une feuille et qu'ils sont par conséquent exactement en même nombre que celles-ci ; 2° que, commençant en bas par une extrémité très tenue, chaque faisceau grossit à mesure qu'on le considère à un niveau plus élevé, disposition qui explique comment il se fait que la tige a sensiblement le même diamètre dans toute sa hauteur ; 3° que chacun d'eux est, à sa partie inférieure, d'autant plus voisin du centre de la tige, que la feuille à laquelle il aboutit est à un niveau moins élevé, autrement dit qu'elle est plus anciennement formée ; 4° enfin, que le trajet du faisceau, au lieu d'être rectiligne, est flexueux, de telle sorte qu'à mesure qu'il monte, il s'incline d'abord vers la partie centrale de la tige, pour s'infléchir ensuite dans le sens opposé et finir par traverser obliquement les tissus, afin d'aboutir à la feuille correspondante.

Cette structure, qui nous montre les faisceaux comme étant de formation d'autant plus ancienne qu'ils occupent une position plus centrale, est bien différente de celle des Dicotylédones (fig. 62). Chez ces dernières en effet les parties ligneuses les plus centrales sont les plus récemment formées et aboutissent par conséquent aux feuilles les plus élevées, qui sont, on le comprend, les dernières épanouies.

Croissance en hauteur et en largeur. — L'étude qui vient d'être faite de la structure de la tige des Monocotylédones suffit à expliquer le mécanisme de sa croissance. Celle-ci est très faible dans le sens transversal, car il ne se forme pas de zone génératrice et par conséquent de bois secondaire ; il se fait seulement un léger épaississement des faisceaux. Quant à l'accroissement en longueur il se produit de la même façon que chez les Dicotylédones.

Modifications dans la structure de la tige de certaines Monocotylédones. — La structure qui vient d'être indiquée pour la tige des Monocotylédones n'est pas sans offrir, comme on va le voir, quelques exceptions.

1° *Dragonniers.* Ces plantes, contrairement à ce que nous venons de constater dans la majorité des Monocotylédones, ont une tige d'un diamètre souvent considérable, et notablement plus gros à la base qu'au sommet. L'accroissement en épaisseur paraît dû surtout à ce que, indépendamment des faisceaux qui se rendent aux feuilles, il s'en forme à chaque période végétative une autre zone en dehors d'eux, laquelle a pour effet d'augmenter le diamètre de ces arbres. On cite, dans l'île de Ténériffe, des Dragonniers (*Dracœna*) qui ont jusqu'à 6 et 8^m d'épaisseur à la base, soit 18 à 24^m de circonférence.

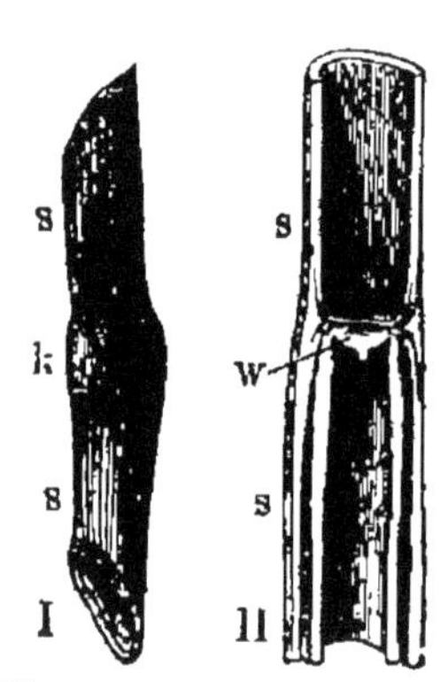

Fig. 63 — Tige fistuleuse de Roseau (*Phragmites communis*). *I*, vue extérieure ; *k*, nœud ; *s*, *s*, entre-nœuds ; *II*, coupe longitudinale ; *w*, cloison transversale.

2° *Graminées.* La tige de ces plantes offre quelques particularités intéressantes ; dans presque toutes, le parenchyme central se rompt et se détruit par suite de l'amplification des parties extérieures ; à sa place se voit un large espace vide, et la tige est dite alors *fistuleuse;* telles sont celles du blé et de nos autres céréales, où elles sont connues sous le nom de *chaumes.* En outre, au niveau de la naissance de chaque feuille, la cavité centrale est fermée par une cloison transversale, une sorte de plancher très résistant, formé par les ramifications des faisceaux fibro-vasculaires qui s'y entrecroisent, disposition qui donne à toute la tige une bien plus grande solidité. Cette particularité anatomique est bien caractérisée dans le Bambou.

C. Tige des Gymnospermes ou Conifères

Les arbres verts, résineux, qui constituent le groupe des

Conifères, tels que les Pins, Sapins, Cèdres, Cyprès, etc., présentent dans la composition de leur tige des particularités importantes.

La structure primaire est, il est vrai, semblable dans ses traits essentiels à celle des Dicotylédones. Mais il n'en est pas de même pour la structure secondaire ; la différence principale consiste en ce qu'il ne se produit plus, dans le bois, de vaisseaux annelés, rayés ou autres, mais seulement de ces fibres ou vaisseaux à larges ponctuations aréolées (fig. 64) que nous avons déjà eu l'occasion d'étudier à la p. 12. Ajoutons que les rayons médullaires sont extrêmement étroits et ne se composent, le plus souvent, que d'une seule ligne de cellules.

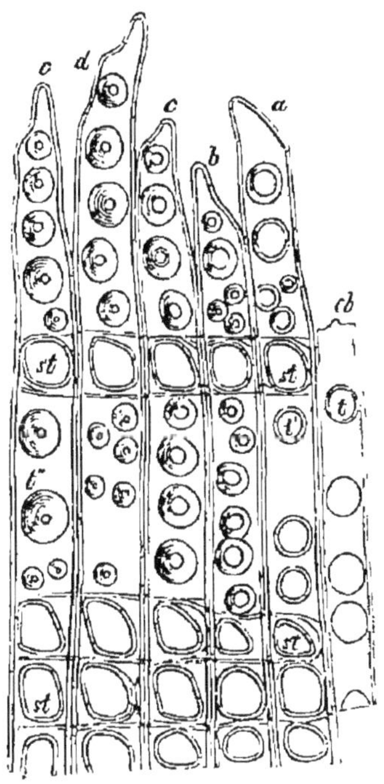

Fig. 64. — Fibres du bois des Conifères ; *a*, *b*, *c*, *d*, extrémités des fibres ; *cb*, une fibre brisée ; *st*, *t*, *t'*, ponctuations simples ; *t''*, ponctuations aréolées.

Étude d'une coupe transversale.

D. Tige des Acotylédones

Cryptogames cellulaires et Cryptogames vasculaires. — Au point de vue de leur structure, ces plantes, les plus inférieures du règne végétal, se répartissent en deux groupes, les *Cryptogames cellulaires* et les *Cryptogames vasculaires*.

Les unes, en effet, sont entièrement formées de cellules qui peuvent se modifier légèrement, s'allonger plus ou moins, épaissir leurs parois, mais qui ne vont jamais jusqu'à prendre la forme de vaisseaux ; tels sont les Lichens, les Champignons, les Algues, les Mousses.

Les autres offrent des éléments vasculaires, différemment disposés suivant l'ordre auquel ils appartiennent ; ce sont les Fougères, les Lycopodiacées, les Prêles, etc.

1° **Cryptogames cellulaires.** — Chez les Cryptogames cellulaires le corps de la plante n'offre pas à distinguer une tige, une racine et des feuilles. Tout cet appareil végétatif que nous avons rencontré chez les Phanérogames est remplacé ici par un appareil unique, dont la structure est semblable dans toutes ses parties, et qu'on appelle le *thalle*. Dépourvu de vaisseaux et de tous ces éléments à parois épaisses qui soutiennent le corps des autres plantes, le thalle ne peut s'élever bien haut ; mais, couché sur le sol et surtout flottant dans l'eau, il est susceptible d'acquérir de très grandes dimensions ; on connaît en effet des Algues marines qui dépassent 300 m. de longueur.

La forme du thalle est d'ailleurs très variable ; simplement filamenteux chez les Champignons et la plupart des Algues d'eau douce, il offre assez souvent l'apparence d'une division en racine, tige et feuilles ; mais cette racine est un simple appareil de fixation et non d'absorption ; aussi donne-t-on aux organes de ce genre le nom de *rhizoïdes ;* de même, la partie qui simule une tige n'est qu'un support, un cordon plus ou moins long, de structure homogène, portant sur ses côtés ou à son extrémité des filaments ou des lames découpées, appelées *frondes*, et qui n'ont rien de la structure des feuilles, qu'elles rappellent souvent par leur forme. En outre, ces organes peuvent porter des vésicules pleines d'air, qui servent de flotteurs et soutiennent la plante dans l'eau.

C'est chez les Mousses que l'on voit apparaître la première distinction de l'appareil végétatif en membres de structure différente. Le thalle de ces Cryptogames, en effet, est pourvu de véritables *feuilles*, bien que l'axe, la tige, qui les porte, soit encore dépourvu de vaisseaux ; de même, les racines font aussi défaut et sont remplacées par des rhizoïdes.

Il faut arriver aux Fougères pour trouver enfin une distinction du corps de la plante en *tige*, *racine* et *feuilles*.

2° **Cryptogames vasculaires**. — Prenons donc comme type l'une de ces belles Fougères auxquelles leur

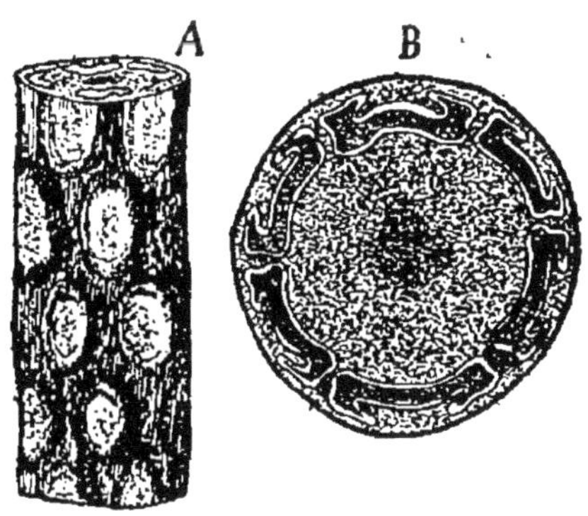

Fig. 65. — Structure de la tige des Fougères; *A*, tronçon de Fougère, sur lequel se voient les cicatrices des feuilles après leur chute; *B*, coupe transversale de la tige, présentant, en dedans de l'écorce, des faisceaux fibro-vasculaires disposés circulairement et séparés les uns des autres de façon à laisser la moelle, qui forme la plus grande masse de la tige, en communication avec l'écorce.

port a fait donner le nom d'arborescentes (fig. 65). On voit, à l'extérieur, un *épiderme*, le plus souvent masqué par de larges écailles et marqué de nombreuses cicatrices ovalaires résultant de la chute des feuilles ; puis, vient une *écorce* très résistante, formée, en dehors, de cellules polyédriques, et en dedans, de cellules allongées en fibres. On remarque ensuite une zone de gros *faisceaux fibro vasculaires*, ayant chacun, sur une coupe transversale, la forme d'un croissant dont les extrémités sont tournées vers l'extérieur. Tous ces faisceaux s'anastomosent entre eux, dans leur course longitudinale, de façon à former un cylindre creux ou plutôt un élégant treillis.

Quant à la portion de la tige située en dedans de la zone

des faisceaux, elle consiste en un parenchyme peu résistant, sorte de moelle qui se déchire et se crevasse lorsque la tige vient à se dessécher.

Voici maintenant une autre espèce de Fougère, de dimension plus humble, le Polypode (fig. 66 et 67). En dedans de l'écorce, renforcée de cellules à parois épaissies, se voient les faisceaux, dont les plus gros sont les plus extérieurs.

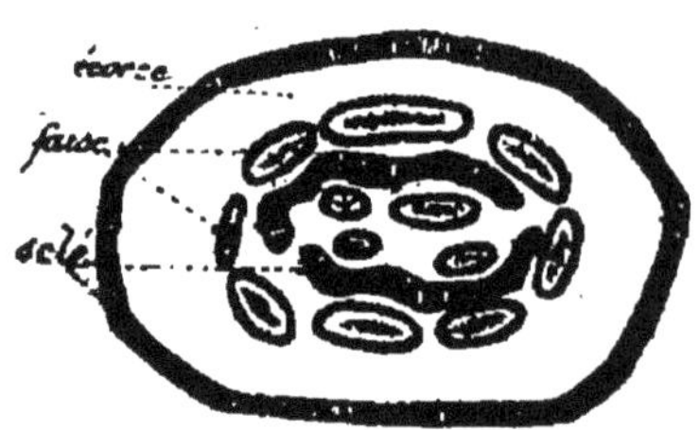

Fig. 66. — Coupe transversale d'une tige souterraine de Fougère (Polypode), montrant l'*écorce* et les *faisceaux libéro-ligneux*; des bandes de *sclérenchyme* entourent ces parties, et d'autres s'allongent entre les faisceaux.

Chaque faisceau (fig. 67), qui est entouré par un *endoderme* spécial, se compose de cellules libériennes et ligneuses, surtout de vaisseaux scalariformes prismatiques, très remarquables par leur volume, et de vaisseaux spiralés en petit nombre.

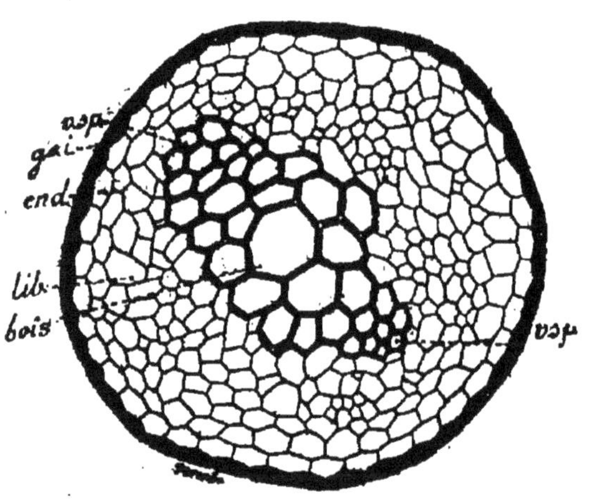

Fig. 67. — Coupe transversale d'un faisceau libéro-ligneux, pris dans la figure précédente; *gai.*, gaine brune formée de cellules sclérenchymateuses entourant le faisceau; *end.*, endoderme; *lib.*, liber, au centre duquel se trouve le *bois*; *v. sp.*, vaisseaux spiralés aux extrémités du faisceau.

Les faisceaux sont bientôt arrêtés dans leur développement, en sorte qu'ils méritent, comme ceux des Monocotylédones, le nom de *faisceaux fermés*.

Tige des Prêles.

Les Prêles ou Équisétacées offrent plusieurs particularités de structure fort remarquables. Contentons-nous de faire observer que la cuticule épidermique est encroûtée d'une épaisse couche de silice, qui fait employer ces plantes au polissage du bois et de l'ivoire.

La tige des Acotylédones a toujours son point végétatif formé d'une cellule terminale unique (fig. 14), qui est l'origine de toutes les autres parties, contrairement à ce qu'on voit chez les Phanérogames, lesquels ont leur sommet végétatif occupé par un nombre variable de cellules, qui sont, comme on sait, l'origine du méristème primitif (fig. 15). Sommet végétatif des Acotylédones.

Principales fonctions de la tige. — Le rôle principal de la tige est de servir de *conducteur* aux matières nutritives : les éléments du bois transportent vers les feuilles les substances alimentaires puisées dans le sol, et les éléments du liber celles qui ont été élaborées dans les feuilles. (Voy. Chap. VI, *Circulation*.)

La tige est un *organe de soutien ;* ses vaisseaux et ses fibres, mais surtout ce qu'on appelle le sclérenchyme, lui donnent une rigidité qui lui permet de se dresser en l'air, malgré le poids des rameaux.

La tige est enfin un *organe de réserve*. Le parenchyme médullaire surtout, mais aussi d'autres parties, telles que les rayons médullaires, le parenchyme cortical, renferment des substances nutritives, notamment de la fécule, qui sont employées au fur et à mesure des besoins de la plante. (Voy. Chap. VII. *Réserves nutritives*.)

RÉSUMÉ

Les plantes offrent seulement deux ordres de fonctions, celles de *nutrition* et celles de *reproduction*.

Les premières s'exercent à l'aide de trois parties organiques principales, qui sont les *membres* de la plante, à savoir, la *tige*, la *racine* et les *feuilles*.

La **tige** est essentiellement caractérisée par la propriété qu'elle a seule de porter des feuilles.

Division des tiges. — On divise les tiges en *aériennes* et *souterraines*.

Les caractères extérieurs des tiges *aériennes* sont tirés de leur *situation apparente ou cachée*, de leur *ramification*, de leur *forme*, de leur *durée*, de leur *consistance*, de leur *port*.

Les tiges *souterraines* comprennent trois catégories, les *rhizomes*, les *bulbes* et les *tubercules*.

Structure des tiges. — **1° Dicotylédones.** — Les *tiges dicotylédones* se composent de deux parties : l'*écorce* et le *cylindre central;* la limite entre les deux est établie par l'*endoderme*.

L'*écorce* comprend : l'*épiderme*, le *liège*, le *parenchyme cortical*.

L'*épiderme* est formé d'un petit nombre de couches de cellules aplaties. Souvent recouvert d'une *cuticule*, il porte des poils et offre des orifices stomatiques.

Le *liège* ou *couche subéreuse* est formé de cellules aplaties, assez régulièrement alignées, de composition chimique spéciale et dues à l'activité d'une zone génératrice appelée *phellogène*. A l'étude du liège se rattache la formation des *lenticelles*.

Au-dessous du liège se voit souvent un *hypoderme*, à cellules épaisses, molles (*collenchyme*) ou dures (*sclérenchyme*).

Le *parenchyme cortical* ou *couche herbacée* renferme beaucoup de chlorophylle, et ses cellules sont gorgées de sucs.

L'*endoderme* établit la limite entre l'écorce et le cylindre central ; ses cellules sont plissées et d'aspect tout spécial.

Le *cylindre central* est formée des *faisceaux libéro-ligneux*, des *rayons médullaires* et de la *moelle*.

Un *faisceau libéro-ligneux* est formé, en dehors, par le *liber*, dans lequel se montrent du *parenchyme libérien* et des *fibres*. Parmi ces fibres, les *tubes criblés* méritent surtout d'attirer l'attention. La partie interne du même faisceau est composée d'*éléments ligneux*, fibres et vaisseaux, dont les plus voisins du centre de la tige constituent l'*étui médullaire*, lequel offre des vaisseaux spiralés.

Le *cambium* ou *zone génératrice* est interposé entre les faisceaux libériens et les faisceaux ligneux ; c'est lui qui les produit.

Les *rayons médullaires* sont les restes du tissu cellulaire primitif de la tige ; dirigés de l'écorce à la moelle, ils passent dans l'intervalle des faisceaux.

La *moelle* est formée de grandes cellules, d'abord gorgées de suc, plus tard desséchées et déchirées.

L'étude du **développement de la tige** montre qu'au début de sa formation, c'est-à-dire envisagée dans le *cône végétatif*, elle est formée de cellules d'abord toutes semblables ; mais peu à peu apparaissent les divers éléments qui viennent d'être étudiés.

On dit les faisceaux *ouverts* ou *fermés*, suivant que le cambium y conserve ou y perd son activité.

Plus tard (*structure secondaire*), un nouveau méristème se formant entre les faisceaux, il en résulte des faisceaux secondaires intercalés entre les primaires.

L'accroissement de la tige en *épaisseur* se fait par le jeu du cambium, qui épaissit les faisceaux libériens et ligneux.

L'accroissement en *longueur* se produit surtout au niveau du *bourgeon* terminal, par l'élongation des *entre-nœuds* renfermés dans ce bourgeon.

La croissance de la tige se mesure au moyen de l'*auxanomètre ;* elle est influencée par la pesanteur ou *géotropisme*, la lumière ou *héliotropisme*, la *pression*, des *causes internes*.

2° **Monocotylédones.** — La tige des Monocotylédones offre également une écorce et un cylindre central.

Les faisceaux libéro-ligneux sont disséminés dans un parenchyme, et plus nombreux à la périphérie qu'au centre.

Ce sont tous des faisceaux fermés. Quelques Monocotylédones, notamment les Dragonniers et les Graminées, offrent des modifications importantes.

3° **Gymnospermes.** — La tige des Gymnospermes ou *Conifères* est surtout remarquable par l'abondance, dans le bois secondaire, des fibres ou vaisseaux à ponctuations aréolées.

4° **Acotylédones.** — Quant aux Acotylédones, les Cryptogames cellulaires sont dépourvus de tige et n'ont qu'un *thalle*, entièrement formé de cellules ; les Cryptogames vasculaires ont une tige véritable, pourvue d'une écorce et d'un cylindre central parcouru par des faisceaux anastomosés entre eux dans leur parcours, entourés chacun par un endoderme spécial et limitant entre eux une sorte de moelle. Le point végétatif de la tige des Acotylédones est toujours formé d'une cellule terminale unique.

Fonctions de la tige. — Les *fonctions* essentielles de la tige sont de servir de *conducteur* aux matières alimentaires, de *soutien* rigide aux feuilles et aux rameaux, enfin de *magasin de réserve* nutritive.

CHAPITRE IV

RACINE

Définition. Classification des racines. Ramification de la racine; Radicelles. Racines adventives. Principales modifications de la racine : Crampons, Suçoirs, Tubercules. — Structure de la racine. Étude du sommet de la racine; croissance en longueur. Structure primaire; Origine des racines secondaires. — Différences dans la structure secondaire de la racine chez les Dicotylédones, Monocotylédones et Acotylédones. Accroissement de la racine en épaisseur. — Action des circonstances extérieures sur la croissance de la racine : géotropisme, héliotropisme, humidité. — Principales fonctions de la racine.

Définition. — La *racine* est cette partie de la plante qui, en général, s'enfonce dans le sol pour y puiser les éléments nécessaires à la nutrition du végétal.

De forme d'abord cylindrique, elle est attachée par sa base à la tige dont elle prolonge l'axe, et va en s'effilant en cône à son sommet; la limite entre la racine et la tige porte le nom de *collet* de la plante. Mais, assez souvent, au lieu de continuer l'axe de la tige, la racine part de ses parties latérales, de ses rameaux, parfois même d'une feuille.

Classification des racines. — 1° D'après le *milieu* dans lequel elles vivent, on peut classer les racines en *souterraines*, de beaucoup les plus nombreuses ; en *aériennes*, comme celles des Orchidées (voyez à la page 105, ce qui est dit des racines adventives) ; en *aquatiques*, comme celles des Lemnas ou Lentilles d'eau (fig. 76) et de quelques autres végétaux ; en *épiphytes*, comme celles du Gui, de la Cuscute et de plusieurs autres espèces qui vivent en parasites sur diverses plantes.

2° La *forme* des racines sert encore souvent de base à leur classification.

Si la racine *primitive* ou *principale*, celle qui continue directement la tige, reste pendant longtemps, souvent

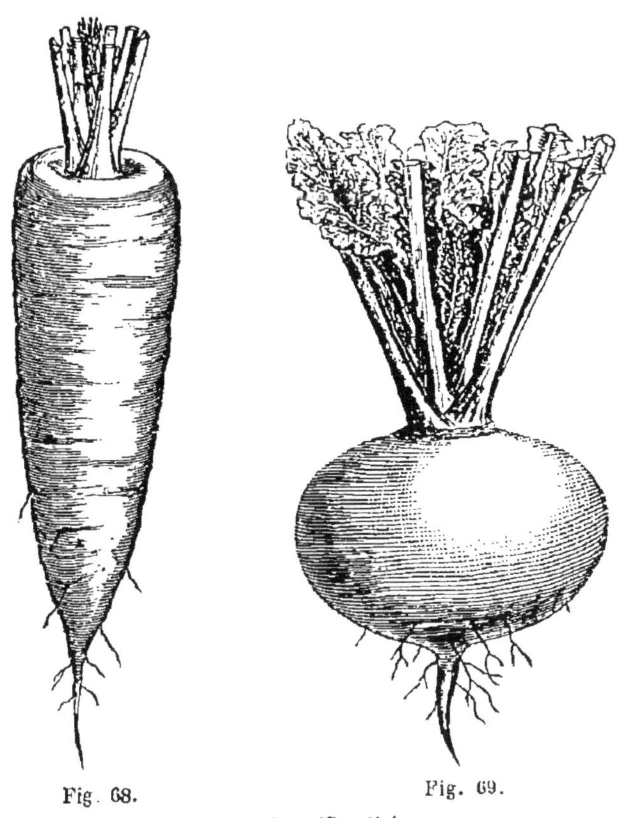

Fig. 68. Fig. 69.

Fig. 68. — Racine pivotante conique (Carotte).
Fig. 69. — Racine napiforme (Navet).

même pendant toute la vie de la plante, prédominante sur les racines *secondaires* qui se développent ensuite, elle porte le nom de *pivot*, et la racine est désignée dans son ensemble sous le nom de *pivotante* (fig. 68).

L'accroissement, l'épaississement de la racine primitive peut se faire de différentes façons : s'il s'accuse davantage à la base de l'organe, pour aller en diminuant à mesure qu'on se rapproche de l'extrémité, la racine devient *conique* (Carotte, Betterave) ; l'épaississement devenant encore plus considérable à la base, et la racine étant peu allongée, de façon à ressembler à une toupie, comme dans le Navet,

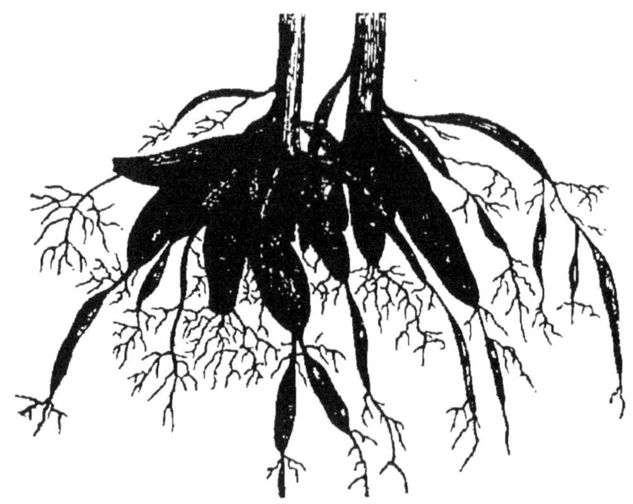

Fig. 70. — Racines fusiformes ou tubériformes du Dahlia.

elle est dite *napiforme* (fig. 69); si la racine restant allongée, l'épaississement s'accuse vers le milieu de sa lon-

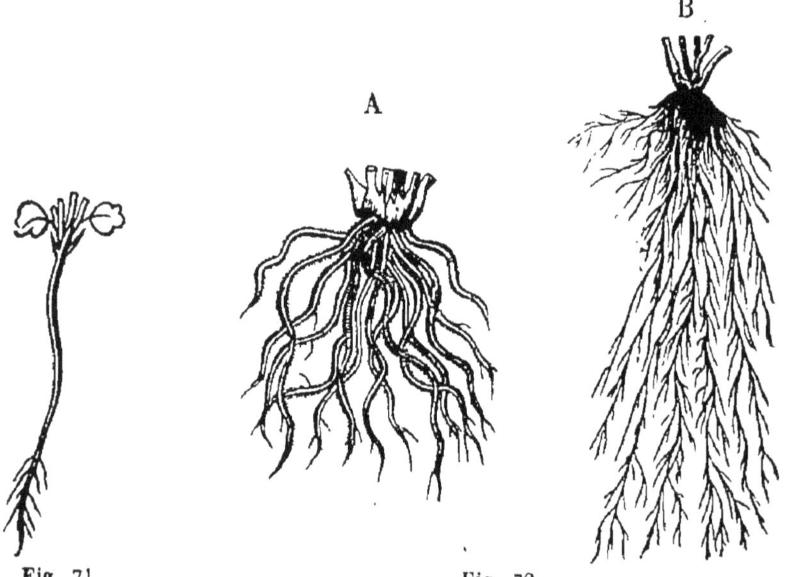

Fig. 71. — Racine filiforme.
Fig. 72 — Racines fibreuses de Graminée (*A*) et de Légumineuse (*B*).

gueur, elle devient *fusiforme* ou *tubériforme*, disposition que l'on voit aussi se produire sur les racines secondaires du Dahlia (fig. 70).

Dans un grand nombre de cas (Cryptogames vasculaires, la plupart des Monocotylédones), la racine primitive se détruit; chez quelques Monocotylédones et un certain nombre de Dicotylédones elle persiste, mais ne s'épaissit pas; elle reste mince tout en s'allongeant, ce qui lui vaut le nom de *filiforme* (fig. 71).

D'autre part, il peut se faire que la racine primitive cesse de s'accroître, tandis que les racines secondaires se développent beaucoup et rampent ordinairement à une faible profondeur au-dessous du sol; c'est ce qu'on appelle une racine *fibreuse*, *fasciculée* ou *chevelue* (fig. 72).

Racines adventives. — Il a été dit au commencement du chapitre que des racines se montrent assez souvent, en dehors des régions normales, sur les parties latérales de la tige, les rameaux ou même les feuilles; on les appelle racines *adventives*. Mais il faut remarquer que, même dans ces cas, elles ne naissent pas toujours en des points indifférents.

Les plantes à tige souterraine rampante, comme le Muguet, ou qui traîne à la surface du sol, comme le Fraisier, le Lierre, nous offrent des racines adventives : à mesure que leur tige se déplace par le fait de leur croissance (voy. page 62), souvent les anciennes racines meurent et de nouvelles se produisent en d'autres points. Certains arbres, le Figuier des Banians, le Gommier, entre autres, émettent de leurs branches horizontales de nombreuses racines adventives qui descendent sur le sol et finissent par l'atteindre, en faisant l'effet d'autant de tiges secondaires qui soutiennent ces grands arbres et les nourrissent alors que les racines primitives sont détruites (fig. 73). Certaines plantes émettent des racines adventives qui restent toujours flottantes dans l'air. Telle est la Vanille, de la famille des Orchidées. Ces racines se contentent d'absorber la vapeur d'eau si abondante au milieu des forêts tropicales.

Les racines adventives se montrent à des hauteurs variables sur la tige, le plus souvent à la base même, au contact du sol, dont l'humidité suffit à provoquer leur

Fig. 73. — Racines adventives du Gommier; les unes sont volumineuses et profondément enfoncées dans le sol; les autres, plus grêles, ne l'ont pas encore atteint.

apparition. C'est sur la production adventive des racines que sont fondées les importantes pratiques connues en horticulture sous les noms de *bouturage* et de *marcottage*, qui seront étudiées à la fin du Chap. VII.

Modifications de la racine. — *Crampons.* Ce sont

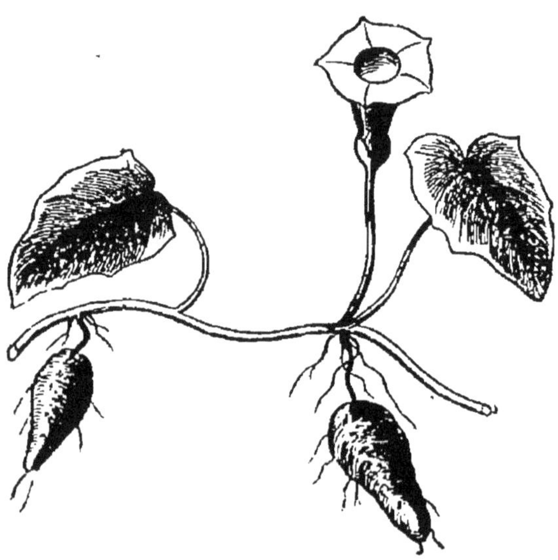

Fig. 74. — Portion d'une tige de Batate (*Convolvulus batatas*) avec ses racines tuberculeuses.

des racines de forme spéciale, au moyen desquelles certaines plantes grimpantes, comme le Lierre, se fixent aux murs ou autres objets voisins. Mises au contact du sol, elles s'y développent en racines ordinaires, comme on le voit quand on emploie le Lierre à faire des bordures.

Suçoirs. Ce sont des racines que développent certaines plantes quand elles se trouvent au contact des végétaux qui leur conviennent. Elles enfoncent leurs racines dans les tissus mêmes de leur hôte et en pompent les sucs nutritifs. La Cuscute se comporte ainsi envers le Trèfle, la Luzerne; le Gui agit à peu près de même. (Voy. Chapitre XIII, *Parasitisme.*)

Fig. 75. — Corps tubéroïdes de la Jacinthe sylvestre (*Platanthera bifolia*); I, vue d'ensemble; *v*, *v*, deux de ces organes formés de racines renflées; celui de droite est en pleine activité; *k*, bourgeon foliaire; *w*, racines; *s*, hampe florale coupée; II, tubercule de la même plante coupé en long; *k*, bourgeon foliaire *w*, racines.

Tubercules. Certaines racines s'arrêtent dans leur croissance et se gorgent de fécule, en prenant une forme arrondie. C'est une réserve nutritive, qui sera employée dans la période de végétation suivante; le Dahlia, déjà cité, nous en offre un exemple. La figure 74 montre les racines, renflées en tubercules, de la Batate comestible. Des Orchidées (fig. 75) en présentent un autre cas bien remarquable : leur racine se compose de deux tubercules; l'un, déjà flétri, a épuisé sa réserve nutritive au profit de la tige qui a produit les feuilles et les fleurs de l'année;

l'autre est plein de fécule et sera bientôt utilisé par la plante; or, ce tubercule n'est autre chose qu'une réunion de plusieurs racines coalescentes, c'est-à-dire fondues en quelque sorte en une masse unique.

STRUCTURE DE LA RACINE

Étude du sommet de la racine. Croissance de la racine en longueur. — Pour bien se rendre compte de la disposition des tissus de la racine, il faut la considérer d'abord dans ses parties les plus jeunes, à son extrémité, laquelle est toujours, en effet, la plus récemment formée; et ensuite à un niveau un peu plus élevé, où les tissus sont pourvus de leurs caractères définitifs.

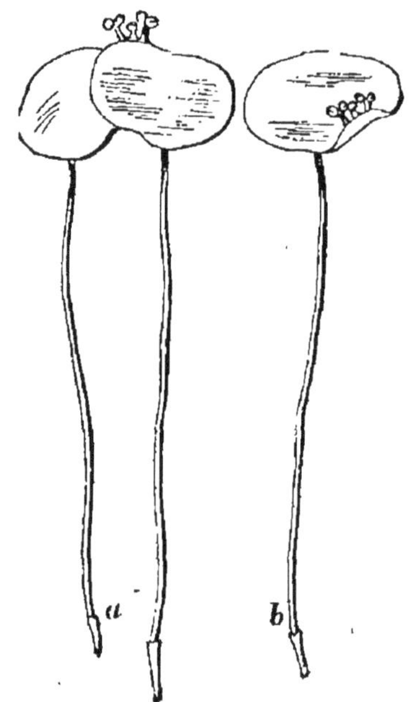

Fig. 76. — Lemnas avec leurs racines flottantes, dont l'extrémité offre une coiffe ou pilorhize (*a*, *b*).

Si l'on examine l'extrémité bien intacte d'une racine (cet examen est surtout facile sur certaines plantes aquatiques à racine flottante, les *Lemnas* ou Lentilles d'eau (fig. 76), par exemple), on voit que sa pointe est enveloppée d'une sorte de petite *coiffe* ou *pilorhize* (πῖλος, chapeau; ῥίζα, racine), formée de cellules assez résistantes, qui servent à protéger la partie sous-jacente, laquelle constitue le *point végétatif*. Cette petite coiffe, formée de quelques assises de cellules superposées, est un produit de l'extrémité de la racine; elle s'exfolie et se désagrège par l'extérieur, à mesure que de nouvelles couches sont produites à sa partie interne (fig. 79, I, *e*).

Point végétatif.

Le *point végétatif* de la racine (fig. 79, I, *i*), recouvert par la pilorhize, constitue un méristème primitif, c'est-à-dire qu'il se compose uniquement de cellules à parois très minces, gonflées de protoplasma et douées, par conséquent, d'une grande activité ; elles se multiplient continuellement par segmentation, pour produire de nouveaux tissus, d'où résulte l'allongement de la racine.

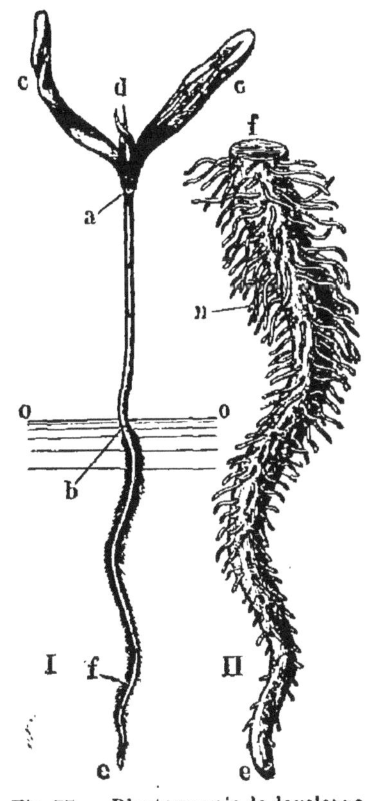

Fig. 77. — Plante en voie de developpement (Érable) ; *I*, ensemble de la plante (grandeur naturelle) ; *II*, extrémité de la racine (grossie 6 fois) ; — *ab*, tige ; *b e*, racine garnie de poils ; *fe*, lieu de l'allongement de la racine ; *e*, coiffe ; *c*,*c*, feuilles cotylédonaires ; *d*, bourgeon ou gemmule ; *n*, poils radicaux ; *o o*, surface du sol.

Comme dans la tige, tout le méristème primitif de la racine et par conséquent tous les tissus qui en dérivent ont pour point de départ une cellule *terminale* (Cryptogames vasculaires) occupant le sommet végétatif, ou plusieurs *cellules initiales* (Phanérogames).

Dernières différenciation.

Ce méristème montre bientôt quelques différenciations, une sorte d'état intermédiaire, entre l'état précédent et la formation des tissus définitifs. Une coupe longitudinale faite sur l'extrémité d'une racine de Fève, comme celle représentée dans la fig. 79, I, montre, en allant de dehors en dedans, d'abord quelques assises de cellules (*c*), bien plus nombreuses tout à fait au sommet (h^1, h^2), et qui constituent la *coiffe* ou *pilorhize ;* puis une couche de cellules qui produit les poils absorbants, d'où son nom d'*assise pilifère* (*d*) ; plus en dedans une bande qui sera le *parenchyme cortical* (*r*) ; puis l'*endo-*

derme (*s*); et enfin, tout à fait au centre, le *cylindre central* de la racine (*pl*), qui deviendra le liber, le bois et la moelle.

Croissance de la racine en longueur.

L'*accroissement* ne se fait que par l'extrémité même, comme on peut s'en assurer par une expérience bien simple, qui consiste à marquer sur une jeune racine de Haricot, par exemple (fig. 78), à partir de sa pointe, sur une longueur de quelques centimètres, des traits de couleur, distants d'un ou deux millimètres les uns des autres. On arrive de la sorte à constater facilement que l'allongement ne se fait qu'au niveau du premier centimètre ainsi délimité, et qu'il ne se fait même pas également dans tous les points de celui-ci, mais qu'il est d'autant plus accusé qu'on se rapproche davantage du sommet.

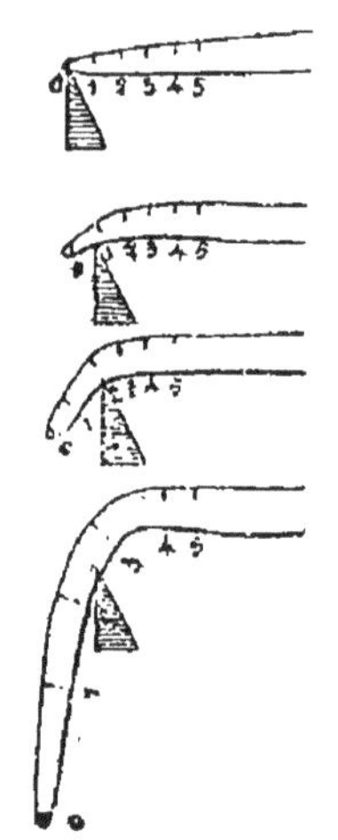

Fig. 78. — Mesure de la croissance de la racine. Dans le premier dessin l'extrémité de la racine est divisée de 2 en 2 mm. Les suivants la montrent après 2 h., 7 h., 23 heures. Un index triangulaire permet d'apprécier les progrès de l'accroissement, d'autant plus grands qu'on se rapproche de l'extrémité.

Structure primaire de la racine. — Sur une coupe de la racine pratiquée un peu au-dessus du point végétatif, les choses ne sont plus ce qu'elles étaient à ce niveau : on voit le méristème primitif formé de cellules, naguère toutes semblables, se différencier en éléments de formes diverses. Nous allons examiner celles qui appartiennent à l'*écorce*, puis celles qui font partie du *cylindre central*.

Assise pilifère et poils radicaux.

1° *Écorce.* — On trouve d'abord, en allant de dehors en dedans (fig. 79, III), une couche de cellules (*e*) que l'on pourrait prendre pour un épiderme, mais qui en diffère, notamment en ce qu'elle n'offre jamais de stomates. C'est l'*assise pilifère*, qui doit son nom à ce qu'elle présente des organes d'une grande importance, des *poils radicaux* ou *absorbants*, groupés surtout vers l'extrémité de la racine (fig. 77), depuis quelques millimètres au-dessus du sommet, jusque sur une longueur de quelques centi-

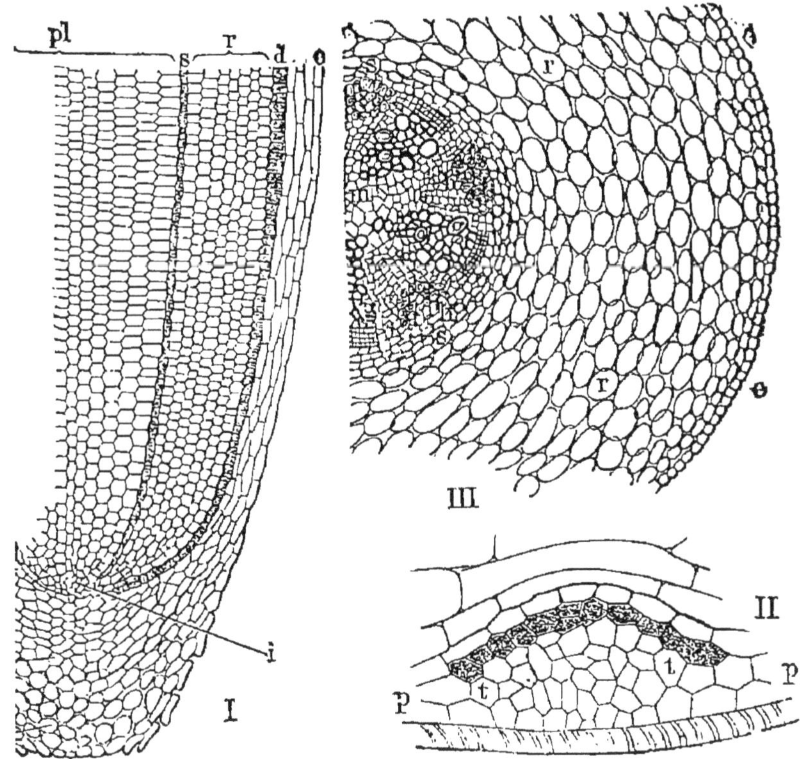

Fig. 79. — Structure de la racine de Fève; *I*, coupe longitudinale de l'extrémité de la racine (gross. 200); *c*, cellules de la coiffe ou pilhorize; *d*, assise pilifère; *r*, parenchyme cortical; *s*, endoderme; *pl*, cylindre central; *i*, point végétatif; *II*, coupe passant par l'axe d'une racine secondaire en voie de formation sur la racine principale (gross. 300); ses tissus propres (*t*, *p*) refoulent devant eux les tissus de la racine principale, qu'ils finiront par traverser; *III*, coupe transversal d'une portion de jeune racine d'un Liseron (*Ipomœa*), montrant déjà les tissus définitifs (gross. 100); *c*, assise pilifère; *r*, parenchyme cortical; *s*, endoderme et assise rhizogène; *b*, faisceaux libériens alternant avec les faisceaux vasculaires (*g*); *m*, moelle.

mètres (1). Leur rôle dans la nutrition de la plante est considérable, car ce sont eux qui pompent dans le sol humide

(1) Dans la plupart des cas, ces cellules ne forment qu'une assise; mais dans les remarquables racines adventives aériennes des Orchidées on compte plusieurs assises superposées, dont les plus intérieures offrent les caractères ordinaires des cellules épidermiques, tandis que les assises extérieures sont remplies de gaz, qui leur donnent une teinte blanche, souvent brillante. Ce revêtement des racines aériennes des Orchidées a reçu le nom de *voile*.

les liquides nourriciers. Ils sont ordinairement simples et unicellulaires, quelquefois ramifiés et pluricellulaires. Leur existence est éphémère ; mais à mesure que les premiers formés tombent, il s'en développe d'autres vers l'extrémité de la racine qui continue à s'allonger. On les observe avec la plus grande facilité sur les racines des plantes que l'on fait germer sur de la mousse humide.

Parenchyme cortical.

Les parties suivantes de l'écorce se trouvent disposées comme celles de la tige ; on y trouve donc, plus ou moins développés, une *couche subéreuse* et un *parenchyme cortical* (fig. 79, I, III, *r*). La chlorophylle manque d'ordinaire dans la racine ; mais il en existe dans un certain nombre de plantes.

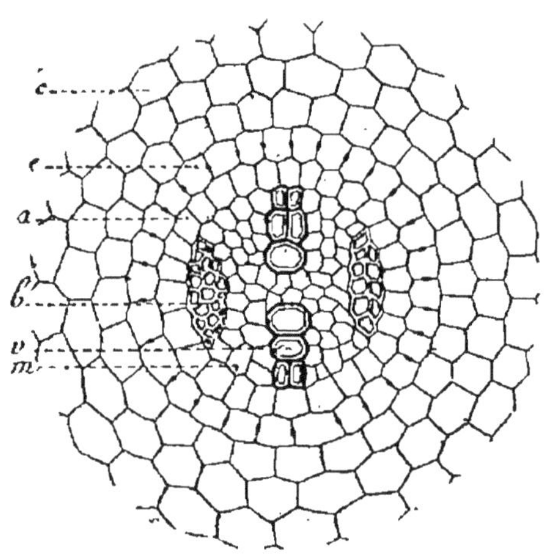

Fig. 80. — Coupe transversale du cylindre central de la racine primaire d'une Dicotylédone ; *c*, couches les plus internes de l'écorce ; *e*, endoderme, formant la limite entre l'écorce et le système central ; *a*, assise rhizogène ; *b*, faisceaux libériens ; *v*, faisceaux vasculaires ; *m*, moelle.

Endoderme et assise rhizogène.

La partie interne de l'écorce est limitée, comme la tige, par une couche continue de cellules plissées constituant un *endoderme* (fig. 80, *e*).

Immédiatement en dedans de celui-ci existe une zone de cellules, de laquelle partent toujours les racines secondaires, et que l'on appelle pour cela *assise rhizogène (a)*.

2° *Cylindre central.*— En dedans des parties précédentes, on voit, placés sur un même cercle, des groupes de fibres libériennes (*b*) et des groupes de vaisseaux ligneux (*v*). Leur disposition est telle qu'un faisceau libérien se trouve toujours compris entre deux faisceaux vasculaires (loi de Nœgeli), de sorte que ces deux ordres de faisceaux alternent régulièrement entre eux, au lieu d'être placés, les éléments libériens en dehors, les éléments vasculaires en dedans, comme on le voit dans la tige ; c'est ce que nous montrent très nettement les fig. 80, 81 et 79, III. Un autre fait important à noter c'est que les vaisseaux se forment en allant de dehors en dedans, de sorte que les plus récents sont les plus près du centre de la racine, disposition manifestement opposée à celle que la tige nous a présentée.

La structure de la racine primaire est donc bien différente, surtout au point de vue de la disposition des faisceaux et du développement des vaisseaux, de la structure de la tige primaire. (Voy. p. 78.)

Les fibres libériennes ont leurs parois épaisses, mais peu résistantes. Quant aux vaisseaux, les uns sont ponctués, d'autres rayés, etc.; il en est aussi de spiralés, mais la spiricule n'est pas déroulable.

Enfin, au centre de la racine se voit un tissu parenchymateux gorgé de sucs, qui représente la *moelle;* parfois, les faisceaux se joignent au centre, et la moelle n'existe pas. Moelle.

Origine des racines secondaires ou radicelles. — Le nombre des faisceaux libéro-ligneux, toujours peu considérable, répond le plus souvent à celui des séries de radicelles. Celles-ci naissent sur la racine, constamment en face des faisceaux vasculaires, du moins chez les Phanérogames : lorsque les radicelles sont disposées sur deux séries verticales, on ne compte dans la racine principale que deux faisceaux vasculaires (fig. 80), lesquels répondent chacun à une série ; si les radicelles sont disposées sur 3, 4, 5 séries verticales (fig. 81), les faisceaux sont au nombre de 3, 4 ou 5, et chacun d'eux est en relation avec une de ces séries.

Les radicelles naissent toujours de l'assise rhizogène (fig. 80, *a*) qui, comme on l'a déjà vu, est placée entre les faisceaux libéro-ligneux et l'endoderme. Le point de départ des radicelles se trouve donc dans des parties profondes de la racine ; autrement dit, elles ont une *origine endogène*. On se rappelle que les rameaux nés de la tige ont au contraire une *origine exogène*, c'est-à-dire superficielle. Dans ce point les cellules se multiplient activement par division, de façon à constituer une petite masse de tissu en forme de cône, qui s'avance en refoulant et écartant, pour se faire jour au dehors, les éléments précédemment formés (fig. 79, II). Bientôt ses tissus se différencient et la radicelle présente à son tour les caractères anatomiques de la racine principale.

Structure secondaire de la racine chez les Dicotylédones, Monocotylédones et Acotylédones. Accroissement en épaisseur. — La structure qui vient d'être indiquée est exactement la même dans les trois embranchements du règne végétal, si l'on n'envisage la racine qu'à l'état jeune. Un peu plus tard apparaissent quelques différences importantes.

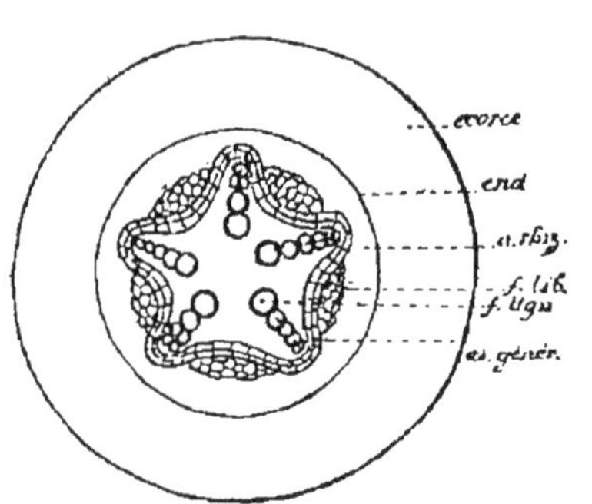

Fig. 81. — Coupe transversale d'une jeune racine de Haricot montrant la disposition de la zone génératrice. On voit de dehors en dedans : l'*écorce*, l'*endoderme*, l'*assise rhizogène*, les *faisceaux libériens*, que l'*assise génératrice* sépare *des faisceaux ligneux* ou *vasculaires*.

Les choses restent toujours en cet état chez les Monocotylédones et les Acotylédones (1), de sorte que leurs racines ne s'épaississent pour ainsi dire pas, et qu'à ce point de vue il n'y a entre ces deux derniers embranchements que des différences fort secondaires.

(1) Il ne s'agit, bien entendu, que des Cryptogames vasculaires, car seuls ils ont de véritables racines.

Accroissement de la racine en épaisseur.

Il en est autrement dans la plupart des Dicotylédones et chez les Gymnospermes. Dans ces deux groupes, en effet, en dehors de chacun des faisceaux vasculaires se produit par division active des cellules une bande de méristème secondaire ou *zone génératrice*. Celle-ci a la forme d'un arc (indiqué dans la fig. 79, III, par trois ou quatre rangées de cellules quadrangulaires), lequel s'allonge par ses extrémités, se recourbe de façon à passer en dedans des faisceaux libériens; enfin, les différents arcs se joignant finissent par former une zone génératrice continue (fig. 81, *as. génér.*).

Celle-ci agit dès lors comme celle de la tige, produisant, chaque année, du bois en dedans et du liber en dehors.

En outre, dans l'intervalle des faisceaux vasculaires primaires, et immédiatement en dedans des faisceaux libériens primaires, il se forme des faisceaux libéro-ligneux secondaires, qui offrent les caractères de ceux de la tige, c'est-à-dire qu'on y remarque, en allant de dedans en dehors, des vaisseaux et des fibres ligneuses, puis des fibres libériennes.

Enfin, il se forme dans l'écorce une autre *zone génératrice* comme dans la tige; elle produit du *liège*, en couches plus ou moins épaisses.

Et ainsi sous l'action des deux zones génératrices du cylindre central et de l'écorce, la racine s'accroît en épaisseur.

Telle est, dans la règle, la structure de la racine des Dicotylédones et des Gymnospermes; les exceptions ne doivent pas nous arrêter dans un ouvrage élémentaire.

Actions des circonstances extérieures sur la croissance de la racine. — 1° *Influence de la pesanteur ou Géotropisme.* Contrairement à la tige, la racine se dirige vers le centre de la terre, en vertu de l'action de la pesanteur, qui mérite ici le nom *géotropisme positif*. Cette tendance est connue de tout le monde; chacun peut d'ailleurs la vérifier en faisant germer des graines de Fève ou de Haricot. L'expérience de Knight déjà signalée pour la tige démontre aussi la direction que tend à prendre la racine. Si l'on met une racine dans une position horizontale, son extrémité ne tarde pas à se recourber vers le sol. Le changement de direction se produit là seulement où se fait la croissance, c'est-à-dire à quelques millimètres du sommet (fig. 78); la face supérieure s'accroît plus que la face inférieure, ce qui détermine une courbure vers le bas. Ce géotropisme explique pourquoi les racines s'enfoncent toujours dans le sol, quelle que soit la situation de la graine et comment elles peuvent pénétrer dans une terre même fort compacte. Le géotropisme est d'autant moins marqué que l'on considère des radicelles d'ordre numérique plus élevé; ainsi, très manifeste quand il s'agit de la racine principale, il est très peu marqué ou nul pour les radicelles de troisième ou quatrième ordre.

2° *Influence de la lumière ou Héliotropisme.* Ordinairement les racines sont peu sensibles à l'action de la lumière, et d'ailleurs elles s'y trouvent le plus souvent soustraites. Mais il n'en est pas de même de celles qui vivent normalement dans un milieu éclairé, comme sont les racines adventives des Orchidées, des Aroïdées, etc. En général elles fuient la lumière et possèdent par conséquent un *héliotropisme négatif;* mais il y a quelques exceptions à cette règle.

3° *Influence de l'humidité.* Le degré d'humidité du sol influe beaucoup sur la direction des racines. C'est ainsi que lorsqu'un arbre croît dans le voisinage d'un ruisseau, il dirige ses racines surtout de ce côté.

Fonctions de la racine. — La première fonction de la racine est de servir d'*organe d'absorption,* opération qui se fait exclusivement à l'aide des poils que portent lés extrémités radiculaires. (Voy. Chap. VI. *Absorption.*)

En outre, elle sert d'*organe de fixation;* en vertu de la force géotropique elle s'enfonce à des profondeurs qui varient avec les espèces; plus sa direction est verticale et plus la plante est solidement fixée au sol.

Elle sert d'*organe conducteur;* l'utilité de ses vaisseaux et de ses fibres à ce point de vue est considérable. Comme on le verra plus loin, par les premiers les liquides que la racine puise dans le sol remontent jusque dans la tige; par les secondes, la sève élaborée redescend de la tige jusqu'à l'extrémité des racines.

Enfin la racine est un *organe de réserve;* pour cela elle se gonfle et se remplit de matières nutritives, qui rentreront plus tard dans la circulation générale pour servir à l'accroissement de la plante ou au développement de certaines parties. (Voy. Chap. VII. *Réserves nutritives.*)

RÉSUMÉ

La racine est cette partie de la plante qui la fixe au sol et y puise les éléments de sa nutrition.

La limite de séparation avec la tige est le *collet*.

Classification des racines. — D'après le *milieu*, elles sont dites *souterraines*, *aériennes*, *aquatiques*, *épiphytes*.

D'après la *forme*, elles sont dites *pivotantes* (variétés : *coniques*, *napiformes fusiformes* ou *tubériformes*), *filiformes*, *fibreuses* ou *fasciculées*.

Les racines qui se produisent en dehors de la situation normale sont dites *adventives*.

Les trois modifications principales des racines ont reçu les noms de : *crampons*, *suçoirs*, *tubercules*.

Structure de la racine. — 1° *Sommet de la racine*. L'extrémité ou *point végétatif* est recouvert par la *coiffe* ou *pilorhize*. Le point végétatif terminé par une cellule unique (Cryptogames) ou par un petit nombre de cellules *initiales* (Phanérogames), est d'abord entièrement formé de cellules toutes semblables, qui se différencient ensuite en écorce et cylindre central.

L'*accroissement en longueur* de la racine se fait seulement très près de son extrémité.

2° *Structure primaire*. Elle offre à considérer : *a*. l'écorce, composée de l'*assise pilifère*, avec ses *poils radicaux*, ou *absorbants*, une *couche subéreuse*, un *parenchyme cortical*, l'*endoderme*, l'*assise rhizogène*; *b*. le cylindre central, avec ses *faisceaux libériens* et ses *faisceaux ligneux*, disposés sur un même cercle et alternant entre eux, enfin la *moelle*.

Les *racines secondaires* ou *radicelles* naissent de la racine principale les unes au-dessous des autres en plus ou moins grand nombre, et toujours, chez les Phanérogames, en face des faisceaux ligneux, de sorte qu'elles sont disposées en séries verticales, dont chacune répond à un faisceau.

Leur point de départ est toujours l'assise rhizogène.

3° *Structure secondaire*. Chez les Monocotylédones et les Acotylédones la racine conserve indéfiniment sa structure primaire.

Chez les Dicotylédones et les Gymnospermes il se forme en dehors de chaque faisceau ligneux une *zone génératrice*, qui se prolonge en dedans des faisceaux libériens et produit chaque année du bois en dedans, du liber en dehors. Dans l'intervalle des faisceaux ligneux primaires se forment des faisceaux libéro-ligneux secondaires.

L'*accroissement en épaisseur* est dû surtout à l'action de cette zone génératrice du cylindre central.

La croissance de la racine est influencée par la *pesanteur* ou *géotropisme*, la *lumière* ou *héliotropisme* et par l'*humidité*.

Fonctions de la racine. — La racine sert d'*organe d'absorption*, d'*organe de fixation*, d'*organe conducteur* et d'*organe de réserve*.

CHAPITRE V

FEUILLE

Définition et caractères extérieurs des feuilles : leur position sur la tige ; mode d'attache ; disposition des nervures ; forme du limbe ; feuilles simples et feuilles composées. — Structure des feuilles ; développement et croissance ; épiderme et stomates ; Parenchyme foliaire ; Nervures ; Pétiole. Durée, mort et chute (des feuilles ; Action des circonstances extérieures sur l'orientation des feuilles : pesanteur, lumière. — Fonctions des feuilles.

Définition. — Les *feuilles* sont des organes appendiculaires, toujours portés par la tige seule ; ordinairement étalées en forme de lames, de couleur verte, elles sont destinées à jouer un rôle considérable dans les fonctions vitales de la plante.

Caractères extérieurs des feuilles. — Une feuille se compose, en général, de deux parties, le *pétiole* et le *limbe*.

Le *pétiole* ou *pédoncule* est la queue de la feuille ; il n'existe pas constamment ; quand il manque, la feuille est dite *sessile*. Sa forme est variable : ordinairement arrondi, d'autres fois aplati, il prend dans quelques circonstances un grand développement ; par exemple, lorsque le limbe fait défaut, il s'élargit et représente à lui seul toute la feuille, comme on le voit dans certains Acacias, ce qui lui a valu alors le nom de *phyllode* (φύλλον, feuille ; εἶδος, apparence.)

Le *limbe* ou partie étalée de la feuille offre les plus grandes variations de forme.

Sans entrer dans de minutieux détails sur les caractères extérieurs des feuilles, on rappellera un certain nombre de notions relatives à leur position sur la tige, à leur mode d'attache, aux nervures, aux particularités offertes par les bords du limbe, etc.

Fig. 82. — Fleurs de Tilleul (*s*), avec une feuille transformée en bractée (*v*).

A. *Position des feuilles sur la tige*. — On appelle feuilles *caulinaires*, celles qui naissent de la portion de la tige visible au-dessus du sol; *radicales*, celles qui partent de la portion souterraine de la tige; *florales*, celles qui accompagnent les fleurs sans se modifier sensiblement dans leur forme, par opposition aux *bractées* (fig. 82), qui sont des feuilles florales transformées en écailles.

Suivant les rapports de position qu'elles offrent entre elles les feuilles sont dites *alternes* ou bien *opposées*.

Feuilles alternes. Une seule feuille existe à chaque nœud (Prunier, fig. 83), et malgré l'apparence contraire, la distribution des feuilles est cependant régulière. En effet, si, attachant un fil à la base d'une feuille quelconque, on fait tourner celui-ci autour de la tige jusqu'à ce qu'il rencontre une autre feuille exactement placée au-dessus de la première, on remarque que le plus souvent, après un tour complet, le fil a rencontré deux feuilles ou bien trois feuilles ; d'autres fois il lui faut faire deux tours complets autour de la tige et passer par cinq feuilles pour arriver à une feuille exactement placée au-dessus de celle qui a servi de point de départ. Ces trois dispositions, qui sont les plus fréquentes, sont désignées sous les noms de *distique*, *tristique*, *quinconciale*, et se marquent ainsi : 1/2, 1/3, 2/5, le numérateur de l fraction indiquant le nombre de tours faits par le fil, et le dénominateur le nombre de feuilles qu'il a ren-

Fig. 83. — Feuilles alternes (Prunier)

contrées. Suivant qu'il s'agit de l'un ou l'autre de ces cas, les feuilles sont, on le comprend, rigoureusement distribuées sur deux, trois ou cinq lignes longitudinales.

Feuilles opposées. Deux feuilles partent du même nœud, en deux

Fig 84. Fig. 85.

Fig. 84. — Feuilles opposées (*Symphoricarpus racemosus*).
Fig. 85. — Feuilles verticillées (*Asperula odorata*).

points opposés de la tige (*Symphoricarpus*, fig. 84). S'il y en a plus de deux à partir du même niveau, trois, quatre, cinq, etc., les feuilles sont dites *verticillées* (Laurier-rose, Aspérule, fig. 85) (1).

B. *Mode d'attache des feuilles.* — On appelle feuille *articulée*, celle dont le pétiole présente à sa base un bourrelet qui surmonte un étranglement, au niveau duquel, à un certain moment de l'année, la feuille se détache tout d'une pièce, au moindre choc ; *embrassante* ou *amplexicaule*, celle qui étant sessile, entoure complètement la tige par la base de son limbe; *perfoliée*, une disposition analogue, mais dans laquelle les deux bords du limbe se soudent l'un à l'autre, de sorte que la feuille semble traversée par la tige (fig. 86, *C*); *engai-*

(1) Cette question de la position relative des feuilles sur la tige ou *Phyllotaxie* est traitée avec tout le développement qu'elle comporte dans le Cours de la *Classe de Cinquième*.

nante, celle qui avant de s'étaler en un limbe libre et flottant, enveloppe la tige d'une sorte de gaine plus ou moins allongée (Oignon, fig. 40), cette gaine pouvant être *fendue* (Graminées), ou *entière*, c'est-à-dire à bords soudés (Carex); *stipulée*, celle dont la base du pétiole porte à droite et à gauche deux petites lames, appelées *stipules* (Rosier, fig. 86, *a*) ; *décurrente*, celle dont les bords du limbe se prolongent en manière d'ailes de long de la tige (Consoude, Bouillon-blanc).

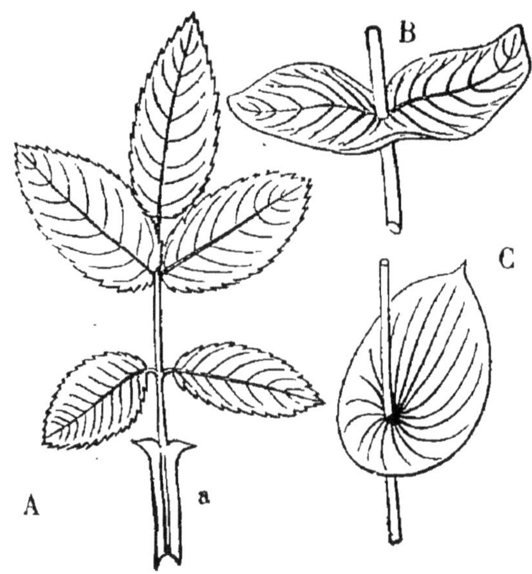

Fig. 86. — A, Feuille composée (Rosier) avec stipules (*a*); B, Feuilles opposées soudées par la base (Chèvrefeuille) ; C, Feuille perforée (Buplèvre).

C. *Disposition des nervures.* — Les nervures de la feuille ne sont autre chose que les saillies linéaires produites par les faisceaux libéro-ligneux émanés de la tige et ramifiés dans le limbe après avoir traversé toute la longueur du pétiole, quand celui-ci existe ; elles se voient surtout à la face inférieure de la feuille. La nervation des feuilles est différente, suivant qu'il s'agit des Dicotylédones ou des Monocotylédones.

Dans les Dicotylédones, il y a ordinairement, une *nervure* ou *côte médiane*, plus grosse, puis des nervures *secondaires* (fig. 86, *A*, *B*) régulièrement disposées de part et d'autre de la précédente, comme les barbes d'une plume : nervation *pennée*.

Si des nervures tertiaires, quaternaires, etc., s'y ajoutent, la nervation est *réticulée* ou en réseau. Dans ces modes de nervation les nervures se continuent les unes avec les autres par leurs extrémités, ou, comme on dit, s'anastomosent entre elles.

Dans les MONOCOTYLÉDONES la disposition est plus simple; les nervures restent le plus souvent parallèles entre elles et ne se terminent pas en anastomose. Tantôt elles sont parallèles à la longueur de la feuille comme dans le Maïs (feuilles *rectinerviées*), perpendiculaires ou obliques à celle-ci (feuilles *pennées*); comme dans le Bananier; tantôt la feuille offre une *côte* médiane, de laquelle partent des nervures secondaires; tantôt enfin, elles vont toutes en divergeant à partir de la base du limbe (feuilles *curvinerviées*). La nervation spéciale des Monocotylédones explique pourquoi leurs feuilles se déchirent si facilement en lanières sous le moindre effort de traction ou l'action du vent (fig. 87).

Fig. 87. — Feuilles de Monocotylédone à nervation pennée (Bananier).

D. *Forme du limbe; feuilles simples et feuilles composées.* — Les formes variées du limbe ont valu aux feuilles les noms d'*ovales*, *arrondies* ou *orbiculaires*, *lancéolées*, *linéaires*, *subulées*, *sagittées*, *réniformes*, *cordiformes*, etc., qui s'expliquent d'eux-mêmes; enfin, quand le limbe au lieu de se continuer par son bord avec le pétiole, lui donne insertion vers son milieu, la feuille est dite *peltée* (*pelta*, bouclier) comme dans l'Hydrocotyle (fig. 88).

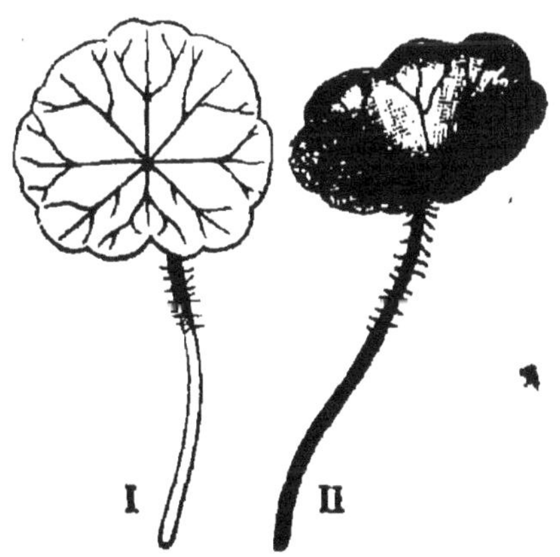

Fig. 88. — Feuille peltée (Hydrocotyle); *I*, vue en dessus; *II*, vue en dessous.

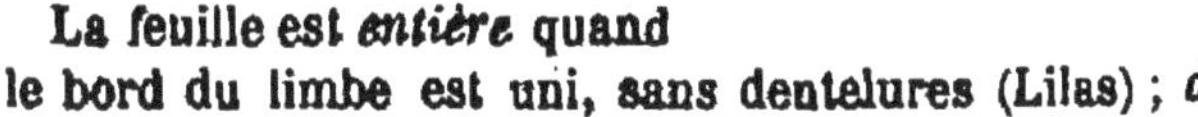

La feuille est *entière* quand le bord du limbe est uni, sans dentelures (Lilas); *dentée*, quand il est découpé en forme de dents droites; *serrée* (*serra*, scie), quand les dentelures sont un peu recourbées, comme celles d'une scie (Rosier); *crénelée*, quand les découpures sont larges et obtuses (Chêne).

Lorsque le limbe est partagé par des incisions, en lobes distincts, on dit la feuille *bifide, trifide, quadrifide, multifide.* — *bilobée, trilobée*, etc., — *bipartite, tripartite*, etc., ou *pinnatiséquée*, selon le nom-

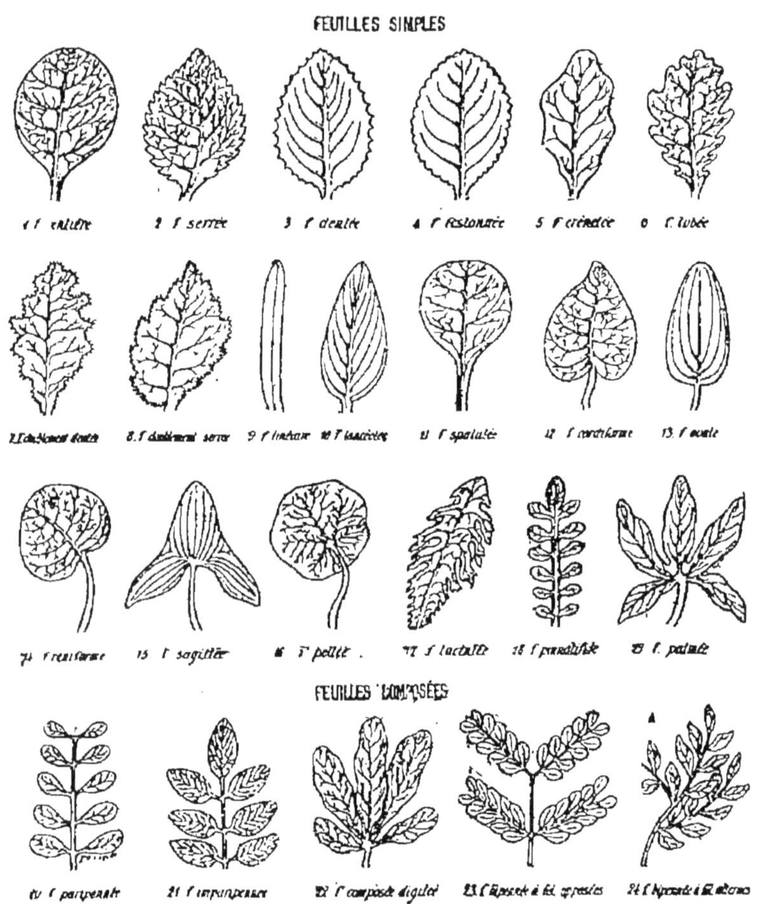

Fig. 89. — Principales formes des feuilles simples et composées.

bre des divisions et leur profondeur, qui peut être très faible, aller un peu plus avant, ou atteindre enfin presque la base du limbe; *pinnatifide*, quand les incisions sont profondes et les lobes disposés régulièrement à la façon des folioles d'une feuille composée pennée; enfin, *palmée*, quand elles divisent le limbe en lobes réguliers, disposés en rayonnant à partir du sommet du pétiole (Ricin, Vigne). Si les incisions sont irrégulières, la feuille est dite *laciniée*. Toutes ces feuilles sont dites *simples*.

On appelle feuilles *composées*, celles qui offrent des lobes nettement séparés et formant autant de *folioles* distinctes les unes des autres, sessiles ou non et portées par un pétiole primaire (fig. 86, A, et 89). Les principales dispositions qu'affectent les feuilles composées leur valent les noms de *composées pennées*, lorsque les folioles naissent des parties latérales du pétiole commun (Frêne), qu'elles soient alternes ou opposées, qu'elles se terminent par deux folioles (feuilles paripennées) ou par une seule (feuilles imparipennées); *composées digitées* lorsque les folioles partent toutes de l'extrémité du pédoncule commun, pour aller de là en divergeant (Marronnier d'Inde); *décomposées*, lorsque les divisions primaires en portent de secondaires (*Mimosa*), et *surdécomposées*, quand elles en portent de tertiaires. Chacune de ces formes offre plusieurs variétés. Comme on le voit, ces différentes dispositions sont le résultat de la ramification du pétiole.

STRUCTURE DE LA FEUILLE

Développement et Croissance des feuilles. — Le bourgeon, dont il a été déjà question à propos de l'accroissement de la tige en hauteur, p. 82, doit être également étudié avec soin si l'on veut se rendre compte du mode de développement des feuilles. Il est en effet formé de feuilles disposées de façon à recouvrir et protéger le sommet végétatif de la tige (fig. 55).

Chaque feuille y apparaît sous forme d'un petit mamelon arrondi, dû à une excroissance que produit la tige près de son sommet, et qui en s'allongeant, se recourbe au-dessus du point végétatif; les feuilles les plus jeunes sont les plus voisines du sommet (fig. 56, *f*). Chaque mamelon a une structure entièrement homogène, c'est-à-dire constitue un méristème formé de cellules toutes semblables. Celles qui en occupent le sommet se divisent, se multiplient par cloisonnement pour allonger la jeune feuille et l'on dit alors que sa *croissance* est *terminale*. Mais le developpement de la feuille par le sommet s'arrête bientôt pour faire place, ainsi qu'on va le voir, à la *croissance intercalaire*.

Disons d'abord que c'est toujours le limbe qui apparaît le premier, le pétiole ne se développant que plus tard. Or, la croissance du limbe peut se faire à partir d'une zone, qui tantôt est placée très près de la base du mamelon foliaire, et alors les parties apparaissant successivement du sommet à la base, la croissance est *basipète ;* tantôt elle est placée près du sommet, les parties se développant dans ce cas de la base au sommet, la croissance est *basifuge*. Enfin cette zone peut occuper une région intermédiaire, et la croissance ayant lieu tant du côté de la base que du côté du sommet, elle est dite *mixte*.

D'autre part, il peut arriver que le limbe se développe par tous ses points à la fois ; la croissance est alors non plus *successive*, comme dans les cas précédents, mais *simultanée*.

Structure de la feuille entièrement développée. Épiderme et Stomates. — Dans la plupart des cas, le limbe de la feuille se compose d'un *épiderme supérieur* et d'un *épiderme inférieur*, entre lesquels se trouvent compris un *tissu parenchymateux* et des *faisceaux fibro-vasculaires* ou *libéro-ligneux*, que l'on voit faire saillie à l'extérieur sous forme de *nervures*.

Étudions chacune de ces parties :

L'*épiderme* n'est pas absolument semblable à la face supérieure et à la face inférieure du limbe de la feuille (*fig*. 90, *a*, *f*). En général, il ne comprend qu'une assise de cellules aplaties ; mais dans certaines feuilles, celles qui sont coriaces, par exemple, il peut en offrir deux ou trois. La forme de ces cellules est très variable, non seulement sur des végétaux différents, mais sur une même plante, d'une feuille à l'autre, bien plus, sur deux portions voisines de la même feuille. Presque toujours aplaties, tabulaires, elles sont rectangulaires, allongées, et régulièrement alignées, ou bien à bords sinueux et s'engrenant avec ceux des cellules voisines. Le plus souvent incolores, elles offrent quelquefois de la chlorophylle, par exemple chez les Fougères.

La surface de l'épiderme se cuticularise le plus souvent, c'est-à-dire, se recouvre d'une *cuticule* d'épaisseur variable laquelle peut être revêtue d'une couche de cire, parfois même assez abondante pour être exploitée (certains Palmiers). En outre, on y voit fréquemment des *poils*, surtout à la face inférieure de la feuille, lesquels ne sont autres que des cellules épidermiques, qui se sont beaucoup allongées ; ils sont parfois très nombreux et très serrés, de façon à former un épais duvet.

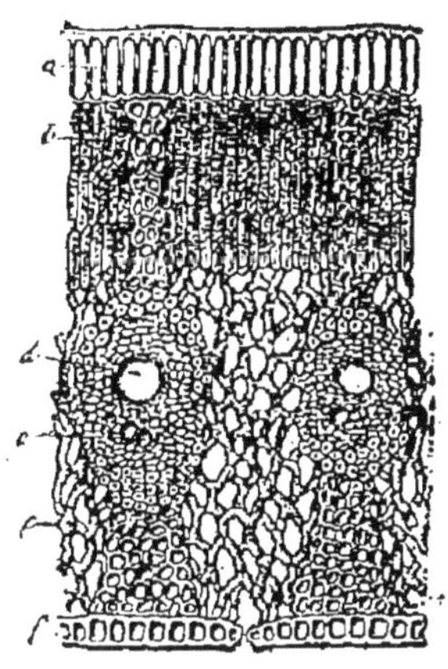

Fig. 90. — Coupe transversale d'une feuille; *a*, cellules épidermiques de la face supérieure, elles sont recouvertes d'une cuticule; *b*, cellules en palissade sur trois rangs; *c*, parenchyme rameux; *d*, *e*, faisceau libéro-ligneux d'une nervure; *f*, épiderme de la face inférieure.

Une des particularités les plus importantes de la structure des feuilles consiste dans la présence des *stomates* (στόμα, bouche), petites ouvertures par le moyen desquelles l'air atmosphérique peut communiquer avec le parenchyme interne. Le plus souvent, l'épiderme supérieur en est complètement dépourvu ou n'en possède qu'un petit nombre, tandis que l'inférieur en offre une grande quantité. Ils sont parfois si rapprochés, qu'un millimètre carré en renferme plusieurs centaines. Rangés en lignes parallèles sur les feuilles des Monocotylédones, ils sont disséminés sans ordre sur celles des Dicotylédones.

Dans les plantes aquatiques dont les feuilles flottent à la surface de l'eau, c'est au contraire la face supérieure, seule en contact avec l'atmosphère, qui présente des stomates. Enfin, dans les plantes complètement submergées on n'en trouve ni sur une face, ni sur l'autre ; mais cette règle comporte quelques exceptions.

Un *stomate* se compose de deux petites cellules épidermiques qui se regardent par un bord concave, de façon à limiter entre elles un étroit orifice, qui a reçu le nom

Structure des stomates.

d'*ostiole* (fig. 91, *A*, *c*). Cet orifice s'élargit à la lumière et dans un milieu humide ; il se desserre au contraire à

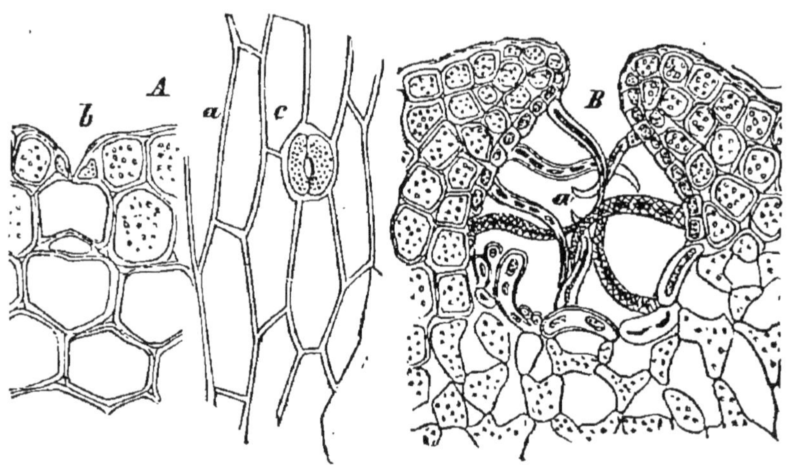

Fig. 91. — Stomates ; *A*, stomates de la Jacinthe ; *a*, lambeau d'épiderme de la feuille vue de face ; *c*, stomate ; *b*, coupe transversale de la même feuille passant par un stomate. *B*, coupe transversale d'une feuille de Laurier-rose passant par une cavité ou crypte dont le fond offre des stomates et dont les parois sont hérissées de poils.

l'obscurité sous l'influence de la sécheresse (fig. 92). Parfois les stomates sont logés dans des cavités, des enfoncements creusés dans les couches superficielles de la feuille, disposition dont le Laurier-rose offre un exemple remarquable (fig. 91, *B*). Ces petites chambres peuvent renfermer un seul ou plusieurs stomates. Au-dessous de chaque stomate se trouve un petit espace résultant de l'écartement des cellules sous-jacentes et qu'on appelle *chambre aérienne* ou *sous-stomatique* (fig. 91, A, *b*). Dans cette chambre débouchent, d'autre part, les méats dont le parenchyme foliaire est creusé.

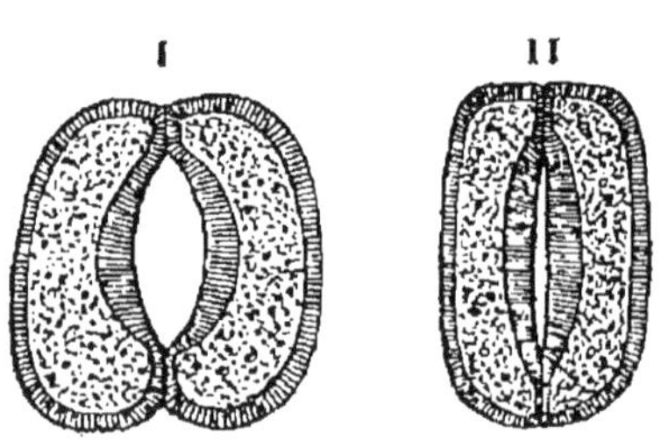

Fig. 92. — I, stomate ouvert sous l'action de la lumière et de l'humidité ; II, le même fermé dans les conditions contraires.

Parenchyme foliaire. — C'est lui qui forme la plus grande partie du tissu de la feuille. Son aspect n'est pas partout le même : du côté de l'épiderme supérieur, il se compose de cellules allongées et serrées les unes près des autres, sans laisser d'interstices, à la manière de pieux, d'où son nom de *parenchyme en palissade* (fig. 90, *b*). Du côté de l'épiderme inférieur, il est formé de cellules fort irrégulières, offrant des prolongements en divers sens et limitant des *méats intercellulaires* dans lesquels circulent les gaz : *parenchyme lacuneux* ou *rameux* (*c*). Toutes ces cellules renferment de la matière verte ou chlorophylle, mais en plus grande abondance dans les cellules en palissade, ce qui, joint à ce que le tissu est plus serré dans cette région, donne à la feuille une couleur d'un vert plus foncé sur cette face que sur l'autre. C'est dans le parenchyme que se passent les modifications éprouvées par la chlorophylle, qui font passer les feuilles de la couleur verte à ces belles teintes rouges et jaunes qu'elles présentent si souvent à l'automne.

Le parenchyme acquiert son maximum de développement dans les plantes *grasses*, ainsi appelées en raison de l'épaisseur de leurs feuilles molles et aqueuses, en même temps peu riches en chlorophylle.

Nervures des feuilles. Pétiole. — Le parenchyme foliaire est traversé, sillonné par les *nervures*, qui vont en s'atténuant de la base à la périphérie de la feuille et qui forment à sa surface des dessins dont il a été traité à la p. 122. Ces nervures sont surtout faciles à étudier sur les feuilles qui ont macéré quelque temps dans l'eau, de façon à ce que le parenchyme soit détruit et enlevé, et que la charpente formée par les nervures reste seule.

Les nervures ne sont autre chose que des faisceaux fibro-vasculaires venus de la tige à travers l'écorce et passant par le pétiole de la feuille, pour se ramifier dans le limbe. On y trouve par conséquent (fig. 90), les mêmes éléments que nous avons vus dans la tige, à savoir : des fibres libériennes, des fibres ligneuses et des vaisseaux, avec une zone génératrice très étroite et dont l'activité est promptement limitée. Dans toutes les feuilles, les éléments du bois sont en dessus, ceux du liber en dessous, ce qui se comprend puisque ces faisceaux sont la continuation de ceux de la tige, sortis obliquement à travers l'écorce.

Quant au *pétiole*, il est formé d'un épiderme, dont les caractères sont ceux du limbe de la feuille, d'un parenchyme serré, que traversent les faisceaux libéro-ligneux, disposés en arc de cercle et de telle façon que dans chacun d'eux les éléments du bois sont placés en dessus.

Durée, mort et chute des feuilles. — La durée des feuilles des plantes vivaces est toujours moindre que celle de la tige qui les porte. Dans un très grand nombre elles tombent à chaque automne et sont dites *caduques*, tandis qu'on appelle *persistantes* celles qui vivent plus longtemps et qui, au lieu de tomber toutes à la fois, ne disparaissent qu'à mesure que d'autres se développent, de sorte que l'arbre qui les porte paraît toujours vert (Conifères).

A un certain moment une assise de liège se développe en travers de la base du pétiole, même à travers les vaisseaux des faisceaux libéro-ligneux ; dès lors, toute communication entre la tige et la feuille est interrompue, et celle-ci est réellement *morte*.

Elle ne tarde pas alors à se flétrir, puis à se détacher, à la suite d'une altération de tissu, produite au niveau de l'assise de liège développée dans le pétiole, de sorte que le vent ou le moindre choc la fait tomber.

Il y a des exceptions à la marche qui vient d'être indiquée ; ainsi dans les Fougères et les Palmiers, les feuilles, au lieu de tomber tout d'une pièce, se désorganisent sur place, et la tige porte pendant longtemps les débris de leurs pétioles.

Action des circonstances extérieures sur l'Orientation des feuilles. — 1° *Influence de la pesanteur ou géotropisme.* C'est à cette force qu'il faut attribuer l'orientation des feuilles, laquelle, dans la plupart des cas, amène leur face supérieure à regarder le ciel, et l'inférieure, la terre, de sorte que les feuilles se trouvent, d'une façon générale, dans un plan horizontal, quelle que soit la direction de la branche qui les porte. Une expérience bien simple le montre : on coupe sur un arbre une branche horizontale, dont les feuilles se trouvent être par là même dans le même plan que le rameau : on place le rameau verticalement dans l'eau, et au bout de peu de temps les feuilles ont repris une position horizontale, se sont toutes placées, par conséquent, dans un plan perpendiculaire au rameau. Cette orientation des feuilles est indépendante de la lumière, car l'expérience précédente réussit aussi bien la nuit que le jour.

2° *Influence de la lumière.* La lumière a une grande influence sur la direction des feuilles. Une plante qui ne reçoit une vive lumière que d'un seul côté tourne la face supérieure de ses feuilles vers ce point, de façon que les rayons lumineux y tombent perpendiculairement.

Sous les deux influences du géotropisme et de la lumière, les feuilles s'orientent donc de telle sorte qu'elles reçoivent la plus grande quantité de lumière possible.

A la règle précédente il y a cependant quelques exceptions; ainsi en est-il des feuilles d'Iris et d'Eucalyptus.

Ajoutons encore que l'orientation normale des feuilles est souvent modifiée sous l'influence de certaines conditions qui les amènent à exécuter, par exemple, les mouvements périodiques connus sous les noms de *veille* et de *sommeil* des plantes. (Voyez Chap. XIII.)

Fonctions des feuilles. — Elles sont des plus importantes, mais nous n'allons que les indiquer ici, pour les traiter avec les développements qu'elles comportent dans les chapitres suivants. Ce sont : la *respiration*, la *fonction chlorophyllienne*, la *transpiration*.

RÉSUMÉ

Les *feuilles* sont des organes appendiculaires, toujours portés par la tige seule.

Caractères extérieurs des feuilles. — Deux parties dans la feuille : le *pétiole* et le *limbe*.

Si le pétiole manque, la feuille est *sessile;* s'il est très développé, le limbe manquant, on l'appelle *phyllode*.

D'après leur *position* sur la tige, les feuilles sont appelées *caulinaires*, *radicales*, *florales*, *bractées* :

D'après leur situation relative on les dit *alternes* (*distiques*, *tristiques*, *quinconciales*), ou *opposées*.

Leur *mode d'attache* leur a valu les noms d'*articulées*, *embrassantes*, *perfoliées*, *engainantes*, *stipulées*, *décurrentes*.

Les *nervures* des feuilles chez les Dicotylédones sont *pennées* ou *réticulées* ; chez les Monocotylédones, *pennées*, *rectinerviées* ou *curvinerviées*.

La forme du limbe et de ses bords est très variable et a valu aux feuilles autant de désignations spéciales.

Enfin, on distingue des feuilles *simples* ou *composées*, présentant chacune des variétés.

Structure de la feuille. — La feuille naît dans le bourgeon et commence par un mamelon dont la *croissance* peut être *basipète*, *basifuge* ou *mixte*.

Une feuille formée possède 1° un *épiderme supérieur* ; 2° un *épiderme inférieur*, lequel porte ordinairement de nombreux stomates, petits orifices formés de deux cellules se regardant par un bord concave: au-dessous de chacun est une *chambre aérienne* ; 3° du parenchyme, en partie *en palissade*, en partie *lacuneux* ; 4° des *nervures*, formées par des faisceaux libéro-ligneux, venus de la tige et dans lesquels le liber est toujours en dessous, le bois en dessus.

La *durée* des feuilles est variable.

On appelle *caduques*, celles qui tombent chaque année, et *persistantes* celles qui ont une plus longue durée. — Leur chute est généralement due à la formation d'une couche subéreuse à leur insertion sur la tige.

La pesanteur ou *géotropisme* et la lumière influencent l'*orientation* des feuilles.

Fonctions des feuilles. — Les feuilles sont les agents de la *respiration*, de la *fonction chlorophyllienne* et de la *transpiration*.

CHAPITRE VI

FONCTIONS DE NUTRITION

ALIMENTATION; ABSORPTION; CIRCULATION; TRANSPIRATION

Rapports de la plante avec le sol et l'atmosphère; division des fonctions de nutrition. — ALIMENTS DES VÉGÉTAUX. Ce qu'on doit entendre par aliments. Origine des principaux aliments des végétaux. Alimentation des plantes dépourvues de chlorophylle. — ABSORPTION. Différentes voies d'absorption : 1° absorption par les racines; 2° par les feuilles. — CIRCULATION. Ce qu'il faut entendre par circulation chez les plantes. Ascension de la sève : force d'ascension de la sève; composition de la sève ascendante ; voies suivies par la sève descendante. — TRANSPIRATION. Nature de cette fonction; son utilité. Siège de la transpiration. Activité de la transpiration. Conditions qui modifient cette fonction.

Rapports de la plante avec le sol et l'atmosphère. Division des fonctions de nutrition. — La plante appartient par une de ses parties à la terre, et par l'autre à l'atmosphère ; elle se trouve par là même en relation intime avec ces deux milieux différents. Or, toute la physiologie de la nutrition de la plante se résume dans l'étude des rapports ou échanges qui s'établissent entre cet être vivant et les milieux avec lesquels il est en contact, et dans la constatation des conséquences qui en résultent pour l'économie de la plante. Celle-ci, en effet, emprunte au sol et à l'air les principes divers qui lui sont nécessaires pour sa nutrition et son développement ; de même, elle rejette soit dans le sol, soit dans l'atmosphère, certaines substances dont l'accumulation serait nuisible ou tout au moins inutile à son organisme. C'est sur la connaissance de ces relations que se trouve fondé l'emploi judicieux des amendements et des engrais journellement employés en agriculture.

Les fonctions de nutrition, qui se résument, en somme, dans les moyens mis en usage par le végétal pour réaliser entre lui et le monde extérieur les rapports, les échanges, qui viennent d'être indiqués, sont fort compliquées et comparables, comme l'a surtout montré Claude Bernard, à celles de l'animal et désignées par les mêmes noms.

Nous aurons à étudier, en effet, dans un premier chapitre, les *Aliments* des végétaux, l'*Absorption*, la *Circulation*, la *Transpiration*, et dans le chapitre suivant, la *Respiration* et la *Fonction chlorophyllienne*, la *Digestion*, l'*Assimilation*.

Aliments des Végétaux ; leur origine

Les aliments des végétaux se ramènent à quelques substances chimiques. — L'absorption ne peut, comme nous le verrons, s'exercer que sur des substances gazeuses, liquides, ou des corps solides en dissolution ; les aliments des plantes doivent par conséquent se présenter sous l'un ou l'autre de ces états.

L'étude des substances qu'on trouve dans les végétaux, celles qui font partie de leur constitution et qu'on appelle pour cela leurs *principes immédiats*, est bien complexe. Ceux-ci sont fort nombreux ; mais ils résultent tous de la combinaison d'un nombre très restreint d'éléments chimiques, auxquels se ramènent par conséquent tous les aliments nécessaires au végétal. Ces substances chimiques vont seules nous occuper tout d'abord.

Ce qu'on doit entendre par aliment. — Et d'abord, doit-on considérer comme aliment toute substance qui a pénétré dans l'organisme végétal ? Assurément non, mais seulement celles qui concourent réellement à la nutrition ; les substances nuisibles à la plante ou celles en très minime quantité qui ont pu y pénétrer accidentellement ne peuvent donc rentrer dans cette catégorie.

On arrive par deux procédés différents, l'un analytique et l'autre synthétique, à reconnaître la nature des aliments nécessaires aux végétaux : 1° en analysant par des procédés chimiques les tissus même des plantes ; 2° en cultivant ces dernières dans de l'eau à laquelle on mélange des solutions de différentes substances minérales et en observant les progrès de la végétation sous l'influence des unes et des autres. On a pu ainsi démontrer que les substances chimiques qui composent les aliments des végétaux sont le *Carbone*, l'*Oxygène*, l'*Azote*, l'*Hydrogène*, le *Soufre*, le *Phosphore*, le *Potassium*, le *Magnésium*, le *Zinc*, le *Manganèse*, le *Silicium*, le *Fer*, auxquels on peut encore ajouter, mais comme moins constants ou moins abondants, le *Sodium*, le *Calcium*, le *Chlore*, le *Brome*, l'*Iode*, etc. En somme, on trouve douze corps simples principaux, dont sept non métalliques et cinq métalliques, plus quelques autres secondaires ou accidentels.

C'est de la combinaison de ce petit nombre d'éléments introduits dans l'organisation végétale, que résultent tous les tissus et tous les produits végétaux, la cellulose, l'amidon, le sucre, les matières albuminoïdes, les alcaloïdes, les matières grasses, cireuses, les gommes, les sels, etc., que nous avons étudiés en détail au Chapitre II.

Origine des principaux aliments des végétaux. — Il ne sera pas sans intérêt de rechercher l'origine des corps élémentaires des végétaux, en nous bornant aux principaux d'entre eux.

1° *Carbone*. C'est l'un des éléments constituants des plantes les plus importants ; il se rencontre dans toutes et en grande proportion, aussi bien dans la paroi même des cellules et des vaisseaux, que dans le contenu de ces cavités. Il vient de deux sources, à savoir, de l'air et du sol. L'air renferme constamment de l'acide carbonique (CO^2), en très faible proportion, il est vrai, de 5 à 6 dix-millièmes ; mais si l'on songe à l'étendue de l'atmosphère qui enveloppe toute la terre, on verra, comme le calcul approximatif en a été fait, que c'est à des centaines de milliards de kilogrammes qu'il faut évaluer la masse de carbone en suspension dans l'atmosphère. Malgré la quantité que les plantes y puisent journellement par leurs feuilles, la masse totale n'en saurait diminuer, car la décomposition incessante des organismes animaux et végétaux, la respiration de tous les êtres vivants, les combustions de toutes sortes, ont pour effet de restituer à l'atmosphère le carbone qui lui est enlevé. D'autre part, les courants atmosphériques servent à répartir également la proportion d'acide carbonique, qui, sans cela, pourrait se trouver en voie de diminution dans les régions où existe une riche végétation.

L'autre source du carbone, c'est le sol ; des expériences montrent, en effet, que l'absorption du carbone par les feuilles ne rend pas suffisamment compte de l'augmentation de la quantité de carbone acquise pendant une période végétative déterminée. Bien plus, les Champignons, et tous les végétaux sans chlorophylle, sont incapables de prendre le carbone de l'air; nous verrons plus loin d'où vient celui qui entre dans leur constitution. Toutes les plantes puisent en outre dans le sol, par leurs racines, une certaine quantité de carbone à l'état d'acide carbonique ou de carbonate en solution dans l'eau.

2° *Oxygène*. Il est pris, d'une part, directement à l'atmosphère, dans le phénomène de la respiration, et aussi à l'état de combinaison avec le carbone (acide carbonique) ; une partie de l'oxygène de ce dernier est aussitôt rejeté, il est vrai, mais il en reste encore dans la plante 1/3 environ, d'après Sénébier et de Saussure. D'autre part, on comprend que l'eau pompée dans le sol par les racines fournit une autre proportion importante de l'oxygène nécessaire à la plante.

3° *Hydrogène*. Il provient également de l'eau (HO) puisée par les racines, et aussi de la décomposition des substances ammoniacales ($Az\ H^3$) qui sont si abondantes dans les débris organiques végétaux et animaux.

4° *Azote*. Très répandu dans les végétaux, quoique en bien moindre proportion que chez les animaux, l'azote entre dans la constitution d'un grand nombre de principes immédiats. Il provient des matières ammoniacales et principalement des nitrates de potasse et de soude (KO, NaO, $Az\ O^5$) répandus à la surface du sol, contenus dans les engrais, etc.

M. Boussingault avait conclu de quelques expériences que l'azote est en partie puisé dans l'atmosphère ; et même il avait cru pouvoir montrer que certaines plantes lui empruntent à peu près exclusivement leur azote, tandis que d'autres l'enlèvent au sol, de sorte que les premières auraient pour effet, au point de vue de la culture, d'*améliorer* la terre, tels seraient le Trèfle, les Légumineuses; tandis que les autres auraient pour résultat de l'*épuiser*, les Céréales, par exemple. Mais des recherches ultérieures lui prouvèrent que ses premières conclusions étaient erronées et qu'en réalité, l'azote de l'air ne joue aucun rôle dans la végétation, ou un rôle si minime qu'on doit le négliger.

5° *Soufre.* La plupart des matières albuminoïdes contiennent une certaine proportion de soufre; bien plus, certains produits végétaux en renferment une quantité considérable (huile essentielle d'Ail, de Moutarde). Il est fourni aux plantes par les sulfates solubles contenus dans le sol.

6° *Phosphore.* On le rencontre à l'état de combinaison dans un certain nombre de substances organiques végétales, il paraît provenir des phosphates du sol, tels que ceux de potasse, de soude, de chaux, de magnésie.

Autres principes alimentaires des végétaux. L'analyse chimique des cendres qui résultent de la combustion des végétaux, y décèle la présence d'un certain nombre de principes minéraux et salins en proportion très variable, dont il nous faut dire quelques mots. Parmi eux il en est d'indispensables à la plante, et d'autres tout à fait accessoires. Les premiers sont, comme il a été dit plus haut, le *potassium*, le *silicium*, le *magnésium*, le *fer*, le *zinc* et le *manganèse*. Sans eux la plante ne paraît pas pouvoir se développer; ainsi, l'on a observé que des graines de Sarrasin ou Blé noir en germination, auxquelles on fournit tous les éléments nécessaires à leur végétation, à l'exception du potassium, ne croissent pas et meurent en peu de temps. De même, une plante qui est absolument privée de fer, devient chlorotique; ses feuilles pâlissent et prennent une coloration blanche, puis la plante elle même finit par mourir d'inanition; mais si on l'arrose d'une solution ferrugineuse, la santé lui revient avec sa couleur normale.

Quant aux autres principes qui se rencontrent dans les cendres des végétaux, ils ne semblent pas indispensables, bien qu'on ne puisse douter que plusieurs, tout au moins, soient d'une certaine utilité dans l'économie de la plante. Ainsi, le *sodium* se rencontre dans un très grand nombre d'espèces; cependant la plupart des physiologistes ne le considèrent que comme étant d'une très faible utilité. Le *chlore*, le *brome*, l'*iode* ont une action assez mal définie, mais qui semble, tout au moins pour les espèces marines, n'être pas douteuse.

Remarques. — 1° La plupart des substances qui viennent d'être passées en revue ne méritent pas, d'une façon rigoureuse, à l'état dans lequel nous les avons étudiées, le nom d'aliments; en effet, elles ne sont pas assimilées telles quelles par la plante et employées de suite dans la nutrition, mais constituent les éléments au moyen desquels les aliments proprement dits sont fabriqués, élaborés par elle.

Pour pénétrer dans la plante d'abord, et ensuite pour être assimilés, c'est-à-dire faire partie de sa substance, ceux-ci doivent se présenter à un certain état qu'on appelle leur *forme assimilable*. C'est ainsi que l'azote n'est absorbé par les racines que sous la forme de nitrates et de composés ammoniacaux, le soufre à l'état de sulfate de chaux, etc.

2° Ajoutons que chez les plantes, comme chez les animaux, on peut, d'une façon générale, adopter une classification physiologique des aliments, qui sans être d'une exactitude très rigoureuse, est commode pour l'étude, à savoir : les *aliments plastiques*, qui servent surtout à l'entretien et à la formation des tissus; les *aliments respiratoires*, destinés surtout à être brûlés, consumés dans l'organisme végétal, et qui s'y trouvent souvent accumulés à l'état de combinaisons ternaires, comme l'amidon, le sucre, etc.

3° On peut se demander à quel règne appartiennent les aliments puisés dans le sol par les racines, autrement dit, s'ils sont à l'état de matière organique ou de matière inorganique. Liebig a vivement soutenu l'opinion que la plante ne se nourrissait que de composés inorganiques, d'où le précepte de ne lui fournir que des engrais exclusivement minéraux. Cette manière de voir est trop absolue, bien qu'il soit parfaitement constaté que le rôle général des végétaux dans la nature soit de transformer les substances inorganiques en matières organiques et de préparer par là même la nourriture des animaux. Une expérience bien des fois séculaire a montré, en effet, que les engrais organiques, les fumiers, activent notablement la végétation, et qu'ils sont même préférables aux engrais minéraux.

4° Dans tous les cas, par suite des emprunts incessants que les plantes font au sol pour croître et se développer, celui-ci s'appauvrit forcément en substances utiles à la végétation de ces plantes. Il est donc nécessaire dans la pratique agricole de ne pas cultiver, plusieurs années de suite, la même sorte de plante dans un terrain donné, si l'on veut qu'il ne soit pas promptement épuisé. De là l'excellente habitude que l'on a d'*alterner les cultures*.

Mais encore ce moyen devient-il bientôt insuffisant, aussi est-on forcé de rendre au sol les principes que les plantes lui ont enlevé ; c'est là le rôle du *fumier* et des autres *engrais*, que chaque année un bon cultivateur a soin de répandre dans ses champs.

Alimentation des plantes dépourvues de chlorophylle. — Tout ce qui vient d'être dit relativement à l'alimentation des végétaux concerne seulement ceux qui renferment de la chlorophylle, laquelle joue un rôle considérable dans l'élaboration des substances absorbées. Mais il y a une nombreuse catégorie de plantes, complètement dépourvues de chlorophylle, et qui en raison de ce fait offrent d'importantes modifications au point de vue de l'alimentation. Ce sont les Champignons, un certain nombre d'Algues inférieures (Bactéries) et quelques autres plantes d'organisation plus élevée.

Tandis, en effet, que des principes exclusivement empruntés au règne minéral peuvent suffire aux végétaux à chlorophylle, ceux chez qui elle manque sont toujours obligés d'emprunter les éléments de leur nutrition à des matières préalablement élaborées par un autre organisme ou qui font même encore partie de cet organisme. Le milieu organique nécessaire à l'alimentation de ces végétaux peut être encore vivant, et soit animal, soit végétal, ou bien privé de vie et plus ou moins en voie de décomposition : dans le premier cas les plantes sont dites *parasites* et se divisent en *épizoïques* et *épiphytes ;* dans le second elles sont appelées *saprophytes ou humicoles*.

Au premier groupe appartiennent un bon nombre de Champignons (ergot de seigle, rouille du blé, meunier du chou ou *cystopus*), certains Phanérogames (Cuscute, Orobanche).

Au second groupe appartiennent les Moisissures, et d'autres Champignons, tels que les Agarics, et même des Phanérogames, des Orchidées, par exemple. (Voy. Chap. XII. *Parasitisme*.)

Absorption

Différentes voies d'absorption. — Les plantes possèdent deux voies principales d'absorption, pour puiser dans l'air et le sol les éléments de leur nutrition, à savoir, les racines et les feuilles. Mais elles peuvent encore absorber par d'autres organes, tels que les fleurs, les graines, comme on le verra dans la partie du livre consacrée à l'étude de la reproduction des végétaux.

1° Absorption par les racines. — Les racines absorbent par leur extrémité, non pas toutefois par leur pointe même, comme on l'a cru longtemps, car celle-ci est revêtue de la *coiffe*, laquelle est formée de cellules mortes, mais par la portion située immédiatement au-dessus, qui présente les *poils absorbants* (fig. 77). Ces poils sont en effet les organes essentiels de l'absorption, ce qui se prouve facilement en immergeant dans l'eau seulement la partie de la racine qui en est recouverte, ou bien au contraire en mettant au contact du liquide toute la racine à l'exception de la portion pourvue de poils. L'expérience est assez facile à faire avec une plante qu'on a fait germer et croître dans l'eau pour que les racines en soient bien intactes.

Nature des substances absorbées.

Les substances absorbées sont de deux ordres, des liquides et des gaz, tous les physiologistes étant unanimes à reconnaître que les solides, quelle que soit leur ténuité, ne sauraient être absorbés s'ils ne sont préalablement dissous.

Ce que l'on sait des conditions de l'absorption.

De l'examen des observations dues à de Saussure, Liebig, Bouchardat, Sachs, Duchartre, Baillon, etc., relativement à l'absorption par les racines, plusieurs points restent acquis; il importe de les noter :

1° Si l'eau dans laquelle plonge une racine tient une substance solide en dissolution, l'eau sera absorbée en plus grande proportion que la substance dissoute, de sorte que la solution aura tendance à se concentrer de plus en plus.

2° De plusieurs substances en dissolution dans l'eau, celles-là seront absorbées en plus grande proportion qui sont à un état de fluidité plus grande.

3° La racine n'a pas la faculté de choisir telle substance soluble à l'exclusion de telle autre également soluble, celle-ci fût-elle même un poison pour la plante, laquelle n'a pas, en somme, la faculté d'élection.

4° Les plantes peuvent puiser dans le sol des substances insolubles dans l'eau, comme du calcaire, grâce à la propriété qu'elles ont de sécréter des substances acides, notamment de l'acide carbonique, qui rend les premières solubles, comme le prouvent les observations de Becquerel et les expériences de Liebig.

Les substances colorantes dissoutes sont-elles absorbables ?

Toutefois, on est peu d'accord pour décider si les substances colorantes à l'état de dissolution sont susceptibles d'être absorbées. Ainsi, en plaçant un oignon de Jacinthe à fleurs blanches dans un vase plein d'eau colorée en rouge par le suc d'une plante, le *Phytolacca decandra*, on peut observer que les pétales des fleurs se colorent de traînées rouges, évidemment dues au liquide absorbé. Mais on a objecté à ce résultat qui, au premier abord, paraît si concluant, que le plateau de l'oignon, qui a été mis au contact de l'eau colorée, est un tissu cicatriciel offrant des solutions de continuité, de petites déchirures; que par là le liquide pénètre dans la plante, et que si l'on prend soin de n'immerger dans l'eau liquide que les racines seules, la coloration des pétales ne se produit pas.

Il faudrait donc admettre, d'après cela, contrairement à ce qui a été dit plus haut, que les racines font un certain choix même parmi les substances dissoutes; aussi plusieurs botanistes sont-ils portés à croire que dans le cas d'absorption de substances nuisibles, de poisons, ce résultat est dû à ce qu'il se produit d'abord une altération des parties de la racine en contact avec elles, et que c'est seulement à la suite de cette lésion que ces substances pénètrent dans la plante par une sorte d'imbibition toute physique.

Quant à la cause qui fait pénétrer dans l'intérieur des racines, à travers la paroi des poils absorbants, les liquides du sol avec les substances dissoutes, elle n'est autre que l'*endosmose*, force qui préside également au passage de la sève d'une cellule à l'autre à travers la membrane qui les sépare, et qui sera étudiée à propos de la *Circulation*, p. 143 et suiv.

2° **Absorption par les feuilles.** — 1° *Absorption des gaz.* Il est hors de doute que les feuilles absorbent activement les fluides aériformes, tels que l'oxygène et l'acide carbonique ; et les deux grandes *fonctions respiratoire* et *chlorophyllienne* dépendent de cette absorption ; mais nous en renvoyons l'étude détaillée au chapitre suivant. Les feuilles absorbent même des gaz ou des vapeurs nuisibles, comme les vapeurs mercurielles, qui ont d'ailleurs pour résultat de tuer les éléments cellulaires.

L'absorption ne se fait pas indifféremment par toutes les parties de la feuille ; c'est seulement là où existent des stomates que la fonction s'accomplit. Toutefois, elle peut aussi avoir lieu à travers les parois délicates de certains organes, celles des pétales des fleurs, par exemple.

2° *Absorption des liquides et de la vapeur d'eau.* Ici il existe une divergence d'opinion entre les expérimentateurs.

Une expérience due à Hales tend à confirmer l'absorption de l'*eau* en nature par les feuilles. Après avoir détaché d'un arbre une branche bifurquée, pourvue de ses feuilles, on plonge dans l'eau l'un des rameaux et on laisse l'autre en dehors ; on peut alors remarquer que, non seulement, les feuilles immergées restent fraîches, mais aussi celles qui ne sont pas en contact avec l'eau, résultat manifestement dû à ce que les premières ont absorbé une certaine quantité d'eau qui, par l'intermédiaire de la tige, est arrivée jusqu'aux secondes. Dans cette expérience on a soin, bien entendu, de tenir en dehors de l'eau la surface de section de la tige.

Il faut bien remarquer d'ailleurs que l'absorption ne

s'exerce pas indifféremment par toutes les parties des feuilles; en effet, les endroits revêtus d'une matière cireuse ou de poils serrés qui retiennent une couche d'air, ne peuvent pas être mouillés; l'eau ne peut y adhérer, et l'absorption ne s'y fait pas. En plongeant une feuille dans l'eau, on reconnaît facilement, à première vue, les parties qui se mouillent à l'exclusion des autres, et par là même celles qui sont susceptibles d'absorber les liquides et celles qui ne le sont pas. On pourra aussi remarquer que la face de la feuille où les stomates sont le plus nombreux, qui est ordinairement l'inférieure, est celle que l'eau a le plus de peine à mouiller.

Quant à l'absorption de la *vapeur d'eau* par les feuilles, elle n'est pas encore parfaitement établie.

Faisons remarquer, en terminant cette importante question de physiologie, que si dans les expériences sur l'absorption il s'agit de plantes gorgées de suc et n'ayant pas de pertes à réparer, les feuilles sont incapables d'absorber; tandis que si la plante est flétrie par suite de l'épuisement de l'eau du sol dans lequel elle végète, les feuilles absorbent l'eau au contact de laquelle elles ont été mises, soit à l'état liquide soit à l'état de vapeur.

Circulation

Ce qu'il faut entendre par Circulation chez la plante. — Chez la Plante, comme chez l'Animal, un liquide nutritif circule et entretient la vie dans toutes les parties de l'organisme ; au lieu d'être du sang, c'est de la *sève*. Toutefois, hâtons-nous d'ajouter que la circulation de la sève n'est pas identique à la circulation du sang. Le but est le même, mais les moyens employés pour l'atteindre sont fort différents ; il faudrait donc bien se garder d'assimiler complètement l'un à l'autre les deux phénomènes.

L'étude de la circulation de la sève se partage naturellement en deux parties, selon qu'il s'agit du mouvement de la *sève brute*, c'est-à-dire, des liquides puisés dans le sol par les racines et qui, de celles-ci, remontent dans la plante, ou bien de la *sève élaborée*, qui suivant une marche inverse, redescend des parties supérieures de la plante vers les racines.

Ascension de la sève. — Les aliments puisés dans le sol et tenus en dissolution dans l'eau doivent être distribués dans toutes les parties du végétal, pour que chaque élément cellulaire y puise ce qui lui est utile. Mais avant que le travail d'assimilation s'accomplisse, il est indispensable que ces principes subissent des modifications chimiques, se combinent entre eux de façons différentes sous l'influence vitale des cellules. Le siège de ce travail paraît être surtout dans les feuilles ; c'est donc vers elles que le liquide puisé par les racines va tout d'abord se diriger.

Si, au retour des beaux jours, quand la tiède chaleur du printemps commence à se faire sentir, on coupe une branche, qui naguère semblait desséchée, un rameau de Vigne, par exemple, on voit à la surface de section sourdre des gouttes d'un liquide très aqueux, qu'on appelle vulgairement les *pleurs* de la Vigne. Ce liquide n'est autre chose que la *sève ascendante*, c'est-à-dire, l'eau et les matières minérales puisées dans le sol, qui gagnent de proche en proche les parties les plus élevées de la tige. Son mouvement d'ascension se continue la nuit aussi bien que le jour, et il est assez rapide, un mètre environ en une heure et demie.

Force d'ascension de la sève. — Un physiologiste anglais, Hales, a calculé la force avec laquelle l'eau du sol est ainsi aspirée par les racines, de façon à la faire monter jusque dans les feuilles. Pour cela, il appliqua à la surface de section d'un rameau de Vigne un manomètre formé d'un tube recourbé en S, dans la grande branche duquel il versa du mercure, qui vint remplir la courbure inférieure. Il vit alors que la sève qui s'écoulait du rameau coupé, en pénétrant dans le manomètre, refoulait le mercure jusqu'à une hauteur de trois pieds. Si l'on suppose le mercure remplacé par de l'eau, on voit que la poussée de la sève ferait équilibre à une colonne d'eau de près de 13 mètres. Cette même opération faite sur le Bouleau donne un résultat à peu près double, soit une colonne d'eau de 30 mètres environ. La fig. 93 représente cette expérience : une jeune tige (*a*), élevée en pot, est coupée à quelques centimètres au-dessus du sol et sa surface de section est engagée, à travers un bouchon de caoutchouc, jusque dans l'intérieur d'un tube de verre, dont la partie supérieure rétrécie est pourvue d'un robinet (*c*) et se termine par un

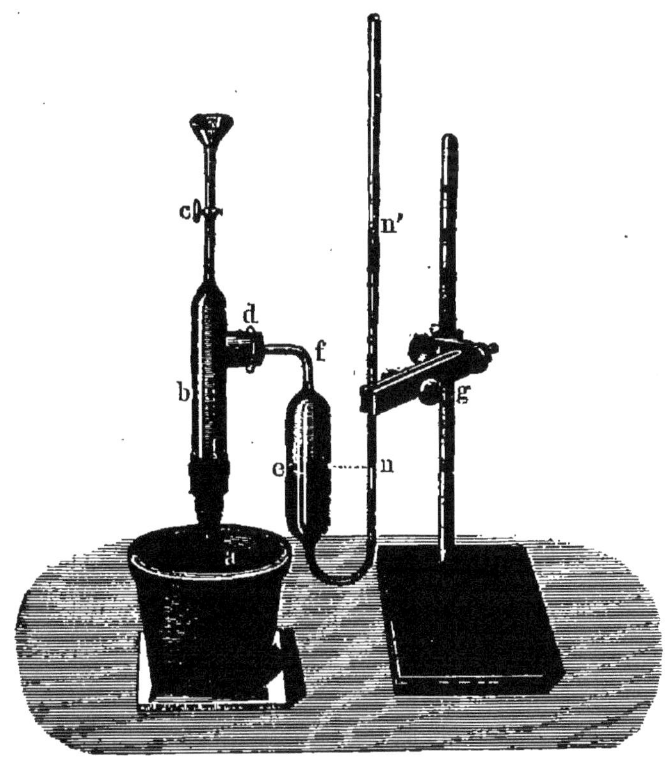

Fig. 93. — Appareil pour la démonstration de la force d'ascension de la sève.

entonnoir. Ce tube communique par le côté avec un manomètre à mercure (*d*, *f*, *e*, *n*,), maintenu en place par une pince (*g*). Le robinet étant ouvert, on verse de l'eau par l'entonnoir, jusqu'à remplir l'appareil; puis on met du mercure dans le tube manométrique, de façon qu'il arrive dans le réservoir jusqu'au niveau de la ligne *e n*, en refoulant l'excédant de l'eau, qui se déverse au dehors par le robinet. Ce dernier est alors fermé et l'appareil abandonné à lui-même. De la surface de section de la tige la sève s'écoule bientôt et pousse le mercure, qui monte dans le tube manométrique. Bien entendu, la terre qui entoure les racines doit être tenue humide. La hauteur à laquelle arrive le mercure est variable suivant les espèces, comme l'a montré l'expérience faite sur la vigne et sur le bouleau, citée plus haut. Pour beaucoup de plantes elle atteint une demi-atmosphère, soit 380^{mm} de mercure, pour d'autres 760^{mm}, et même plus.

Quand les feuilles commencent à apparaître et pendant qu'elles se développent, la marche de la sève devient plus active ; elle est en outre favorisée par la chaleur ambiante et l'humidité du sol.

Mais quand les feuilles sont formées, sa vitesse diminue; c'est alors que les tissus nouvellement formés se complètent et prennent plus de consistance.

Dans un certain nombre d'arbres, outre la montée de la *sève de printemps*, à laquelle se rapporte ce qui vient d'être dit, il y a une *sève d'automne*, laquelle coïncide avec le jaunissement des feuilles et la formation des bourgeons qui s'épanouiront en feuilles au printemps suivant; le Peuplier d'Italie, le Tilleul, entre autres, en offrent des exemples bien connus.

Causes de la montée de la sève. — Plusieurs théories ont été invoquées pour expliquer le mode de progression de la sève, la force à laquelle est dû ce phénomène. Nous allons passer en revue les principales.

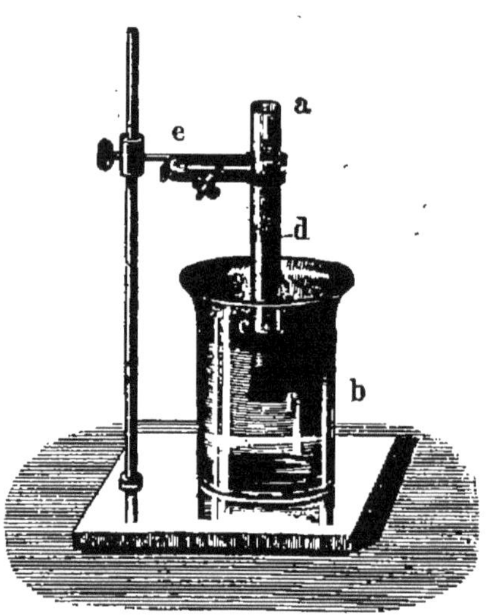

Fig. 94. — Appareil pour la démonstration des phénomènes d'endosmose. Dans un vase (*b*), renfermant de l'eau (*e*), plonge un tube (*a*), contenant une solution de gomme (*d*), et fermé à l'extrémité inférieure par une membrane animale (*f*).

1° *Endosmose*. L'une de celles qui a eu le plus de vogue et l'une des plus satisfaisantes est due au botaniste Dutrochet; elle est toute physique. Ce savant compare ce qui se passe dans la plante aux phénomènes qui s'accomplissent dans l'*endosmomètre*. On appelle ainsi un appareil composé d'un tube assez large, au moins à l'une de ses extrémités, laquelle est fermée par une membrane de nature animale (fig. 94). On verse dans cette sorte de récipient un liquide gommé ou sucré et on le plonge dans un vase contenant de l'eau pure : il s'établit aussitôt un double courant, l'un d'*endosmose*, qui a pour effet de faire pénétrer dans le tube, à travers la membrane qui le ferme, une forte portion de l'eau pure dans laquelle il plonge; l'autre, d'*exosmose*, en vertu duquel une très faible partie de la solution gommée ou sucrée va en sens contraire. Il y a donc, en résumé, augmentation considérable du liquide renfermé dans le tube.

Or, d'après cette théorie, le même phénomène se passerait dans la plante, d'abord au niveau des poils absorbants de la racine, puis de cellule en cellule, ces éléments n'ayant leurs cavités séparées que par de minces membranes de nature organique; celle qui contient un liquide plus aqueux le laisserait échapper en partie dans celle dont les sucs sont plus épais. Or, la sève ascendante est un liquide essentiellement aqueux, contenant une très faible proportion de substances en dissolution, et elle rencontre, en montant dans la plante, des cellules remplies d'un protoplasma épais et possédant un suc intracellulaire chargé de principes solides en dissolution, formés dans le cours de la végétation précédente. Toutes les conditions sont donc réunies pour que les phénomènes se passent comme dans l'endosmomètre; par conséquent, de proche en proche, d'une cellule à une autre, le liquide est forcé de gagner des parties de plus en plus élevées de la tige.

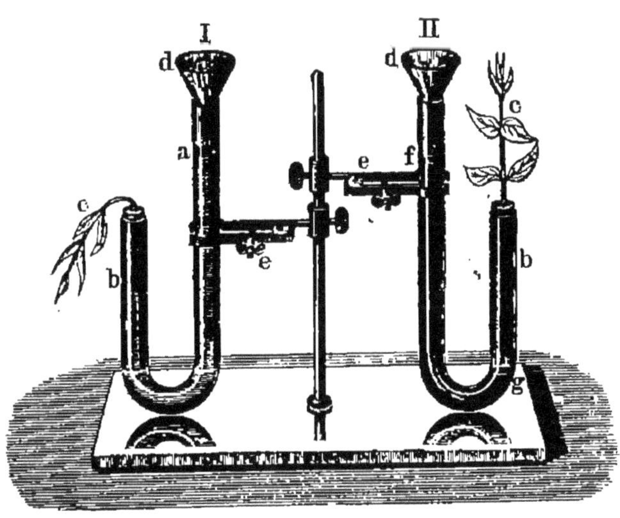

Fig. 95. — Appareil destiné à montrer comment un rameau flétri redevient turgescent en quelques secondes, quand il est mis au contact de l'eau soumise à une certaine pression.

Ajoutons que, suivant la *pression* à laquelle est soumis le liquide, son ascension est plus ou moins énergique, comme on le montre à l'aide de l'appareil représenté dans la fig. 95. Des deux tubes recourbés, I, II, le premier contient seulement de l'eau (*a b*), l'autre, du mercure (*f g*) et de l'eau (*g b*). Les petites branches sont hermétiquement fermées par un bouchon de caoutchouc traversé par un rameau feuillu (c, c). Enfin, la grande branche de chaque tube porte un entonnoir (d) par lequel on verse l'eau ou le mercure. Dans les deux cas la surface de section des rameaux est en contact avec l'eau ; mais tandis que l'un des rameaux est flétri, l'autre, sous l'influence de la montée de l'eau produite par la pression du mercure qui remplit la grande branche, se maintient rigide et turgescent.

Cette théorie toute physique de l'endosmose est séduisante ; mais il faut remarquer qu'elle ne suffit pas à expliquer entièrement l'ascension de la sève, car on voit celle-ci se modifier si les cellules à travers lesquelles elle s'opère ont été tuées par une cause qui n'a cependant pas altéré leur constitution physique, ce qui montre bien qu'il y a dans ce phénomène autre chose qu'une simple action mécanique, et que la force vitale y joue un rôle.

2° *Capillarité*. On a essayé de remplacer la théorie précédente par une autre de même ordre. On sait, que malgré la pression atmosphérique, l'eau monte dans des tubes capillaires, quand on y plonge leur extrémité. Les cavités des cellules et des vaisseaux, étant extrêmement étroites, peuvent être comparées à ces instruments, et plusieurs physiologistes ont voulu y voir la cause de l'ascension de la sève.

3° *Imbibition*. On a également invoqué l'imbibition, c'est-à-dire cette force d'ordre physique aussi, qui fait monter un liquide dans l'épaisseur d'un corps susceptible de s'en imprégner, comme cela a lieu pour un ruban tenu verticalement et dont l'extrémité inférieure serait immergée.

4° *Évaporation*. Il faut signaler, sinon comme cause absolue de l'ascension de la sève, du moins comme circonstance adjuvante très importante, l'évaporation ou plutôt la transpiration qui se produit à la surface des feuilles. Par suite de ce phénomène, on comprend qu'un vide tend à se produire dans les cellules qui occupent les parties supérieures de la plante, d'où résulte un appel incessant du contenu liquide des cellules situées au-dessous, action qui se fait sentir de proche en proche jusqu'aux régions les plus inférieures.

On pourrait donc comparer cette force à une sorte de *succion* ou d'*aspiration* exercée par les feuilles sur les parties sous-jacentes. On comprend, d'autre part, que l'évaporation agisse sur la montée de la sève d'une façon plus ou moins efficace, suivant l'élévation plus ou moins grande de la chaleur ambiante et la vivacité de la lumière, circonstances qui activent singulièrement l'évaporation.

— En résumé, il faut tenir compte, dans le phénomène de l'ascension de la sève, d'abord d'une force particulière, d'ailleurs inconnue, sans doute d'ordre vital, et ensuite, de toutes les causes qui viennent d'être passées en revue. On doit tenir compte enfin de la *dilatation des gaz* qui se trouvent mêlés au liquide séveux. Toutes ces causes, bien loin d'exister à l'exclusion l'une de l'autre, paraissent plutôt coexister et se prêter un mutuel appui.

Composition de la sève ascendante. — La sève, qui est d'abord un liquide essentiellement aqueux, se modifie peu à peu, à mesure qu'elle monte dans la tige. Vers les parties inférieures de la plante, ce n'est que de l'eau tenant en dissolution quelques sels et des traces d'albumine, de sucre et de gomme. Mais à mesure qu'elle s'élève elle rencontre des substances diverses formées pendant la végétation précédente, comme albumine, caséine, sucre, gomme, sels divers, phosphate et tartrate de chaux, sulfate de potasse, acide carbonique libre, etc. ; elle les dissout et les emporte avec elle, de sorte que la sève qui arrive au sommet de la plante est bien plus riche en principes organiques et minéraux que celle que l'on pourrait retirer des parties inférieures.

C'est la sève, qui dans certaines plantes dissout une telle proportion du sucre accumulé d'avance dans les cellules, qu'elle constitue une liqueur fort agréable et susceptible de fournir de l'alcool par la fermentation. Ainsi, en faisant quelques incisions au tronc des Palmiers et mieux encore aux spadices ou inflorescences de ces arbres, on obtient un liquide abondant, qui, par la fermentation, devient le *vin de Palme*, lequel donne par distillation l'*eau-de-vie d'Arack*.

Voies suivies par la sève ascendante. — Il est facile, au moyen d'une expérience que chacun peut répéter, de constater par quelle portion de la tige la sève monte. Si, dans le temps où celle-ci commence à entrer en mouvement, c'est-à-dire au retour de la végétation, on perce avec une vrille les couches extérieures d'un arbre, on voit que l'écorce ne laisse écouler aucun liquide, et que pour obtenir ce résultat, il faut enfoncer l'instrument dans les couches mêmes du bois. Et encore y a-t-il ici une distinction à établir entre les arbres dont tout le corps ligneux est tendre, comme sont nos arbres à bois blanc (Peuplier, Saule, etc.), et ceux dont les parties centrales se distinguent des extérieures par une nuance plus foncée et une dureté plus grande, pour constituer le cœur ou duramen (Chêne,

Noyer) : dans les premiers, la sève monte à travers toute l'épaisseur du bois et surtout par les parties centrales ; dans les seconds, elle ne s'élève qu'à travers les couches extérieures, c'est-à-dire l'aubier, la région du cœur étant formée de vaisseaux et de fibres à parois épaisses et imperméables.

Après avoir été pendant un certain temps gorgés de la sève ascendante, les vaisseaux ne renferment un peu plus tard qu'un peu de liquide mélangé d'une grande quantité de gaz, et cela jusqu'à l'entrée de l'hiver suivant, pendant la durée duquel enfin ils ne contiennent plus rien que des gaz.

Remarque. — Arrivée dans les feuilles, la sève subit des modifications considérables, sous l'influence d'une triple cause, à savoir : la *transpiration*, qui s'opère au niveau de ces organes, la *fonction chlorophyllienne*, qui joue un rôle de première importance en fournissant à la nutrition l'un de ses éléments essentiels, le carbone de l'air, enfin, la *respiration*, cette fonction organique fondamentale.

Le moment serait donc venu d'étudier ces différents points de la physiologie végétale ; mais pour ne pas interrompre notre étude de la circulation de la sève, nous remettrons l'examen de ces trois fonctions après en avoir fini avec celle-ci.

Sève descendante. — La sève, contenant en solution les divers principes qu'elle a rencontrés dans sa marche ascendante, puis profondément modifiée par les phénomènes dont les feuilles sont le siège, porte le nom de *sève élaborée*, de *sève nourricière* ou de *sève descendante.* Elle va, en effet, se répartir, des régions supérieures de la plante dans toutes les parties situées plus bas, jusque dans les racines, pour fournir à tous les éléments anatomiques les matériaux de la nutrition.

La vitesse avec laquelle la sève descend est bien moindre que celle avec laquelle nous l'avons vu monter. C'est qu'elle n'a plus la même composition ; au lieu d'un liquide très aqueux elle consiste maintenant en une masse épaisse, comme gélatineuse, dont la consommation, l'emploi, se fait lentement.

Il est bon de faire remarquer que l'expression de sève descendante n'est pas toujours rigoureusement exacte, car la marche de ce liquide peut avoir une direction différente, ascensionnelle même dans certaines circonstances ; c'est ainsi, par exemple, que les sucs nourriciers renfermés dans un tubercule de Pomme de terre en germination, et qui ne sont nullement fournis par le sol, puisque les racines n'existent pas encore, s'épuisent peu à peu, et montent dans les jeunes pousses en voie de développement, qui s'élèvent vers l'atmosphère. Il serait donc plus vrai de dire que les sucs élaborés se portent des parties où ils se sont formés ou accumulés, vers celles qui en ont besoin, quelle que soit la direction à suivre. Mais on comprend que dans la généralité des cas la marche soit descendante, puisque l'élaboration se fait d'ordinaire au niveau des feuilles.

Voie suivie par la sève descendante. — De même qu'une expérience facile à réaliser nous a fait voir le chemin que suit la sève ascendante, une autre non moins simple, mais dont le résultat se fait attendre plus longtemps, va montrer par quelle voie elle revient. Il suffit de lier fortement avec un fil de fer la tige d'un jeune arbre : après un an ou deux on verra au-dessus du lien un bourrelet d'écorce, lequel tendra à augmenter de grosseur d'année en année, résultat dû manifestement à l'accumulation des sucs nutritifs en ce point, par suite de la difficulté qu'ils trouvent à se frayer un chemin. Les choses iront même au point que le bourrelet cortical finira par surplomber et recouvrir le lien de fer, puis par rejoindre la partie située au-dessous de lui ; c'est là l'explication de la découverte, qui a été faite plusieurs fois, d'objets divers dans l'épaisseur même des arbres, tels que clous, cornes de cerfs, etc., entièrement masqués par les productions successives de l'écorce.

C'est, en effet, à travers les tissus du cylindre central les plus voisins de l'écorce, les éléments du liber, notamment les tubes criblés, que se fait la descente de la sève. Pourvus de parois minces et d'un calibre relativement large, ils peuvent laisser passer ce liquide épaissi, et ils méritent pour cela le nom de cellules et de tubes *séveux*.

La circulation est particulièrement active au niveau de la zone génératrice ou cambium, à laquelle elle fournit des matériaux abondants pour la formation de cellules nouvelles, dont la multiplication répétée donne du bois, d'une part, du liber, de l'autre.

La sève concourt d'ailleurs à la formation de tous les éléments de la plante et à l'élaboration des substances diverses qui s'accumulent en elle et forment des dépôts plus ou moins abondants, réserves nutritives qui seront employées pendant la période végétative suivante.

Remarque. — Nous n'avons pas à revenir ici sur les mouvements de deux autres liquides organiques, à savoir la circulation du Protoplasma dans les cellules, qui a déjà été étudiée au Chap. I, p. 6, et celle du Latex qui l'a été à la page 28 du même chapitre.

Transpiration

Nature de cette fonction ; son utilité. — La *transpiration* ou *exhalation de vapeur d'eau*, a pour but de débarrasser la plante de l'excès d'eau qu'elle contient et qui a été puisé par les racines.

La transpiration, qu'on appelle quelquefois, mais à tort, *évaporation*, est une fonction d'ordre vital et non pas un phénomène purement physique, comme serait cette dernière. On en a la preuve dans ce fait, que la plante, tant qu'elle est vivante, exhale beaucoup moins de vapeur d'eau que quand la vie s'est éteinte en elle : ainsi une plante qui vient d'être coupée dégage une bien plus grande quantité d'eau que lorsqu'elle était sur pied.

Siège de la transpiration. — Il est facile de démontrer expérimentalement la transpiration des végétaux : il suffit de recouvrir d'une cloche de verre une plante en pot ou une branche d'arbre ; la vapeur d'eau qui se dégage se condense et ruisselle en gouttelettes sur les parois de la cloche. L'eau peut même être exhalée de la plante à l'état liquide, quand l'atmosphère est chargée d'humidité ; souvent le matin, par exemple, les plantes sont couvertes de gouttes d'eau, chaque brin d'herbe en porte une à son extrémité : c'est là le plus souvent le résultat de la transpiration accomplie pendant la nuit, plutôt que le fait de la condensation de l'humidité de l'air au contact des feuilles.

Les produits de la transpiration se répandent dans l'atmosphère surtout par l'intermédiaire des feuilles ; mais il ne faut pas croire que cette fonction ait pour siège unique la surface foliaire. Elle s'accomplit, en effet, aussi bien dans l'épaisseur même des organes, là où se trouvent des lacunes, des méats intercellulaires, dans lesquels les cellules exhalent sous forme de vapeur une partie de l'eau qu'elles renferment. Celle-ci gagne de proche en proche la surface des feuilles ou certaines autres parties perméables ; si les feuilles sont, en effet, le lieu principal de cette exhalation, les parties jeunes de la tige et des rameaux prennent aussi part au phénomène.

La transpiration est surtout abondante dans les points où les stomates sont nombreux, ainsi que le prouve l'expérience qui consiste à mettre en contact avec la surface de la feuille un papier doué d'une sensibilité chimique spéciale (mélange de chlorure de palladium et de protochlorure de fer), qui noircit en tous les points touchés par la vapeur d'eau ; c'est pourquoi elle est plus active à la face inférieure des feuilles qu'à leur face supérieure ; il ne faudrait pas croire toutefois qu'elle ne s'accomplisse que là où il existe des stomates ; elle se fait sans doute à travers des pores invisibles, au niveau de tous les organes qui ne sont pas recouverts d'une couche subéreuse trop épaisse ou d'une cuticule imperméable.

Activité de la transpiration. — La *quantité* d'eau évaporée par les plantes est considérable. Le savant physiologiste Hales, en expérimentant sur le Grand Soleil (*Hélianthus annuus*), nota une exhalation de près de 1000 grammes d'eau, dans un intervalle de 12 heures, pendant une journée sèche et chaude. On comprend, d'après cette donnée, quelle énorme quantité de vapeur doit répandre dans l'atmosphère une végétation puissante ; pourquoi les pays où celle-ci est luxuriante sont d'une grande humidité ; comment, enfin, le boisement d'une contrée sèche et aride peut en modifier le climat : les forêts, en jetant dans l'atmosphère d'énormes quantités de vapeur d'eau, en amènent le refroidissement, et les vapeurs de l'air se condensant retombent en pluie. Cette émission de vapeur d'eau est telle que les aéronautes, en passant à des centaines de mètres au-dessus des forêts, ressentent une impression de froid causée par d'épais tourbillons d'humidité qui montent jusqu'à eux.

En général, il y a équilibre entre la quantité d'eau absorbée par les racines et celle qui est exhalée par la transpiration, et cet équilibre est salutaire à la vie de la plante ; mais si la seconde fonction l'emporte notablement sur la première, les feuilles deviennent flasques et molles ; en un mot, la plante se flétrit.

Conditions qui modifient cette fonction. — Plusieurs circonstances modifient la transpiration des végétaux. Ainsi elle est activée par une *lumière vive*, par la *chaleur*, bien que, cependant, à de très basses températures, à 0° et même à — 25° elle s'exerce encore, enfin par l'*agitation de l'air*.

Au contraire, elle est ralentie par l'*humidité* du milieu ambiant et par l'*obscurité ;* c'est pourquoi une plante en pot se conserve bien plus longtemps fraîche, sans arrosage, quand elle est renfermée dans un lieu sombre, que lorsqu'elle est exposée aux rayons du soleil, même en prenant les précautions voulues pour éviter l'évaporation de l'humidité de la terre où elle végète.

D'autre part, les plantes herbacées, notamment les Graminées, transpirent beaucoup plus abondamment que celles dont le tissu est sec et serré ; les arbres verts transpirent moins que ceux à feuilles caduques, aussi végètent-ils facilement dans les pays chauds, où l'eau est rare en été ; enfin, quand le parenchyme est mou, spongieux, comme celui des plantes grasses, la transpiration est encore bien moindre, en raison même de l'absence de lacunes intercellulaires : c'est ce qui explique pourquoi ces végétaux, dont les tissus sont si délicats et gorgés de sucs, résistent mieux à la dessiccation que toute autre sorte de plantes, dans les lieux les plus arides.

Enfin, on a observé qu'il se produit dans cette fonction une *variation diurne*, en vertu de laquelle le maximum d'évaporation aurait lieu de midi à 2 heures et le minimum pendant la nuit.

RÉSUMÉ

La physiologie de la nutrition de la plante se résume dans les relations, les échanges, qui existent entre elle, d'une part, le sol et l'atmosphère de l'autre.

Les fonctions de nutrition comprennent : l'*Alimentation*, l'*Absorption*, la *Circulation*, la *Transpiration*, la *Respiration*, la *Fonction chlorophyllienne*, la *Digestion*, l'*Assimilation*.

Aliments des Végétaux. — Les principes élémentaires qui servent à former les substances variées que renferment les végétaux, sont très peu nombreux. On les reconnaît en analysant les cendres des végétaux ou en faisant croître des plantes dans un sol spécial, arrosé d'eau tenant en dissolution de ces éléments. Les principaux sont le *Carbone*, l'*Oxygène*, l'*Azote*, l'*Hydrogène*, le *Soufre*, le *Phosphore*, le *Potassium*, puis le *Magnésium*, le *Zinc*, le *Manganèse*, le *Silicium*, le *Fer*, et quelques autres moins importants. Ces éléments sont fournis par le sol ou par l'atmosphère.

Pour être absorbés, les éléments des végétaux doivent se présenter sous certaines formes, à l'état de combinaisons chimiques spéciales ; ils peuvent être tirés du règne minéral ou des règnes organiques.

Au point de vue physiologique les aliments se partagent en *plastiques* et *respiratoires*.

Les plantes épuiseraient bientôt le sol et n'y pourraient plus croître, si on ne lui rendait pas sous forme d'engrais les principes que ces plantes lui ont pris.

Quant aux plantes dépourvues de chlorophylle, leurs aliments sont des matières organiques toutes formées soit encore vivantes, soit en voie de décomposition.

Absorption. — 1° *Par les racines.* La partie pourvue de poils absorbe seule. Les gaz et les liquides ou les substances dissoutes sont seuls absorbés. L'eau est prise en plus grande proportion que les substances en dissolution, et la plus fluide est absorbée en plus grande quantité. La racine absorbe toutes les substances en dissolution ; en sécrétant un acide, elle peut dissoudre et absorber du calcaire insoluble dans l'eau pure.

2° *Par les feuilles.* Celles-ci absorbent l'oxygène et l'azote de l'air (Voy. *Fonctions respiratoire et chlorophyllienne*) ; cette absorption se fait surtout au niveau des stomates.

Elles paraissent aussi absorber les liquides, mais à la condition d'être préalablement mouillées par eux. Elles semblent aussi susceptibles d'absorber la vapeur d'eau, à condition d'être d'abord desséchées.

Circulation. — Elle comprend un double mouvement : l'ascension de la sève des racines vers les feuilles ; la descente de ce liquide des feuilles vers les différentes parties de la plante.

Sève ascendante ou brute. — La sève monte surtout au printemps.

L'ascension de la sève se fait avec une grande force, (on le prouve avec le manomètre).

Les *causes* de l'ascension de la sève sont surtout l'*endosmose*, et en outre la *capillarité*, l'*imbibition*, l'*évaporation* au niveau des feuilles.

La sève est un liquide très aqueux, tenant en solution une faible proportion de sels et de matières sucrées ou autres.

La sève monte par les vaisseaux du cylindre central de la racine et de la tige.

Sève descendante ou élaborée. — La sève brute, modifiée au niveau des feuilles et devenue de la sève élaborée, est de là distribuée dans toutes les parties de la plante.

C'est par le liber que descend la sève élaborée ; elle passe surtout abondamment au niveau de la zone génératrice des faisceaux pour fournir à leur accroissement.

Transpiration. — C'est une fonction vitale, par laquelle la plante se débarrasse de l'excès d'eau qu'elle renferme.

La transpiration s'opère à la surface des feuilles ; elle s'accomplit aussi au niveau des lacunes ou méats disséminées dans les tissus; de là la vapeur d'eau ou même l'eau à l'état liquide, si la température est basse, arrive jusqu'aux feuilles pour s'exhaler au dehors par les orifices stomatiques.

La perte d'eau ainsi éprouvée par la plante est considérable.

La transpiration est activée par la lumière, la chaleur, l'agitation de l'air; les plantes herbacées transpirent plus que les plantes à tissu plus serré, etc.

CHAPITRE VII

SUITE DES FONCTIONS DE NUTRITION

RESPIRATION ; FONCTION CHLOROPHYLLIENNE ; DIGESTION ; ASSIMILATION

RESPIRATION ET FONCTION CHLOROPHYLLIENNE. Différences fondamentales entre ces deux fonctions. 1° RESPIRATION. Elle s'exerce d'une façon continue ; nature de cette fonction. Conséquences de la respiration ; production de chaleur ; production de lumière. 2° FONCTION CHLOROPHYLLIENNE. Elle est intermittente et n'existe que chez les plantes à chlorophylle. DIGESTION. Parties de la plante où s'opère la digestion. Plantes carnivores. Nature des ferments digestifs. — ASSIMILATION. Réserves nutritives. Classification des substances assimilées. — CONSÉQUENCES DE LA NUTRITION. Multiplication des plantes au moyen des organes de la végétation : boutures, stolons et marcottes ; bulbes et bulbilles. La greffe.

Différences fondamentales entre la respiration et la fonction chlorophyllienne. — Sous le nom de *respiration* des végétaux, on a longtemps confondu deux ordres de phénomènes tout à fait différents :

L'un consiste dans l'absorption de l'acide carbonique de l'air, dont le carbone reste fixé dans la plante, tandis que l'oxygène retourne dans l'atmosphère *(fonction chlorophyllienne)* ;

L'autre est caractérisé, au contraire, par l'absorption et la fixation de l'oxygène de l'air, et le rejet d'une certaine quantité d'acide carbonique *(respiration proprement dite)*.

Historique. La distinction de ces deux fonctions n'est établie avec quelque précision que depuis une époque récente, bien que, depuis assez longtemps, l'observation du rôle joué par les feuilles ait fait soupçonner la vérité. Ainsi, dans la première moitié du XVIIIe siècle, Hales disait : « Les feuilles servent aux végétaux comme les poumons aux animaux. » Priestley observa que des feuilles fraiches plongées dans de l'eau de source et exposées au soleil dégageaient des bulles de gaz, qu'il reconnut être de l'oxygène (qu'on appelait alors air déphlogistiqué, air vital); il en conclut que les plantes purifiaient l'atmosphère pour le rendre respirable aux animaux.

Ingenhouz remarqua que ces mêmes plantes qui, au soleil, purifient l'air, le vicient à l'abri de la lumière, en exhalant un gaz bien différent, l'acide carbonique. Enfin, Sénebier montra que l'oxygène dégagé par la plante exposée au soleil est le résultat de la décomposition de l'acide carbonique de l'air ou bien de celui que les racines ont puisé dans le sol.

De ces observations il résulte que les végétaux se comportent vis-à-vis de l'atmosphère de deux façons bien différentes. Dans l'un des cas, en effet, il s'agit d'une fonction d'ordre surtout chimique, à savoir la *réduction* en ses éléments constituants de l'acide carbonique emprunté à l'air, c'est la fonction chlorophyllienne; dans l'autre, une fonction vitale de premier ordre entre en jeu, la *respiration* proprement dite.

Ce second ordre de phénomènes peut être complètement assimilé à la respiration des animaux, puisqu'il consiste dans l'absorption de l'oxygène de l'air, lequel se combine ensuite dans les tissus mêmes de la plante avec certains principes hydro-carbonés, pour former de l'acide carbonique qui sera ensuite rejeté au dehors.

Il n y a pas d'antagonisme fonctionnel entre la Plante et l'Animal.

Cette étude montre que l'antagonisme fonctionnel que l'on avait cru trouver jadis entre les animaux et les plantes n'existe pas en réalité. La respiration des secondes comme celle des premiers a pour résultat final de vicier l'air atmosphérique en lui prenant de l'oxygène et lui rendant de l'acide carbonique. Mais nous nous hâterons d'ajouter que la composition normale de l'atmosphère est néanmoins maintenue grâce aux végétaux, puisque chez eux, à côté de la respiration proprement dite, existe une autre fonction, dont le rôle est de prendre l'acide carbonique de l'air et de rejeter de l'oxygène en échange; et l'activité de cette seconde fonction est telle qu'elle compense la viciation de l'atmosphère, causée par la respiration proprement dite tant des plantes que des animaux.

Sous l'action d'une lumière intense la fonction chlorophyllienne l'emporte sur la fonction respiratoire, tandis qu'à une lumière faible le résultat est opposé. Mais il faut bien remarquer que si la première peut masquer la seconde elle ne la supprime pas pour cela, la fonction respiratoire continuant à s'exercer malgré l'apparence contraire.

Nous allons voir maintenant, que non seulement le but de la respiration est différent de celui de l'action chlorophyllienne, mais encore que le degré de généralité de ces deux fonctions, les organes par lesquels elles s'opèrent, et par conséquent, leurs phénomènes intimes, ne sont pas les mêmes.

Respiration

La respiration s'exerce d'une façon continue.

Nature de cette fonction. — La respiration offre un caractère de généralité absolue; elle existe chez toutes les plantes, et s'opère aussi bien à la lumière vive du jour que pendant l'obscurité de la nuit; c'est une fonction d'ordre vital, dont la plante ne peut pas plus se passer que l'animal lui-même.

Le phénomène de la respiration des plantes, autrement dit l'absorption d'oxygène et le rejet d'acide carbonique est facile à montrer par des expériences bien simples.

Dans un large flacon plein d'air on renferme des plantes en germination. Au bout de peu de temps une allumette enflammée s'y éteint aussitôt, l'oxygène de l'air ayant été absorbé par ces plantes.

Si l'on verse alors dans ce même flacon de l'eau de baryte, cette eau, qui était très limpide, se trouble par suite d'un dépôt de carbonate de baryte formé sous l'action de l'acide carbonique que les plantes y ont exhalé.

Les parties les plus différentes des plantes respirent l'oxygène, par exemple, la tige, les fruits, alors qu'ils sont mûrs; les bourgeons, au moment où ils s'épanouissent en feuilles, donnent lieu à un dégagement abondant d'acide carbonique, corrélatif à une absorption considérable d'oxygène. Il en est de même des graines, au moment de la germination, sujet qui sera étudié en détail au Chapitre XII.

Les plantes, même sans chlorophylle, notamment les Champignons, respirent, c'est-à-dire qu'elles absorbent également l'oxygène et dégagent de l'acide carbonique.

Enfin, les organismes végétaux les plus inférieurs, comme les Levures, les Ferments, les Bactéries, etc., respirent aussi. Mais, selon M. Pasteur, tandis que les uns respirent, comme toutes les autres plantes, l'oxygène de l'air, ce qui leur a valu le nom d'*aérobies* (ἀήρ, air ; βίος, vie), les autres sont tués par ce même oxygène, quand ils sont mis en sa présence, et ne respirent que celui qu'ils enlèvent à certaines matières organiques au contact desquelles ils se trouvent, et qu'ils décomposent par là même, d'où leur nom d'*anaérobies* (α priv.; ἀήρ, air ; βίος, vie).

La respiration, tout en s'exerçant normalement au niveau des feuilles, présente son maximum d'activité dans les parties colorées autrement que par la chlorophylle, c'est-à-dire dans les fleurs, notamment les étamines. Ainsi on a observé que la fleur d'une Passiflore (*Passiflora serratifolia*) absorbe, en 24 heures, dix-huit fois et demie son volume d'oxygène, tandis que, dans le même temps, les feuilles de cette plante n'en prennent que cinq fois environ leur volume.

Conditions qui activent la respiration.

Quoique la respiration s'exerce en tout temps, elle s'opère dans les fleurs avec une bien plus grande activité à la lumière vive du soleil, qu'à l'ombre. On comprend, d'après cela, qu'il soit dangereux de séjourner dans un appartement où se trouvent réunies beaucoup de fleurs fraîches, surtout si le soleil y a accès, puisque ces fleurs absorbent en grande quantité l'oxygène de l'air et rejettent l'acide carbonique en proportion corrélative.

Nature de la fonction respiratoire.

Les phénomènes intimes de la respiration s'opèrent, bien entendu, dans l'intérieur des cellules ; le protoplasma est le véritable siège de ce grand acte vital ; mais si nous connaissons les résultats, nous sommes bien peu renseignés sur la façon exacte dont les choses se passent.

Quoi qu'il en soit, l'oxygène respiré se combine avec les substances hydro-carbonées contenues dans la plante ; et cette oxydation ou combustion lente ainsi produite dans le sein des tissus végétaux détermine une production de chaleur, en même temps qu'une formation d'acide carbonique et de vapeur d'eau, qui se répandent au dehors. Le résultat de cette fonction est donc manifestement *une perte de substance* pour la plante.

Conséquences de la Respiration ; production de chaleur. — Toute combustion produit de la chaleur ; mais quand la première est très lente, la seconde est très faible ; c'est ce qui a lieu le plus souvent dans les plantes, de sorte que l'élévation de température est difficilement appréciable. Il existe cependant des circonstances où elle devient manifeste, par exemple, dans la respiration de certaines fleurs, chez lesquelles de Saussure a vu l'absorption de l'oxygène atteindre un volume égal à trente fois le leur. On la met facilement en évidence quand un grand nombre de fleurs sont portées sur un même pédoncule, comme c'est le cas des Aroïdées, par exemple. Lamarck, en 1777, avait observé ce phénomène sur un *Arum* ; Sénebier nota une élévation de 9° c. au-dessus de l'air ambiant, produite par une plante du même genre ; un thermomètre placé entre plusieurs *Arum* de Madagascar, en pleines fleurs, dénota une chaleur de 25° au-dessus de la température ambiante. Des phénomènes analogues ont été observés sur nombre d'autres plantes, telles que Nénuphars, Courges, Cactus, etc.

Les graines en germination produisent également de la chaleur ; il est de connaissance vulgaire, en effet, que les grandes quantités d'orge que l'on fait germer dans des espaces clos, pour la préparation du malt qui sert à la fabrication de l bière, dégagent une forte chaleur.

Un appareil bien simple permet de noter le degré de chaleur produit par des fleurs en voie d'épanouissement ou des graines en germination. On place, par exemple, une poignée de capitules de Scabieuses ou mieux encore, des Haricots, dans un entonnoir engagé dans le goulot d'un flacon qui contient une certaine quantité d'une solution de soude ou de potasse, destinée à absorber l'acide carbonique qui se dégagera. Les semences de Haricot, par exemple, étant humectées d'eau, on recouvre le tout d'une cloche percée en haut d'un orifice fermé seulement par un bouchon de coton, à travers lequel passe un thermomètre qui plonge au milieu des graines, et qui montre que la température de l'air de la cloche s'élève de plus de 1° sous l'influence de la germination.

Phosphorescence. — Dans quelques circonstances, l'absorption de l'oxygène est accompagnée d'une production de lumière. Ainsi on connaît, en Provence, un Champignon, l'*Agaricus olearius*, qui montre nettement ce phénomène; et, ce qui prouve que celui-ci résulte bien de la respiration, c'est qu'il se suspend dès que cette fonction est supprimée, comme cela a lieu quand on met la plante dans un milieu privé d'oxygène. Plusieurs autres plantes voisines sont également phosphorescentes : citons l'*Agaricus noctilucens*, de Manille, l'appareil végétatif de l'*Agaricus melleus*, dont on avait fait le genre *Rhizomorpha*, et qui vit en parasite sur le Châtaignier.

Ces phénomènes présentent une analogie frappante avec ceux que nous offrent un assez grand nombre d'animaux, surtout marins, appelés pour cette raison *phosphorescents*.

Fonction chlorophyllienne

La fonction chlorophyllienne est loin d'avoir la même généralité que la fonction respiratoire : elle ne s'opère pas chez toutes les plantes, car elle manque absolument chez toutes celles qui, comme les Champignons, sont dépourvues de chlorophylle ; en outre, elle ne se produit que dans certaines circonstances déterminées, car elle a besoin pour s'exercer, de la lumière solaire, et se suspend complètement dans l'obscurité ; c'est pourquoi une plante placée dans cette dernière condition ne tarde pas à *s'étioler*.

La fonction chlorophyllienne est intermittente et n'existe que dans les plantes à chlorophylle.

La chlorophylle ayant seule le pouvoir de décomposer l'acide carbonique, il en résulte que les feuilles sont les organes essentiels, presque exclusifs, de cette opération, car c'est en elles surtout que la matière verte est abondante. D'après cela, on comprend que des plantes à feuillage vert ont pour effet, contrairement aux fleurs fraîches, d'entretenir dans de bonnes conditions pour la respiration de l'homme, l'air d'un appartement où pénètrent les rayons du soleil, puisqu'elles absorbent l'acide carbonique et rejettent de l'oxygène.

Nature et conséquences de cette fonction.

La fonction chlorophyllienne n'est pas moins difficile à connaître dans son essence que la respiration. On sait toutefois que, sous l'influence de la lumière, le protoplasma des cellules à chlorophylle réduit l'acide carbonique en ses éléments composants, pour en retenir le carbone, qui se mêle sans doute à la sève ascendante, et laisser dégager l'oxygène. Et ainsi la sève brute se trouve profondément modifiée par la pénétration d'un élément nouveau très important, qui contribue pour une bonne part à la transformer en sève élaborée.

Contrairement à ce que vient de nous montrer la respiration, il y a donc ici un véritable gain pour la plante, une *augmentation de substance*, d'où le nom très justifié d'*assimilation chlorophyllienne* donné à cette fonction. Il paraît probable que ce carbone se combine avec de l'eau pour former un hydrate de carbone (C, HO), lequel est ordinairement de l'amidon ou fécule; aussi voit-on cette substance exister abondamment là où il y a de la chlorophylle; sa formation dépend en effet le plus souvent de l'existence de cette dernière. Ceci explique les phénomènes qu'on observe pendant la germination des graines dans un local sombre: tant que la provision de fécule renfermée dans la graine n'est pas épuisée, la nouvelle plante grandit; mais quand toute cette réserve nutritive a été absorbée, celle-ci ne tarde pas à mourir, à moins qu'on ne l'expose alors à la lumière, qui amènera la formation d'une matière verte, sous l'influence de laquelle il se formera promptement une nouvelle provision d'amidon.

On voit, d'après cela, combien est grande, dans la vie de la plante, l'importance de la chlorophylle et de sa fonction, puisque d'elle dépend l'élaboration de l'amidon, l'un des aliments nutritifs les plus indispensables à l'organisme végétal.

Quelques calculs donnent bien une idée des résultats fournis par la fonction chlorophyllienne : l'herbe d'une prairie fixe annuellement par hectare entre 1.500 et 4.500 kil. de carbone, et une forêt 3.000 kil. pour la même superficie, quantité qui répond à 11.000 kil. d'acide carbonique décomposé.

Digestion

Nécessité de la digestion.

Parties de la plante où se fait la digestion. Plantes carnivores. — Pas plus que l'animal, la plante ne peut se nourrir des substances alimentaires qu'elle a puisées au dehors, et même de celles qui sont accumulées en elle depuis un temps variable, si elle ne leur fait au préalable subir une certaine élaboration, ayant pour effet de les modifier chimiquement, de les rendre *solubles* et aptes à faire ensuite définitivement partie des tissus, si elle n'opère, en un mot, une véritable digestion.

Digestion intracellulaire.

Le plus souvent, cette digestion s'accomplit dans l'intimité des organes de la plante et il nous est bien difficile d'en suivre les phases et les opérations dans tous leurs détails ; mais nous en connaissons tout au moins les principaux résultats. On sait de plus que la plante a la possibilité d'opérer une véritable digestion en dehors de son organisme même, par l'intermédiaire de certaines de ses parties, telles que les racines et les feuilles.

Digestion au niveau des racines.

La racine a en effet la propriété de sécréter dans la région voisine de son extrémité une substance acide. L'existence de cet acide peut se constater de plusieurs façons : en faisant croître des racines au contact d'une plaque de marbre bien polie, on voit que les extrémités délicates de ces organes s'y gravent pour ainsi dire, et y laissent leur empreinte, la partie superficielle du marbre ayant été dissoute dans ces points par suite de la sécrétion d'une petite quantité d'acide carbonique ; en outre, le papier de tournesol vient confirmer d'une façon non équivoque la nature chimique de cette sécrétion. Cette production d'acide carbonique explique comment des sels insolubles contenus dans le sol, tels que des phosphates, des sels de potasse, d'ammoniaque, etc., deviennent solubles et susceptibles d'être absorbés par les racines.

Digestion au niveau des feuilles. Plantes carnivores.

Il y a quelques années, Ch. Darwin a montré par un grand nombre d'observations, que plusieurs plantes ont la faculté de digérer, au moyen de leurs feuilles ou de certains autres organes, des substances azotées, telles que de petits fragments de viande, du blanc d'œuf, des insectes, d'où le nom de *plantes carnivores*, sous lequel on les a désignées (1).

(1) C'est au naturaliste anglais Ellis, que l'on doit la première observation scientifique des propriétés singulières de ces plantes ; il les mentionne dans une lettre écrite à Linné en 1768, au sujet du *Dionæa muscipula*. Quant au terme de *plantes carnivores*, il fut employé pour la première fois par Diderot, qui avait pensé que, non seulement certaines plantes s'emparent des insectes, mais encore les digèrent et les absorbent.

Parmi ces plantes singulières, les unes retiennent les insectes qui viennent se poser sur elles, simplement au moyen d'une sécrétion visqueuse fournie par les glandes dont leurs feuilles sont pourvues : tel est le cas du *Drosophyllum*, qui se trouve en Portugal, et que les paysans suspendent, en sa qualité d'attrape-mouches, dans leurs maisons, pour diminuer le nombre de ces incommodes volatiles ; la *Roridula*, du cap de Bonne-Espérance, qui atteint une hauteur de plusieurs pieds ; le *Byblis*, que l'on trouve en Australie.

Drosera. D'autres plantes carnivores retiennent les insectes ou tout autre objet mis à leur contact, à la fois, au moyen d'une sécrétion visqueuse et de certains mouvements des feuilles ou des espèces de tentacules qui les hérissent et qui se recourbent pour retenir la vic-

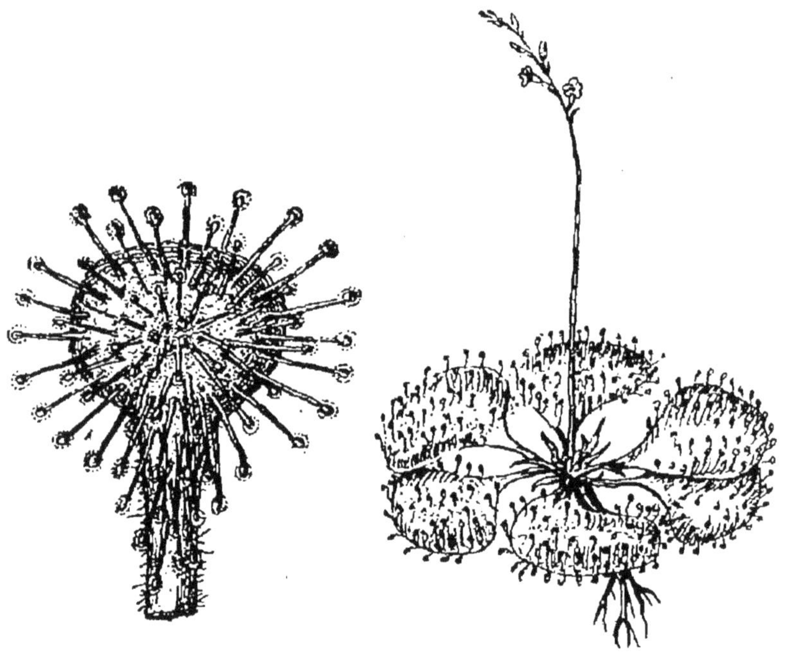

Fig. 96. — *Drosera rotundifolia*. A droite, vue d'ensemble de la plante, grandeur naturelle. — A gauche une feuille très grossie.

time ; c'est ce que l'on remarque, par exemple, dans le *Drosera*. Cette petite plante, appelée encore *Rossolis* (rosée du soleil), qui croît dans les endroits marécageux, au milieu des Mousses, des Sphaignes, est fort répandue, tant dans l'ancien monde qu'en Amérique ; ce genre compte d'ailleurs une cinquantaine d'espèces. On peut facilement observer ce qui se passe sur le *Drosera rotundifolia*, commun dans notre pays. C'est une petite plante, pourvue seulement de quelques feuilles, 2 à 5 ou 6, un peu plus larges que longues et dont toute la face supérieure est garnie de filaments ou tentacules, dont les plus longs occupent les bords de la feuille ; tous sont renflés en un bouton glandulaire. Chacun de ceux-ci étant entouré d'une gouttelette d'un liquide visqueux, qui brille au soleil comme une petite perle, cette disposition a valu à la plante son nom de *Rossolis*. Ces poils glandulaires, de structure complexe, ont la remarquable propriété de s'infléchir, de se courber vers le centre de la feuille, sous l'influence de quelque excitation venue du dehors. Qu'un insecte vienne se poser sur une de ces feuilles, ses pattes s'engluent ; il cherche à s'envoler, mais ses ailes touchent à leur tour le liquide visqueux, et sous l'influence de l'excitation causée par ses mouvements, les tentacules de la feuille se recourbent sur lui, l'enveloppent et le retiennent prisonnier ; ce sont d'abord les plus voisins qui se mettent en mouvement, puis l'excitation se communiquant de proche en proche, les tentacules les plus éloignés s'inclinent à leur tour. Tout cela se fait assez lentement et demande d'une à plusieurs heures, en général. Après un temps qui varie de 1 à 6 jours ou un peu plus, les tentacules se relèvent, la feuille reprend son aspect ordinaire et se trouve prête à recommencer son manège ; mais, dans l'intervalle, l'insecte a disparu, à l'exception de ses parties cornées, de ses téguments solides. Si au lieu d'un insecte on y a placé un petit morceau de blanc d'œuf cuit ou de viande, il n'en reste plus trace.

C'est qu'en effet le *Drosera* a la propriété de dissoudre, de digérer les substances animales et ensuite de les absorber. Cette digestion est due à la sécrétion des glandes, laquelle devient très acide, tandis que dans l'état de non-activité elle ne l'est pas ou l'est très peu. Ajoutons qu'un objet non azoté ou même inorganique, comme un petit fragment de verre, un grain de sable, provoque les mêmes mouvements et la même sécrétion acide ; mais alors la feuille reprend bien plus vite sa position première que dans le cas où on lui offre une substance qu'elle peut digérer.

Enfin, il est d'autres plantes carnivores tels que la Dionée gobe-mouche, *Dionæa muscipula*, l'*Aldrovandia*, l'*Utricularia*, etc., qui s'emparent des insectes, grâce seulement à la rapidité des mouvements de leurs feuilles. Nous ne parlerons que de la première, qui est la plus remarquable.

Le *Dionæa muscipula* (fig. 97), de la famille des Droséracées, est une plante des plus étonnantes ; on la trouve seulement dans l'est de la Caroline du Nord, où elle habite les endroits marécageux. Ses feuilles sont formées chacune de deux lobes ovalaires disposés à peu près à angle droit ; au milieu de chacun d'eux se voient trois petites épines placées en triangle et d'une extrême irritabilité, car au moindre attouchement elles déterminent le ploiement de la feuille, dont les deux lobes viennent aussitôt s'appliquer l'un sur l'autre. En outre, les bords de la feuille sont armés d'assez longs piquants, qui *Dionæa.*

s'entrecroisent quand elle se ferme et forment une sorte de grillage, qu'un insecte même assez fort ne peut guère franchir. Enfin, la surface de la feuille est pourvue d'un très grand nombre de petites

Fig. 97. — *Dionæa muscipula;* vue d'ensemble de la plante.

glandes, d'une teinte rouge, portées par de courts pédicules. Ces glandes, contrairement à celles du *Drosera*, ne sécrètent un liquide que lorsqu'elles se trouvent au contact d'une substance azotée, qu'elles peuvent par conséquent dissoudre et absorber; on peut constater, en outre, que le liquide est encore plus acide que celui de la plante précédente.

Ajoutons que les pluies et le souffle du vent ne sont pas, parait-il des excitants de nature à provoquer la sécrétion et les mouvements des feuilles de la Dionée, alors que tout autre excitant détermine la brusque fermeture de ses valves ; le *Drosera* a également donné ieu à cette observ tion.

Nature des ferments digestifs. — Nous avons vu que toutes les plantes digèrent dans l'intérieur de leurs cellules, la plupart aussi par l'intermédiaire de leurs racines, quelques-unes par leurs feuilles. Nous devons étudier maintenant quels sont les agents chimiques de cette digestion. La fonction digestive s'exerçant sur des substances variables, ces agents doivent, eux aussi, différer suivant les cas.

La plante a la propriété de digérer des substances féculentes, des substances sucrées, des substances grasses et des substances albuminoïdes ; il y a de même quatre sortes de principes digestifs ou *ferments*.

Diastase, ferment des substances féculentes.

1° Le ferment de l'amidon ou fécule, l'un des principaux aliments des plantes, est la *diastase*, que l'on a découverte d'abord dans l'orge en germination. Sous son influence, l'amidon se dédouble en dextrine et en glycose, et finalement en glycose soluble et absorbable ; c'est grâce à elle que le tubercule de pomme de terre en germination digère l'amidon qui le compose presque entièrement, pour le faire servir, une fois modifié, à la nourriture et à l'accroissement des jeunes tiges qui en partent.

Suivant les chimistes, cette diastase végétale ne diffère aucunement de la diastase animale, l'un des éléments importants de la salive, et elle joue chez la plante le même rôle que dans l'animal, c'est-à-dire, qu'elle transforme l'amidon, insoluble, en glycose soluble.

Ferment inversif

2° Le sucre de canne ou saccharose, c'est-à-dire celui que fournit la tige de la Canne à sucre, la racine de la Betterave, etc., ne peut pas servir directement à la nutrition de la plante ; il doit être converti d'abord en sucre de raisin ou *glycose* et en *lévulose* (sucre incristallisable), substances qui, mélangées l'une avec l'autre, en proportions égales, constituent le *sucre interverti*. Le principe qui opère ces changements porte le nom de *ferment inversif*. Cette opération est identique à celle qui se passe dans le corps des animaux pour transformer de même la saccharose en sucre interverti, et où c'est le suc intestinal qui contient ce ferment spécial.

Ferment émulsif.

3° Les substances grasses, aussi bien dans les végétaux que dans les animaux, ne peuvent être absorbées par les cellules si elles n'ont pas été d'abord émulsionnées, c'est-à-dire divisées en gouttelettes d'une extrême finesse. Si l'on broie, par exemple, des graines oléagineuses dans de l'eau, on voit la matière grasse de celles-ci se diviser en une infinité de globules huileux d'une petitesse incroyable ; ce que l'on produit ainsi artificiellement, une substance particulière l'accomplit naturellement dans la plante : c'est le *ferment émulsif*. Ce ferment est en même temps *saponifiant*, c'est-à-dire qu'il dédouble les corps émulsionnés en acides gras et en glycérine, résultat identique à celui que l'on obtient dans la fabrication des savons, d'où le nom de saponification.

Ce même ferment existe dans le suc pancréatique des animaux.

Pepsine, ferment des substances albuminoïdes.

4° Enfin, les plantes renferment presque toujours une certaine proportion de substances azotées, car elles se nourrissent, en partie, d'aliments albuminoïdes. Mais ces corps ne sont pas directement assimilables et susceptibles de faire définitivement partie de l'organisme végétal ; ils doivent être d'abord assez profondément modifiés, passer à l'état de *peptone* (1), phénomène d'ailleurs assez mal connu dans son essence. Ce qui est acquis, c'est que ce résultat est dû, dans l'organisme végétal, comme dans le tube digestif des animaux, à l'action de la *pepsine*, ferment de nature azotée. Le suc contenu dans les laticifères de certains végétaux renferme de la pepsine ; tel est celui du Papayer ou *Carica papaya*, dont on a pu l'extraire

(1) Du grec πεπτὸς, digéré ; ce terme signifie que les matières parvenues à cet état sont immédiatement aptes à être absorbées.

et que l'on prescrit comme médicament aux personnes dont la digestion se fait mal, au même titre que la pepsine retirée du suc gastrique des animaux (1). Cette pepsine digère les substances albuminoïdes dans les cellules des plantes, et c'est à elle que l'on croit devoir rapporter les phénomènes de digestion qui s'opèrent à la surface des feuilles des plantes carnivores. Pour que son action puisse s'exercer, il est nécessaire que les aliments soient mis en présence d'un acide ; or, nous avons vu que la sécrétion des glandes dont ces feuilles sont pourvues est très nettement acide ; toutes les conditions nécessaires à la digestion des substances azotées ou albuminoïdes se trouvent donc là réunies.

Assimilation et Réserves nutritives

Caractères de l'assimilation. — Chez les végétaux comme chez les animaux, l'assimilation est la fonction qui a pour effet de rendre les substances absorbées semblables aux tissus mêmes de l'organisme, afin qu'ils puissent en faire désormais partie intégrante. Elle s'exerce soit sur des substances qui viennent d'être puisées au dehors, soit sur des matériaux introduits depuis un temps variable dans la plante, mais restés jusque-là sans emploi.

Le *siège* de cette fonction est nettement indiqué ; il se trouve dans les feuilles, qui contiennent de la chlorophylle.

Siège, nature et conditions de l'assimilation.

Cette fonction est caractérisée par une désoxydation énergique, dont on trouve une double preuve dans les deux faits suivants : d'une part, l'activité des cellules à chlorophylle détermine un dégagement considérable d'oxygène ; et d'autre part, tandis que les aliments puisés au dehors sont extrêmement riches en oxygène, les tissus mêmes des plantes en sont fort pauvres.

(1) La pepsine extraite du *Carica papaya*, arbre des Moluques et des Antilles, porte le nom de *papaïne*.

Les phénomènes d'assimilation ne s'accomplissent que sous l'influence directe des rayons solaires.

Ajoutons, toutefois, qu'une plante renfermée dans un lieu obscur continue à croître ; qu'une graine, un tubercule de pomme de terre, placés dans l'endroit le plus sombre, germent, poussent une tige, des feuilles, parfois même des fleurs. C'est qu'il intervient une autre série d'opérations, qui s'exercent sur les substances déjà élaborées, mais non employées jusqu'alors à la nutrition de la plante. Ces phénomènes s'accomplissent d'ailleurs également dans les végétaux placés dans les conditions normales. Ces substances, préalablement formées dans les cellules chlorophylliennes, peuvent subir des métamorphoses, des changements chimiques plus ou moins complexes, qui les rendent aptes à servir à un moment donné à la nutrition de tels ou tels organes. Ainsi c'est en vertu d'une opération de ce genre que l'amidon renfermé dans un tubercule de pomme de terre, même placé à l'obscurité, est employé à la nutrition et au développement des jeunes tiges qui en partent. C'est pourquoi, tant que la réserve nutritive accumulée dans le tubercule n'est pas épuisée, la plante continue à s'accroître, bien que par suite de l'absence de feuilles vertes et d'exposition à la lumière, il lui soit impossible de faire des assimilations nouvelles aux dépens de matériaux étrangers. Aussi, lorsque cette provision alimentaire sera épuisée, la plante s'arrêtera forcément dans sa croissance et mourra bientôt.

Réserves nutritives. — L'intervalle de temps qui existe entre l'élaboration des substances alimentaires et l'emploi effectif de ces mêmes matières dans la nutrition de la plante est très variable. Ainsi, tandis que fort souvent ces deux ordres d'opérations se font conjointement ou se succèdent immédiatement l'une à l'autre, il existe un grand nombre de cas où les choses se passent autrement ; et alors les substances nutritives se rendent des feuilles, où elles ont été élaborées, dans certains organes qui varient d'une plante à l'autre. C'est ainsi, par exemple, qu'après la première période de végétation des plantes bisannuelles, on voit que certains organes sont énormément gonflés par les substances nutritives qui s'y accumulent et qui ne seront employées qu'au début de la période végétative suivante. Les diverses espèces ou variétés de Choux nous offrent de ces faits des exemples bien connus : dans le *Choux navet*, c'est la racine qui sert de réservoir alimentaire ; dans le *Chou-cabus*, c'est le bourgeon terminal qui prend un développement énorme, et on dit alors que le Chou est *pommé ;* ce rôle est rempli par les bourgeons latéraux dans le *Chou de Bruxelles ;* enfin, par l'inflorescence, dans le *Chou-fleur*. Toutes ces parties gorgées de sucs, sont fort tendres, savoureuses et nutritives ; aussi l'homme les emploie-t-il alors à sa nourriture.

Dans d'autres plantes cette accumulation de substances nutritives se fait dans les tiges souterraines (rhizomes, tubercules), ou bien dans les bulbes et les oignons, dont les écailles se gonflent énormément. Enfin, toutes les graines renferment avec elles une certaine provision de matière nutritive qui servira au premier développement de la jeune plante ; ce qu'on appelle leur albumen n'est pas autre chose qu'une réserve alimentaire, dont le rôle est de pourvoir à la nutritition de l'embryon, renfermé avec lui dans les enveloppes de la semence.

Quant à la nature des aliments de réserve elle peut appartenir à l'un des quatre groupes suivants : les substances féculentes, sucrées, grasses ou albuminoïdes à chacun desquels, comme nous l'avons vu un peu plus haut, correspond un ferment spécial.

Classification des substances assimilées. — Au point de vue de leur nature chimique et du rôle physiologique qu'elles jouent dans l'organisme végétal, les substances assimilées par la plante peuvent se répartir en trois groupes, à savoir : les *substances plastiques azotées*, telles que la fibrine, l'albumine, la caséine, destinées surtout à l'accroissement du protoplasma, c'est-à-dire, de la substance active par excellence de l'organisme végétal ; les *substances plastiques non azotées*, telles que l'amidon, l'inuline, le sucre, la graisse, etc., destinées, d'une part, à l'accroissement de la paroi des cellules, et d'autre part, à fournir les aliments des combustions intraorganiques et par là même subvenir aux dépenses d'acide carbonique et de vapeur d'eau.

A ces deux groupes essentiels, il faut en joindre un troisième, comprenant un grand nombre de substances dont le rôle est fort incertain, ou qui même paraissent inutiles à l'organisme et demeurent sans emploi ; tels sont le tannin, les matières colorantes rouges ou autres (mais non la matière verte ou chlorophylle), les huiles essentielles des glandes, le caoutchouc renfermé dans certains latex, la résine, nombre d'acides, la plupart des alcaloïdes, etc.

Ces diverses substances et leur rôle ayant été étudiés au chapitre II, nous n'y reviendrons pas ici.

Remarque. — L'étude qui vient d'être faite des phénomènes offerts par la nutrition des végétaux, ne peut manquer d'attirer l'attention sur la remarquable analogie qui existe à ce point de vue entre les plantes et les animaux, soit que l'on considère les procédés mis en œuvre, soit que l'on ait égard à la nature des résultats.

Mais une chose doit frapper aussi, c'est qu'à part quelques exceptions, telles que celles que nous ont montrées les plantes carnivores et celles que nous offre la nombreuse classe des Champignons, qui se nourrissent directement de substances organiques, la plante n'emprunte au milieu extérieur que des substances minérales, qu'elle transforme ensuite en substances organiques, contrairement à l'animal, qui emprunte aux végétaux des substances organiques tout élaborées, et qui ne saurait exister si celles-ci venaient à lui manquer. Ceci montre combien l'animal est tributaire de la plante, et comment sans celle-ci celui-là ne saurait exister ; c'est là, pour le dire en passant, une preuve que le développement des végétaux a dû précéder l'apparition des animaux sur la terre.

La multiplication des plantes envisagée comme conséquences de la nutrition

Multiplication des plantes au moyen des organes de la végétation : boutures, stolons et marcottes ; bulbes et bulbilles. La greffe. — Lorsque la plante reçoit une nourriture plus abondante que celle qui est nécessaire à son développement, elle peut donner naissance à de nouveaux individus, qui d'abord tireront de la plante mère les éléments de leur accroissement, mais qui ne tarderont pas à se suffire à eux-mêmes et pourront alors en être séparés sans inconvénient.

1° *Multiplication par marcottes.* — De semblables cas se présentent fréquemment dans nos jardins ; les Fraisiers et les Violettes en offrent des exemples connus de chacun. Comme nous l'avons vu à la page 106, c'est sur un semblable procédé que se trouve fondée la multiplication artificielle des plantes par *marcottage*. Au contact du sol humide, les pousses rampantes ou *stolons* produisent des racines, tandis que, d'autre part, il s'y développe des feuilles (fig. 37) ; bientôt ces pieds nouveaux ou *marcottes* se suffisent à eux-mêmes, de sorte que toute communication entre eux et la plante mère peut être sans inconvénient supprimée.

Ce qui se produit si souvent et d'une façon spontanée dans la nature, les horticulteurs l'imitent chaque jour pour multiplier nombre de plantes utiles ou ornementales : on couche sur le sol ou même on maintient enfoncés a une certaine profondeur des rameaux convenablement situés, lesquels ne tardent pas à se garnir de racines adventives, après quoi on peut séparer de la plante mère les nouveaux individus ainsi formés. Ce mode de multiplication appliqué à la vigne a reçu le nom de *provignage*.

2° *Multiplication par boutures.* — Mais en horticulture on pousse les choses plus loin ; on peut, en effet, multiplier un très grand nombre de plantes, à l'aide de rameaux qu'on en a séparés, alors même que des racines ne s'y sont pas préalablement développées. Ces rameaux détachés pendant la période végétative, et convenablement placés dans un sol humide, ne tardent pas à développer dans le voisinage de leur surface de section des racines adventives, qui suffisent bientôt à la nutrition du nouvel individu. On appelle cette opération *bouturage*, et les nouvelles plantes qui en résultent *boutures*. Beaucoup de nos plantes d'ornement, Fuchsia, Géranium, Bégonia, etc., se multiplient communément de cette façon. Dans la plupart des cas ce sont les rameaux seuls qui peuvent être employés à ce genre de multiplication ; mais, dans quelques cas, les racines et même les feuilles (Bégonia) donnent les mêmes résultats.

3° *Multiplication par caïeux et bulbilles.* — Puisque des rameaux même détachés de la plante mère sont susceptibles, dans des circonstances convenables, de s'accroître, c'est-à-dire de développer leurs bourgeons, on ne sera pas très surpris d'apprendre, qu'au moins dans certains cas, des bourgeons peuvent à eux seuls reproduire la plante.

Fig. 98. — Greffe par approche ; A, sujet ; G, greffon.

C'est en effet ce qu'on voit pour les bourgeons ou *caïeux* qui se sont formés dans les bulbes de Lis, d'Ail, de Crocus et autres. C'est aussi ce qui a lieu pour les *bulbilles*, sortes de bourgeons qui se trouvent à l'aisselle des feuilles d'un certain nombre de plantes, telles que le Lis bulbifère, la Ficaire, ou qui se développent à la place des fleurs, comme dans l'Ornithogale, la Batate, etc. Ces bourgeons, détachés et semés comme des graines, reproduisent des plantes semblables à celles qui leur ont donné naissance.

4° *Multiplication par greffes.* — Enfin, de même que dans la nature on voit de simples bourgeons reproduire la plante mère, on emploie en horticulture, pour la multiplication des végétaux, certains procédés basés sur la vitalité de ces bourgeons. Seulement, au lieu de les placer en terre comme on le fait pour les boutures, on les fixe sur une autre plante avec une portion plus ou moins considérable du rameau qui les porte : c'est cette opération qui porte le nom de *greffage*. La plante sur laquelle on greffe s'appelle le *sujet*; le bourgeon que l'on veut greffer ou la plante qui le fournit est le *greffon*.

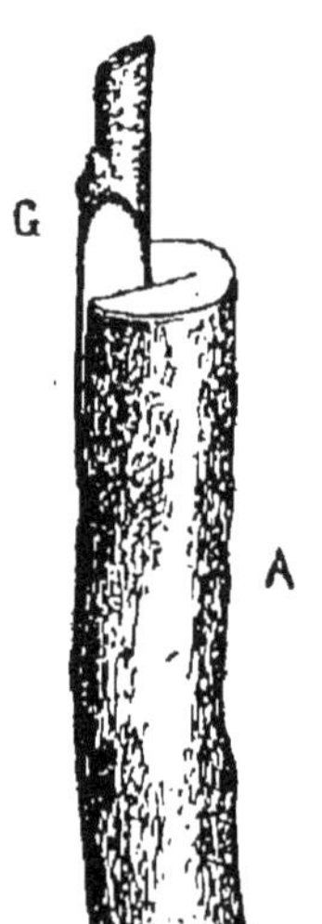

Fig. 99. — Greffe en fente ; A, sujet ; G, greffon.

Pour que l'opération du greffage réussisse, il faut tenir compte de plusieurs circonstances :

1° On ne doit rapprocher que des espèces qui ont entre elles de l'affinité, et par conséquent celles qui appartiennent tout au moins à une même famille botanique.

2° Il faut avoir soin de mettre en rapport les tissus de même nature et surtout le cambium ou zone génératrice du sujet et du greffon.

3° L'opération doit se pratiquer au moment où la sève est en activité, mais alors que la circulation est ralentie, comme cela a lieu au commencement du printemps et surtout à la fin de l'été.

On distingue trois modes principaux de greffage : par approche, par rameau détaché, par bourgeon détaché.

A. *Greffage par approche.* — Dans ce procédé (fig. 98) on rapproche du sujet un rameau entier, feuillu et encore adhérent à la plante mère ; sur le sujet et sur le greffon on pratique une entaille longitudinale qui va jusqu'au cambium ; puis, les deux individus mis au contact par leurs parties avivées sont maintenus par une ligature. Lorsque le greffon paraît suffisamment soudé au sujet on le sépare de la plante mère.

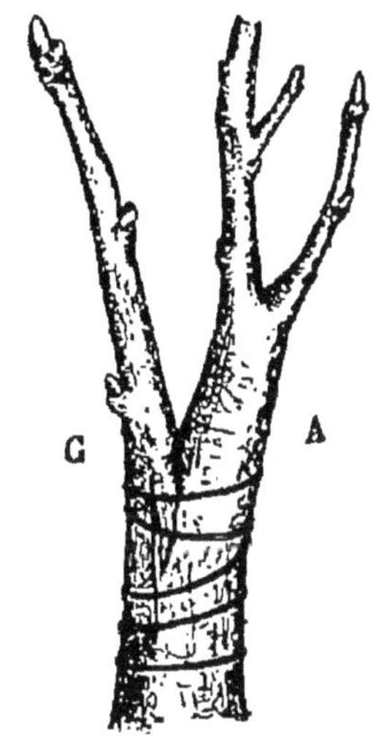

Fig. 100. — Greffe anglaise ; A, sujet ; G, greffon.

B. *Greffage par rameau détaché.* — On en distingue un assez grand nombre de variétés, dont nous indiquerons les principales. Dans tous les cas, le greffon est une portion de rameau pourvu d'un ou de quelques bourgeons seulement. Tantôt, après l'avoir convenablement taillé on l'introduit au-dessous

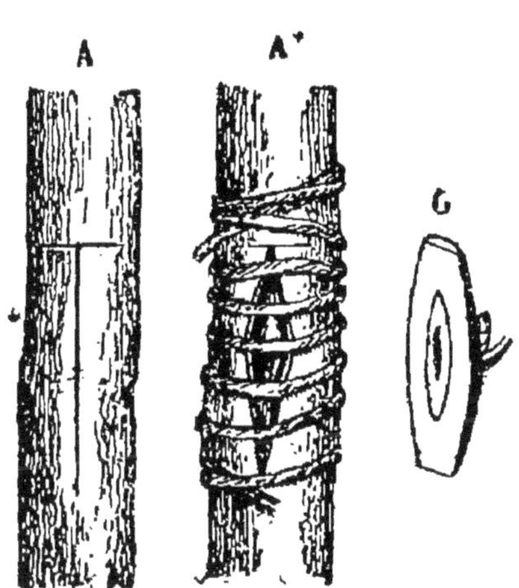

Fig. 101.

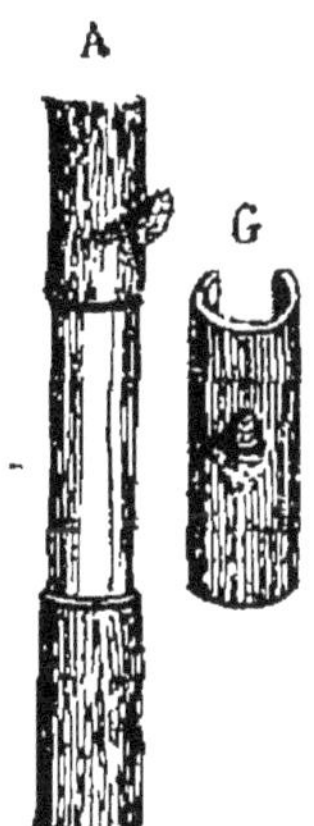

Fig. 102.

Fig. 101. — Greffe en écusson ; A, sujet avec l'incision en T : A', le même après l'opération terminée ; G, le greffon.

Fig. 102. — Greffe en flûte ; A, sujet ; G, greffon.

de l'écorce du sujet, ouverte par une simple incision en T (*greffe sous écorce*) ; ou bien, après lui avoir enlevé un lambeau d'écorce avec une portion du bois sous-jacent, on le met en contact avec l'aubier du sujet sur lequel on a opéré de même (*greffe en placage*) : d'autres fois (fig. 99), on le taille en biseau sur deux faces opposées et on l'insinue dans une fente pratiquée sur le sommet du sujet préalablement étêté (*greffe en fente*); on peut encore tailler le sujet et le greffon en sifflet (fig. 100) et les réunir l'un à l'autre par une ligature (*greffe anglaise*).

C. *Greffage par bourgeon détaché.* — C'est de tous le plus employé ; il comprend deux modes principaux, à savoir : la *greffe en écusson* et la *greffe en flûte.*

Dans le premier cas (fig. 101), un bourgeon est détaché avec un court lambeau d'écorce en forme d'écusson et une faible épaisseur de bois sous le bourgeon ; une incision en croix étant pratiquée sur l'écorce du sujet, l'écusson y est introduit et le tout est serré au moyen d'une ligature.

Dans le second cas (fig. 102), on enlève sur le greffon un anneau d'écorce portant un bourgeon ; le sujet étant, d'un autre côté, débarrassé d'un fragment annulaire d'écorce de même étendue, on lui substitue celui du greffon, puis on ligature.

Avantages de la multiplication des plantes par les organes végétatifs. — Les différents modes de multiplication des végétaux, que nous venons de passer en revue, permettent à l'horticulteur d'obtenir des résultats plus rapides, en même temps que d'assurer dans toute sa pureté la conservation des espèces ou des variétés que l'on a intérêt à cultiver.

C'est qu'en réalité, dans les diverses opérations qui viennent d'être indiquées, on ne produit qu'une *dissociation* d'individus qui jusque-là vivaient groupés et intimement unis entre eux, et qui, désormais isolés, peuvent vivre chacun de leur côté. On se trouve donc là bien plutôt en présence d'une vie continuée d'individus déjà existants que d'une reproduction proprement dite.

En outre, par le greffage on fait produire des fruits savoureux à une plante qui, laissée à elle-même, n'aurait donné que des fruits sans saveur ou même désagréables au goût ; et de plus, ces fruits succulents sont récoltés bien plus tôt que si on avait cherché à les obtenir au moyen de graines.

RÉSUMÉ

Respiration. — Elle consiste dans l'absorption d'oxygène et le rejet d'acide carbonique.

Cette fonction ne doit pas être confondue avec la *fonction chlorophyllienne*; elle est semblable à la respiration des animaux ; elle s'opère constamment chez toutes les plantes et par l'intermédiaire des parties les plus diverses.

Le siège intime du phénomène est le protoplasma des cellules.

Les conséquences de la respiration sont une *perte de substance* pour la plante, une production de chaleur, quelquefois considérable, parfois une production de lumière.

Fonction chlorophyllienne. — Cette fonction, moins générale que la précédente, ne s'accomplit que sous l'action d'une lumière vive. Elle consiste dans l'absorption de l'acide carbonique de l'air, à la suite de quoi la plante retient le carbone, pour former de l'amidon notamment, et dégage l'oxygène.

La conséquence de cette fonction est donc une *augmentation de substance*. La quantité de carbone ainsi prise par les plantes est considérable.

Digestion. — Elle s'exerce sur les substances puisées au dehors par la plante ou sur celles qui, accumulées déjà dans la plante, y forment des réserves nutritives.

La digestion se fait le plus souvent dans l'intérieur des cellules, mais parfois au niveau des racines ou même des feuilles (plantes carnivores).

Il existe quatre sortes de ferments digestifs : la *diastase*, pour l'amidon ; le *ferment inversif*, pour le sucre de canne ; le *ferment émulsif*, pour les substances grasses ; la *pepsine*, pour les matières azotées.

Assimilation. — Cette fonction a pour but de rendre semblables aux tissus de la plante les substances qui ont été absorbées par elle.

Elle siège dans les cellules à chlorophylle et s'accomplit sous l'influence de la lumière vive.

Elle peut s'exercer aussi sur des substances déjà élaborées et emmagasinées dans la plante, et alors indépendamment de l'action du soleil.

Réserves alimentaires. — Le temps pendant lequel les substances nutritives restent accumulées dans la plante avant d'être employées et les organes qui les renferment sont très variables : racine, tige, bourgeons, etc.

Ces réserves peuvent être des matières féculentes, sucrées, grasses, albuminoïdes, etc., d'importance et de rôle très différents dans l'économie de la plante.

Multiplication des plantes par les organes végétatifs. — Une plante qui reçoit plus de nourriture qu'il ne lui est nécessaire, peut alors donner naissance à de nouveaux individus par la dissociation de certaines de ses parties.

Les principaux modes de multiplication fondés sur cette observation sont la *multiplication par marcottes*, par *boutures*, par *caïeux* et *bulbilles*, par *greffes*.

Cette dernière offre plusieurs variétés importantes.

Ces modes de multiplication des plantes ont pour avantage de donner des résultats plus prompts que les semis et de conserver aux nouveaux individus les qualités que possédait la souche mère.

CHAPITRE VIII

II. Organes de Reproduction

LA FLEUR

Considérations générales sur la reproduction des végétaux. Organisation générale de la fleur. — Métamorphoses des organes floraux. — Symétrie florale. — Inflorescences solitaires, indéfinies, définies, mixtes. — Enveloppes florales : Calice et Corolle, description et structure; développement du périanthe. — Organes essentiels de la fleur : 1° Androcée ; description, structure et développement de l'Étamine et du Pollen ; 2° Pistil ou Gynécée : Ovule, structure et développement ; Style et Stigmate.

Considérations générales sur la reproduction des végétaux. — A la fin du chapitre précédent nous avons étudié plusieurs modes de multiplication des végétaux, qui tous sont simplement le résultat d'une *dissociation.* Nous avons vu que ce n'était là qu'une conséquence de la nutrition, laquelle se continue dans chaque individu, après qu'il a été naturellement ou artificiellement isolé, pourvu qu'il soit alors placé dans des conditions convenables.

La seconde partie de ce livre va être toute consacrée à l'étude de la *reproduction des végétaux*, opérée à l'aide de procédés le plus souvent bien différents des précédents. Dans une plante donnée une petite partie de l'organisme se différencie, prend des caractères tout particuliers et constitue un appareil spécial, dont la fonction ne se rattache pas à la nutrition de cette plante. L'analogie que présente cette partie avec l'organe qui chez l'animal sert à la multiplication de l'espèce, lui a valu le nom d'*ovule*. Cet ovule doit, pour opérer son évolution, subir l'influence d'un second élément, lequel est fourni par la même plante ou une plante voisine de même espèce, qui le féconde. Cela fait, il mérite bien le nom d'*œuf végétal*, car, en lui se trouve déposée la force nécessaire qui lui permettra de se développer en une plante nouvelle. L'organisation de celle-ci sera assurément celle des individus dont elle procède, mais aussi elle présentera souvent quelques caractères nouveaux, certaines variations plus ou moins accentuées.

Cette reproduction par œuf ou *sexuée*, qui s'observe chez tous les représentants élevés du règne végétal, n'est pas aussi constante chez ceux qui en occupent les degrés inférieurs. Ainsi, tandis qu'on l'observe encore chez les plus parfaits des Cryptogames (Lycopodiacées, Fougères), etc., elle disparaît dans ceux qui ont une structure plus simple, tels que la plupart des Champignons, beaucoup d'Algues.

Chez ces organismes, en effet, de petits corps ordinairement microscopiques, les *spores*, sans rôle également dans la nutrition du végétal, se détachent à un moment donné, et sans subir aucune fécondation suffisent à eux seuls à reproduire autant de plantes nouvelles. C'est, comme on le voit, un mode de multiplication végétale intermédiaire entre la simple dissociation déjà étudiée et la reproduction proprement dite.

Nous avons donc en somme deux modes principaux de reproduction à envisager, à savoir, par *œuf* et par *spore*.

Les végétaux les plus parfaits au point de vue de leur organisation, c'est-à-dire les Phanérogames, se reproduisent seulement par œuf; c'est par eux que nous commencerons cette étude. Nous considérerons ensuite la même fonction chez les plantes inférieures, les Cryptogames, dont les uns se reproduisent également par œufs et les autres par spores.

Organisation générale de la fleur. — La *fleur* est l'ensemble des organes essentiels à la reproduction des plantes phanérogames.

Une fleur complète, une Rose ou un Œillet, par exemple, offre en allant de sa partie extérieure à son centre, des organes d'aspect et de structure différents, disposés en zones ou verticilles concentriques : ce sont le *calice*, la *corolle*, l'*androcée*, le *pistil* ou *gynécée* (fig. 103). Toutes ces parties sont portées par le sommet du pédoncule floral. Pour donner attache à ces divers organes, celui-ci s'élargit, s'élève en cône, s'étale en une surface plane, ou se creuse en cuvette. En raison de sa fonction cette partie du pédoncule a reçu le nom de *réceptacle*.

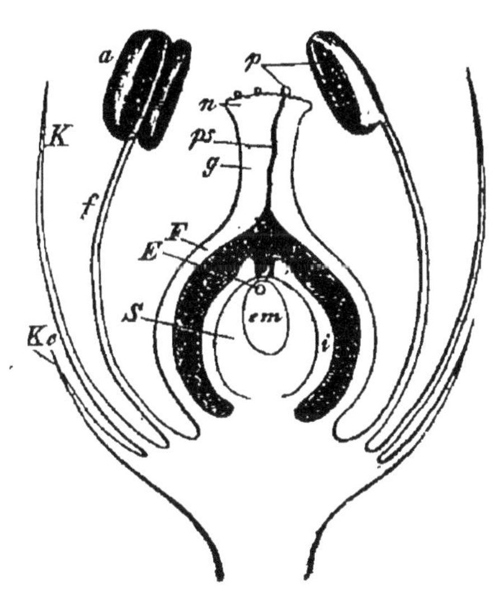

Fig. 103. — Dessin théorique d'une fleur complète, coupée suivant sa longueur, pour montrer la situation relative des parties ; *Ke*, calice ; *K*, corolle ; *a f*, étamine ; *F*, ovaire ; *S*, ovule ; *E*, embryon.

Le premier verticille est formé par les *sépales*, le second par les *pétales*, le troisième par les *étamines*, le quatrième par les *carpelles*.

Chacune de ces parties a un rôle à jouer, mais d'importance variable, dans la reproduction de la plante. Le calice et la corolle ne sont, en effet, que des parties accessoires, les enveloppes protectrices des organes internes plus délicats : aussi les réunit-on souvent sous le nom commun de *périanthe* (1). Leurs couleurs brillantes et leur parfum attirent les Insectes, qui, comme on le verra bientôt, jouent souvent dans la fécondation des plantes un rôle considé-

(1) Περί, autour ; ἄνθος, fleur.

rable. Tandis que le calice ou la corolle ou même l'un et l'autre peuvent manquer, les deux autres, l'androcée et le gynécée, ont une existence constante, car eux seuls sont essentiels à la reproduction de la plante.

L'androcée et le gynécée ne sont cependant pas toujours réunis sur la même fleur : celle qui ne porte que l'un ou l'autre de ces organes est dite *unisexuée*, et appelée fleur mâle ou fleur femelle, selon qu'elle offre les étamines ou le pistil ; quand les deux organes se trouvent réunis sur une même fleur, on lui donne le nom d'*hermaphrodite* (fig. 103).

La fleur peut être plus compliquée qu'il n'a été dit plus haut, par suite de la présence d'organes accessoires, notamment de *bractées* ou feuilles modifiées, qui lui forment une enveloppe extérieure, désignée, suivant les cas, sous les noms d'*involucre*, de *spathe*, etc.

Métamorphoses des organes floraux. — Si différentes d'aspect que soient la fleur et la feuille, il existe entre elles des relations organiques non douteuses. Bien plus, nombre de plantes peu-

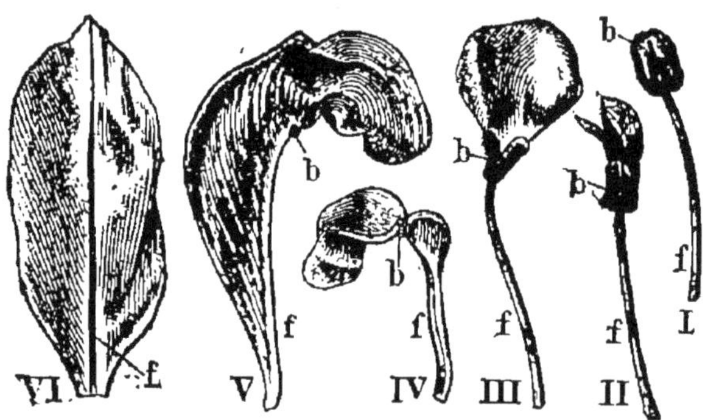

Fig. 104. — Transformation d'étamines en pétales (Seringat). On voit toutes les transitions entre ces deux sortes d'organes en examinant les dessins de I à IV ; *f*, filet de l'étamine ; *b*, anthère.

vent servir à mettre en relief ce fait, à savoir, que les différentes parties de la fleur, à l'exception toutefois de l'ovule, dérivent de la feuille. La fleur, en effet, doit être regardée comme une *tige* très raccourcie, sur laquelle sont insérés des *appendices* divers, qui ne sont autres que les organes floraux, l'ovule seul faisant partie de l'axe du végétal, dont il est la prolongation.

On peut constater, en effet, sur nombre d'espèces, la transformation des étamines en pétales, des pétales en sépales et des sépales en feuilles. Il n'est pas jusqu'aux carpelles eux-mêmes qui ne se prêtent de la façon la plus manifeste à cette assimilation avec les organes foliaires.

Ce retour d'organes d'un ordre supérieur vers un degré inférieur, comme la Rose et la fleur du Seringat (fig. 104) en fournissent de bons exemples, a reçu le nom de *métamorphose descendante*. On

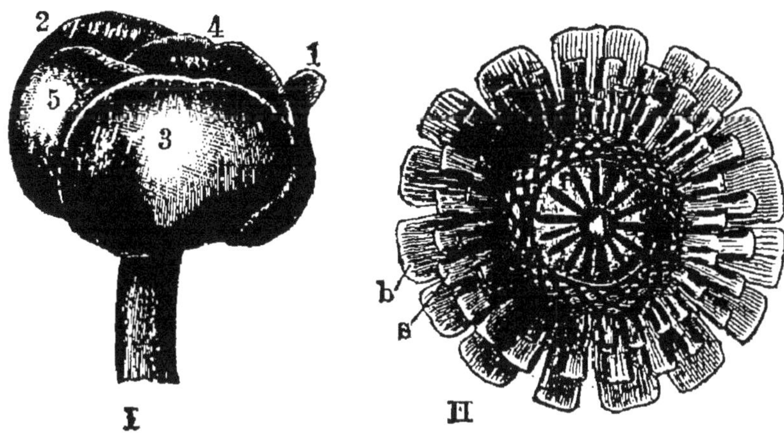

Fig. 105. — Fleur de Nénuphar jaune ; I, vue de profil ; 1, 2, 3, 4, 5, les sépales ; II, vue de face ; *b*, les pétales ; *s*, organes moitié pétales et moitié étamines, en dedans desquels se voient plusieurs cercles d'étamines ; enfin, au centre le pistil.

appelle au contraire *métamorphose ascendante* le passage d'un état inférieur à un état plus élevé, la feuille se transformant en sépale, celui-ci en pétale, et ce dernier en étamine ou carpelle ; la fleur de Nénuphar peut servir à cette démonstration (fig. 105).

La culture, en produisant des fleurs doubles, ne fait précisément qu'aider à ces transformations : c'est ainsi que les étamines si nombreuses de la rose des haies sont devenues les riches pétales des roses de nos jardins.

Symétrie florale. Diagramme. — Les différentes pièces qui entrent dans la constitution d'une fleur sont disposées d'une façon régulière, symétrique ; et, en général, celles d'un verticille alternent avec celles des verticilles précédent et suivant, de telle sorte que chaque pétale répond à l'intervalle de deux sépales, chaque étamine à l'intervalle de deux pétales, et par conséquent se trouve en face d'un sépale. Il en est de même des carpelles par rapport aux étamines.

Cette *loi d'alternance* toutefois n'est pas absolue ; il arrive même fréquemment que les pièces de deux verticilles adjacents sont opposés, au lieu d'être alternes. Assez souvent cette modification de la symétrie florale est plutôt apparente que réelle, car elle est alors déterminée par la soudure ou l'avortement de certaines pièces, ou même la disparition d'un verticille tout entier.

On appelle *diagramme floral* la représentation, sur le papier, de la disposition relative des diverses parties constituantes d'une fleur (fig. 106, 107 et 108).

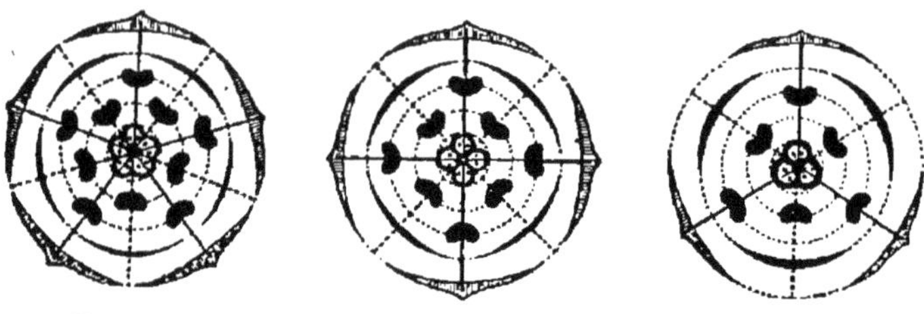

Fig. 106. Fig. 107. Fig. 108.

Fig. 106. — Diagramme d'une fleur dicotylédone construite sur le type cinq.
Fig. 107. — Diagramme d'une fleur dicotylédone construite sur le type quatre.
Fig. 108. — Diagramme d'une fleur monocotylédone construite sur le type trois.

Pour l'établir on suppose qu'on a coupé la fleur en travers et que l'instrument a, du même coup, passé par le milieu des différents organes qui la composent, bien qu'en réalité, ceux-ci se trouvent à des niveaux différents.

Inflorescences. — On appelle *inflorescence* la disposition des fleurs sur la tige et les rameaux. Elle est soumise à certaines règles, qui vont être brièvement exposées.

D'abord, on peut distinguer deux cas :

1° les fleurs sont *solitaires*.

2° les fleurs sont *groupées*.

La première disposition, la plus simple de toutes, est rare : les fleurs se montrent isolément, soit à l'extrémité de la tige, comme dans les Anénomes, soit à l'aisselle des feuilles, comme dans le Mouron rouge.

La seconde disposition offre à considérer deux cas :

a. les fleurs sont *axillaires*.

b. les fleurs sont *terminales*.

Dans le premier, elles partent de l'aisselle d'une bractée, de sorte que le rameau qui les porte n'étant pas arrêté dans sa croissance, peut en produire un nombre illimité, d'où le nom d'*indéfinies* donné à ces inflorescences.

Les fleurs axillaires offrent les mêmes variétés de position que nous ont présentées les feuilles, c'est-à-dire, qu'elles peuvent être *alternes*, *opposées*, *verticillées* ; de même elles peuvent être *sessiles* ou *pédonculées*.

Dans le second cas, une fleur terminant un rameau, celui-ci est, du même coup, arrêté dans sa croissance, et l'inflorescence est dite *définie* ou *terminale*.

Nous examinerons successivement les principales variétés d'inflorescences indéfinies et d'inflorescences définies.

Principales inflorescences indéfinies. — L'inflorescence indéfinie a pour type la *grappe ;* de celle-ci il

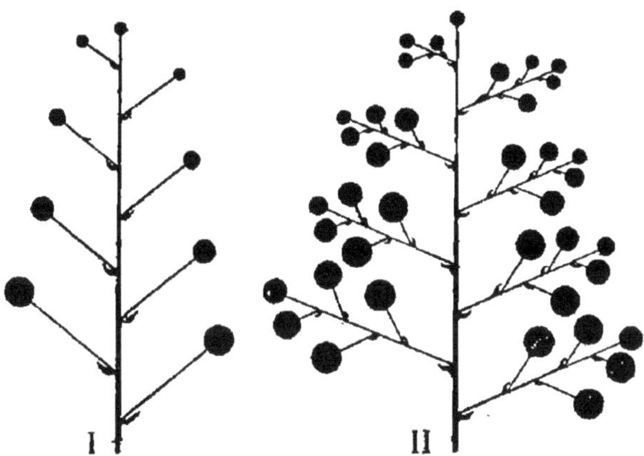

Fig. 109. — Inflorescences en grappe ; I, grappe simple ; II, grappe composée.

est facile, à l'aide de légers changements, de faire dériver toutes les autres variétés d'inflorescences qui rentrent dans cette catégorie.

On peut les répartir toutes en deux groupes :

Premier cas : les fleurs sont pédonculées et portées par des axes secondaires.

Second cas : les fleurs sont sessiles et portées directement par l'axe principal.

1° *Fleurs pédonculées*.

A. *Grappe*. C'est une inflorescence (fig. 109) dont l'axe principal, allongé, porte des axes secondaires terminés chacun par une fleur (Cassis, Groseiller à petits fruits). La grappe est parfois *composée*, par suite de la ramification des axes secondaires (Vigne). Cette inflorescence porte alors le nom de *panicule*, expression mauvaise, car elle a été encore employée pour d'autres inflorescences. Il peut se faire que, les ramifications situées vers le milieu de la grappe composée étant les plus longues, celle-ci ait une forme ovoïde allongée ; c'est ce qu'on appelle un *thyrse* (Lilas).

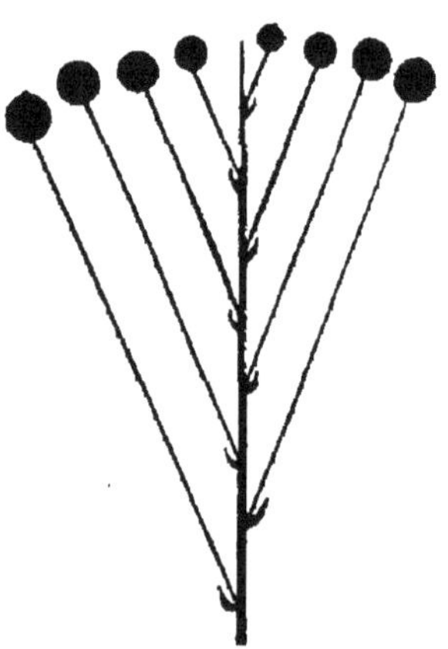

Fig. 110. — Inflorescence en corymbe.

B. Corymbe. C'est une grappe, mais dont l'axe principal porte des axes secondaires d'autant plus longs qu'ils sont plus inférieurs, de telle sorte que les fleurs qui les terminent arrivent toutes à la même auteur (fig. 110). Le corymbe peut être *simple* (Poirier), ou *composé*, par suite de la ramification des axes secondaires (Sorbier).

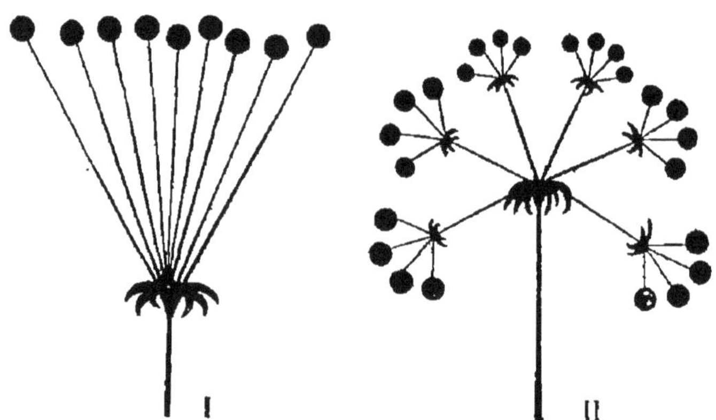

Fig. 111. — Inflorescences en ombelle ; I, ombelle simple ; II, ombelle composée.

C. Ombelle. Du sommet de l'axe primaire partent tous les axes secondaires floraux, qui, de là, vont en divergeant (fig. 111). L'ombelle peut être *simple* (I) (Primevère, Butome ombellé), ou *composée* (II), chaque axe secondaire portant à son sommet un certain nombre d'axes tertiaires, dont chacun est terminé par une fleur pour former une *ombellule*. Cette inflorescence caractérise la famille des Ombellifères (Carotte, Ciguë).

A la base de l'ombelle se voit une couronne de bractées, qu'on appelle *involucre*, et à la base de chaque ombellule se retrouve un organe semblable appelé *involucelle*.

2° *Fleurs sessiles.*

D. Épi. Fleurs disposées tout autour de l'axe, de façon à former une inflorescence allongée, cylindrique (Plantain). L'épi peut être *composé* (Blé).

Fig. 112. — Épi composé (Blé).

E. Chaton. Épi de fleurs unisexuées, soit mâles, soit femelles ; l'axe qui les porte est articulé à sa base et se détache de lui-même à un moment donné (Noyer, Coudrier, Saule), ce qui lui vaut le nom de *caduc*.

F. Spadice. Épi dont l'axe est charnu et garni de fleurs unisexées, le tout recouvert d'une *spathe* ou enveloppe membraneuse. Il est spécial aux Monocotylédones (*Arum* ou Pied-de-veau).

G. Cône. Sorte de chaton non caduc, formé de fleurs femelles développées à l'aisselle de bractées de grande dimension et souvent ligneuses (Pin, Sapin, etc.), d'où le nom de *Conifères* donné aux arbres verts, dont cette disposition caractérise les inflorescences.

Fig. 113. — Capitule.

H. Capitule. L'axe floral étant très raccourci et disposé

en un large *réceptacle* convexe (fig. 113), porte des fleurs nombreuses, serrées les unes contre les autres, de façon à former une tête arrondie (Chardon, Grand-Soleil). L'ensemble est entouré de bractées nombreuses, stériles, c'est-à-dire à l'aisselle desquelles il n'y a pas de fleurs, et constituant un *involucre*. Quant aux bractées fertiles, c'est-à-dire celles qui accompagnent chacune des fleurs du capitule, elles sont réduites à l'état de soies délicates.

I. Sycone. Fleurs unisexuées disposées à la surface d'un réceptacle plan ou concave et plus ou moins clos, qui se charge de sucs et peut devenir comestible (Figue).

Inflorescence définie. — Il n'y en a qu'une seule à proprement parler, la *cyme*. Voici en quoi elle consiste : un rameau floral se termine par une fleur, et dès lors il ne peut plus s'allonger ; mais un peu au-dessous de cette fleur se trouvent deux feuilles ou bractées opposées, de l'aisselle de chacune desquelles naît un axe secondaire, également terminé par une fleur ; de chacun de ces axes secondaires, au niveau de deux autres feuilles, naissent de mêmes des axes tertiaires ; ainsi de suite. Il en résulte une inflorescence très régulière, et dont les fleurs apparaissent deux par deux (fig. 114). C'est ce qu'on appelle une cyme *dichotome* ou *bipare* (Petite Centaurée, Stellaire). Si au lieu de deux feuilles opposées, les feuilles ou bractées axillantes, c'est-à-dire à l'aisselle desquelles naissent des fleurs, forment un verticille de trois, la cyme est *trichotome* ou

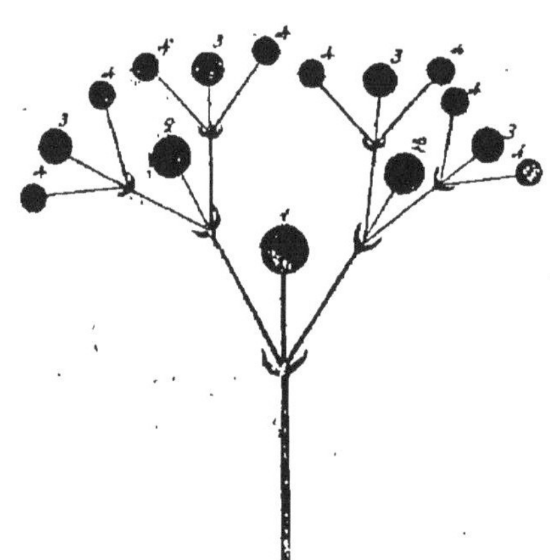

Fig. 114. — Cyme dichotome ou bipare ; la succession des fleurs est indiquée par la série naturelle des chiffres, et celles qui appartiennent à une même génération portent des chiffres semblables.

tripare, et les générations de fleurs se montrent alors toujours par trois.

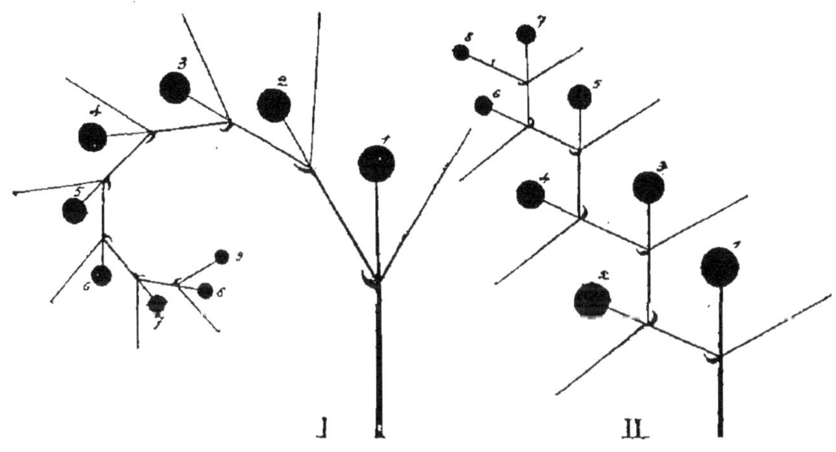

Fig. 115. — Cymes sympodiques; les générations successives des fleurs sont indiquées par des chiffres les pédoncules dépourvus de fleurs représentent celles qui sont censées avoir avorté; I, cyme ou sympode scorpioïde; II, cyme ou sympode hélicoïde.

Mais il peut se faire que des deux ou trois axes floraux d'une même génération un seul se développe, les autres avortant : la cyme est dite alors *unipare* ou *sympodique*.

A cette disposition appartient la cyme *scorpioïde* (fig. 115, I), appelée ainsi parce qu'elle est contournée en crosse ou queue de scorpion ; les fleurs se trouvent toutes du côté convexe du support commun (Héliotrope, Myosotis). Dans cette inflorescence, il semblerait, à première vue, que c'est l'axe primaire qui se continue dans toute la longueur de celle-ci, en se contournant sur lui-même, mais il n'en est rien : l'inflorescence résulte, en réalité, de la formation d'axes successifs, dont chacun usurpant à son tour la direction de l'axe précédent, se termine par une fleur.

Telle est encore la cyme *hélicoïde*, dont les fleurs et les bractées sont disposées sur l'axe suivant une spirale, parce que c'est alternativement le rameau de droite et celui de gauche qui avortent.

Inflorescences mixtes. — Ajoutons enfin, pour terminer, que les inflorescences indéfinies et définies peuvent se combiner entre elles pour former des inflorescences *mixtes*, des grappes de cymes, par exemple, comme dans beaucoup de Silénées, le Marronnier, etc.

ENVELOPPES FLORALES OU PÉRIANTHE

Calice ou Corolle

Caractères du Calice. — Le *calice* se compose d'un nombre variable de sépales, lesquels peuvent rester libres,

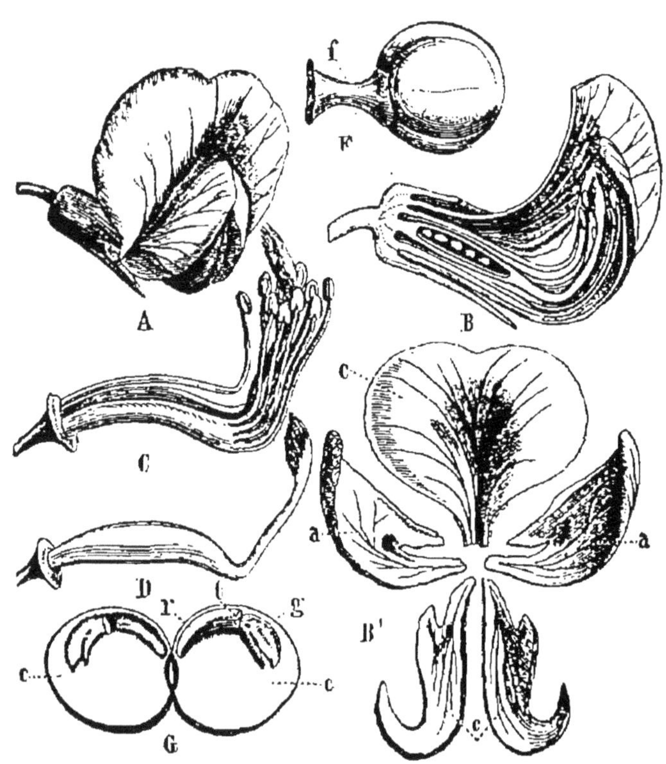

Fig. 116. — Organes floraux d'une légumineuse (Pois); *A*, ensemble de la fleur *B*, la même coupée en long ; *B'*, les parties de la corolle séparées ; *C*, ensemble du pistil et des étamines toutes soudées entre elles, sauf une ; *D*, le pistil isolé ; *F*, une graine avec le funicule (*f*) ; *G*, graine coupée en deux ; *c*, *c*, les cotylédons ; r, la radicule ; *t*, la tigelle ; *g*, la gemmule.

distincts les uns des autres, calice *dialysépale* (1), ou bien être soudés entre eux, calice *gamosépale* (2) (fig. 116, A). Dans ce dernier cas, la soudure peut être totale ou plus ou moins étendue. La partie inférieure rétrécie forme le *tube* du calice, la partie supérieure étalée, le *limbe ;* la limite de séparation des deux régions est la *gorge*.

Le calice est *régulier*, quand il est formé de sépales égaux symétriquement disposés ; *irrégulier*, dans le cas contraire.

Caractères de la Corolle. — Comme le calice, la *corolle* se compose d'un nombre variable de pièces et peut être *dialypétale* ou *polypétale*, c'est-à-dire, à pétales distincts, ou bien *gamopétale* ou *monopétale*, c'est-à-dire à pétales soudés. Dans l'un et l'autre cas, elle peut être *régulière* ou *irrégulière*.

Corolle dialypétale. — Dans les corolles dialypétales, chaque pétale offre à considérer une partie inférieure, étroite, l'*onglet*, et une partie supérieure, dilatée, la *lame*.

Les formes principales de corolle dialypétale régulière sont désignées sous les noms de *cruciforme* (Chou, Navet), *rosacée* (Rosier, Pommier), *caryophyllée* (Œillet).

Celle des polypétales irrégulières, sous celui de *papilionacée* (Légumineuses).

Corolle gamopétale. — Les corolles gamopétales se composent de trois parties, le *tube*, la *gorge* et le *limbe*, comme on l'a vu pour le calice gamopétal.

Les principales formes de corolles gamopétales régulières sont appelées *campanulée* (Campanule), *infundibuliforme* (Tabac), *hypocratériforme* (Lilas, Jasmin), *rotacée* (Pomme de terre), *urcéolée* (Bruyère),

Parmi les corolles gamopétales irrégulières, les plus im-

(1) Dialysépale, de διαλύω, je sépare ; on dit aussi polysépale, de πολύς, nombreux.

(2) Gamosépale, de γάμος, union ; on dit aussi, mais à tort, monosépale, de μονός, seul.

portantes sont la *bilabiée* (Labiées, Verveine) et la *personnée* (Gueule-de-Lion).

Calice.

Structure du Calice et de la Corolle. — Les *sépales*, dont la réunion compose le calice, offrent une très grande analogie de structure avec la feuille, de laquelle, d'ailleurs, on démontre qu'ils dérivent. On y trouve donc, entre deux couches épidermiques pourvues de stomates, un parenchyme, le plus souvent coloré en vert, au milieu duquel se trouvent de rares faisceaux fibro-vasculaires, dont le principal occupe la ligne médiane de chaque pétale et d'où partent des ramifications formées seulement de quelques trachées.

Corolle.

Les *pétales*, dont l'ensemble constitue la corolle, sont de même composés d'un parenchyme compris entre deux épidermes pourvus de stomates peu nombreux. L'épiderme intérieur a souvent un aspect velouté, dans la Pensée, par exemple, ce qui tient à ce que ses cellules forment des saillies en manière de petits cônes ou papilles. Les pétales sont parcourus par de fines nervures, ramifiées comme celles des feuilles, mais à peu près réduites à quelques trachées.

Coloration et parfum des pétales.

Le parenchyme est formé de cellules molles, remplies de liquide, contenant souvent des gaz, et colorées de nuances très variées dues à des causes diverses, suivant les cas. Ainsi, les fleurs qui sont d'un blanc de lait, comme celles du Lis, le doivent à une grande quantité de gaz renfermés dans les cellules ; aussi, dès que l'on vient à les en chasser par la pression ou au moyen de la machine pneumatique, on voit la fleur perdre son éclatante blancheur. D'autres fois, la couleur est due à des liquides colorés : telle est la teinte bleue de la Campanule, dont les principes colorants sont logés dans les deux épidermes ; de même, aussi, les couleurs roses ou rouge clair, violettes (*série cyanique*), sont également dues le plus souvent à des liquides. Enfin, le jaune, le rouge foncé, le brun (*série xanthique*), sont plutôt le fait de granulations colorées, en suspension dans un liquide ou dans le protoplasma cellulaire.

D'ailleurs, il peut se faire que la couleur des pétales dépende à la fois de plusieurs causes, telles que le mélange ou la superposition de cellules renfermant des liquides et des granulations solides de couleurs différentes ; c'est le cas de la Petite Capucine, si vivement colorée en rouge, dans laquelle on voit plusieurs couches de cellules superposées, les unes à suc cellulaire rouge, d'autres avec des granulations jaunes.

Les pétales sont également le siège le plus ordinaire des *parfums* qu'exhalent les fleurs d'un si grand nombre de plantes. Ils sont dus le plus souvent à des essences, lesquelles sont logées soit dans les cellules même du parenchyme, soit dans des organes spéciaux, petits réservoirs que l'on peut parfois voir par transparence, comme cela est facile dans les pétales du Citronnier et de l'Oranger.

Développement du périanthe. — Les pièces qui constituent le calice et la corolle se développent à la manière des feuilles, avec lesquelles, on l'a vu, leur structure offre la plus grande analogie. Elles apparaissent sous forme de mamelons, et ce sont celles du calice qui se montrent les premières. La croissance y est d'abord terminale, puis devient intercalaire (Voy. p. 125). Et alors, de deux choses l'une, ou bien il existe autant de centres distincts de croissance qu'il y a de mamelons, et les pièces florales restent séparées (dialysépales, dialypétales) : ou bien au contraire, la croissance se fait uniformément par la base, les pièces de chaque verticille restent soudées, et leur nombre primitif est seulement indiqué par les dentelures du bord plus ou moins prononcées (gamosépales, gamopétales).

Avant l'épanouissement de la fleur, les pièces du périanthe sont recourbées autour et au-dessus des organes centraux plus importants, et c'est ce qui constitue le *bouton*.

On appelle *préfloraison* la disposition, constante pour chaque espèce, présentée par les enveloppes florales dans le bouton. Si les pièces constituantes de ces enveloppes sont simplement accolées par leurs bords, la préfloraison est *valvaire ;* elle est dite *imbriquée,* si ces parties se recouvrent les unes les autres ; *plissée*, *chiffonnée,* suivant que ces parties sont repliées avec ou sans régularité.

Les sépales et les pétales persistent d'ordinaire après l'épanouissement de la fleur ; mais dans certaines espèces ils tombent à ce moment et sont dits *caducs ;* c'est le cas des sépales du Pavot, de la corolle de la Vigne.

PARTIES ESSENTIELLES DE LA FLEUR

I° Androcée

Caractères des Étamines. — Une *étamine* complète se compose de trois parties : le *filet*, sorte de petit support ou pédicule (fig. 103, *f*) ; l'*anthère* (*a*), partie principale de l'étamine, sorte de capsule ordinairement à deux loges, qui renferme le pollen ou poussière fécondante de la fleur ; enfin, le *connectif*, qui fait suite au filet et qui est interposé entre les loges de l'anthère. Le filet peut manquer, et l'étamine est dite *sessile*.

Les étamines offrent un grand nombre de particularités dont on tient compte dans la description et la classification des espèces végétales. Elles vont être brièvement indiquées.

Fig. 117. — Fleur monandre (Balisier).

A. Nombre absolu. — Très variable, puisqu'il va de 1 à plusieurs centaines ; on appelle fleur *monandre* celle qui n'a qu'une étamine (Valériane rouge, Balisier, fig. 117); puis, jusqu'à 10 étamines, on a successivement les fleurs *diandre* (Véronique), *triandre* (Blé, Iris), *tétrandre* (Caille-lait), *pentandre* (Belladone), *hexandre* (Lis), *heptandre* (Marronnier d'Inde), *octandre* (Bruyère), *ennéandre* (Laurier), *décandre* (Œillet). Au delà de dix, on appelle *dodécandres* celles qui ont de 12 à 20 étamines ; passé ce nombre, les fleurs sont dites *polyandres* (Pavot, Chélidoine, fig. 118, I, IV).

B. Nombre relatif à celui des pièces de la corolle.— Si les étamines sont en même nombre que les pétales, la fleur est *isostémone* ; dans le cas contraire, *anisostémone* ; on la dit *méiostémone* ou *polystémone*, selon que les étamines sont moins nombreuses ou plus nombreuses que les pétales, et *diplostémone*, quand elles sont en nombre double de ceux-ci.

C. Variétés de longueur. — Souvent toutes de même longueur, les étamines sont parfois les unes plus longues, les autres plus courtes. Ainsi dans l'Oseille, cinq étamines sont très petites et cinq beaucoup plus longues; on appelle *didynames* les étamines qui, au nombre de quatre dans une même fleur, ont deux d'entre elles plus grandes (Labiées), *tétradynames*, celles qui étant au nombre de six, quatre d'entre elles sont plus grandes (Crucifères).

D. Variétés de situation et d'insertion. — Ordinairement *alternes* avec les pièces de la corolle, les étamines leur sont assez souvent *opposées*. (Voy. p. 185.) Ordinairement insérées sur le réceptacle floral, entre la corolle et le gynécée, elles sont parfois portées par les pièces de la première, comme c'est la règle dans les cas de corolle gamopétale; d'autres fois, par les carpelles (Orchidées, Aristoloches), et l'on donne le nom de *colonne* ou *gynostème* à l'organe qui résulte de la soudure de ces deux parties.

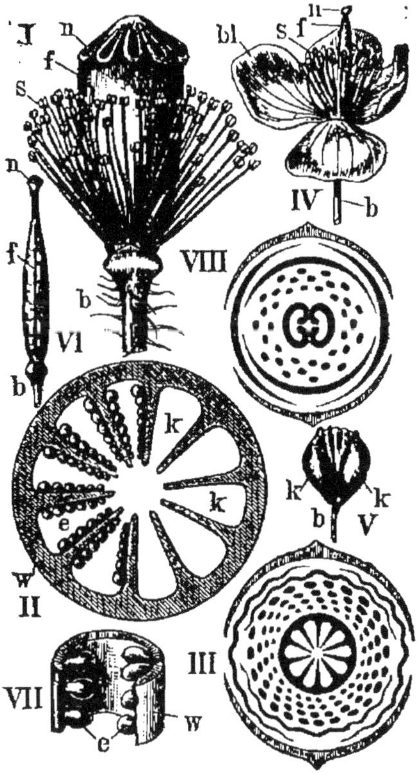

Fig. 118. — I à III, organes floraux du Pavot (*Papaver rhœas*); I, androcée et pistil (gross. 2); II, coupe transversale de l'ovaire (gross. 4); III, diagramme de la fleur; IV à VIII, organes floraux de la Grande Éclaire (*Chelidonium majus*); IV, ensemble de la fleur; V, fleur en bouton; VI, fruit ou silique (grand. nat.); VII, segment de la silique très grossi et montrant les ovules; VIII, diagramme de la fleur. — Les mêmes lettres désignent les mêmes objets dans les différentes figures; *b*, pédoncule floral; *k* (de la fig. V), calice; *bl*, corolle; *s*, étamines; *f*, pistil; *n*, stigmate; *w*, paroi de l'ovaire; *k* (de la fig. II), loges de l'ovaire; *e*, ovules.

Relativement à l'ovaire, les étamines peuvent être insérées au-dessous ou autour ou au-dessus de lui, de sorte qu'il y a lieu de distinguer des étamines *hypogynes* (Pavot, fig. 118, I), *périgynes*, (Fraisier, fig. 119, B), et *épigynes* (Poirier, fig. 119, D). Ces différents modes d'insertion caractérisent assez exactement un certain nombre de familles naturelles, pour être employés avec avantage dans la classification des plantes.

Caractères offerts par le Filet. — La forme extérieure du *filet* lui vaut les épithètes de *capillaire*, *cylindrique*, *pétaloïde*, selon qu'il est grêle, plus épais et arrondi, étalé en forme de pétale. (Voyez fig. 121 et 122.)

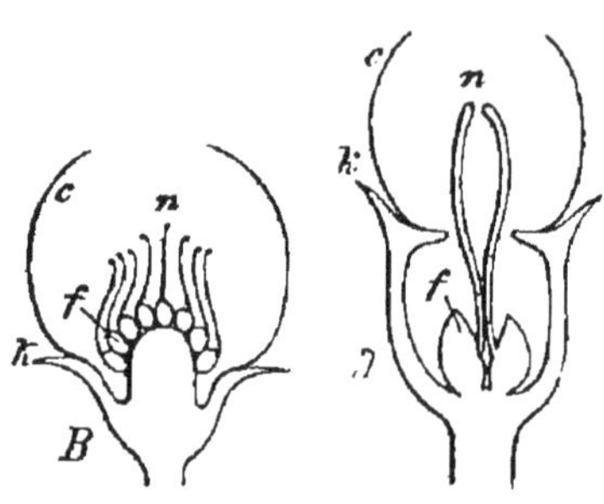

Fig. 119. — Dessins schématiques d'une fleur de Fraisier (*B*), avec étamines périgynes; et d'une fleur de Pommier (*D*), avec étamines épigynes : — *k*, périanthe; *c*, étamines; f, ovaires; *n*, stigmate.

Les filets staminaux peuvent se souder entre eux dans une étendue variable et constituer ce qu'on appelle un *androphore ;* s'ils sont tous réunis de la sorte, les étamines sont dites *monadelphes* (Mauve, Rose trémière, Baobab, fig. 120) ; si elles forment deux groupes séparés, on les appelle

Fig. 120. — Fleur de Baobab, montrant les filets staminaux formant par leur soudure un androphore (étamines monadelphes), surmonté par le style du gynécée.

diadelphes (Fumeterre, Haricot, fig. **116,** *C*) ; si elles en constituent plusieurs, comme dans le Ricin, elles sont *polyadelphes* (1).

Caractères offerts par l'Anthère. — Suivant la forme extérieure de l'anthère, on la dit *ovoïde*, *globu-* Forme.

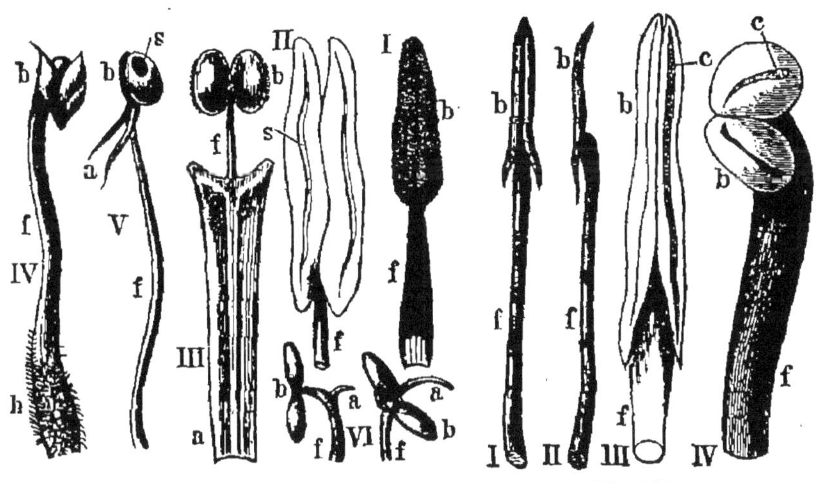

Fig. 121. — Différentes formes d'étamines ; I, Tulipe (*Tulipa gesneriana*) (gros. 2) ; II, Graminée (*Phalaris arundinacea*) (gros. 4) ; III, *Deutzia glabra* (gros. 4) ; IV, Orobanche (*Orobanche rubens*) (gros. 3) ; V, Bruyère (*Erica tetralix*) (gros. 3) ; VI, Prunellier (*Prunella vulgaris*) (gros. 5) ; — *f*, filet ; *b*, anthère ; *s*, déhiscence ; *a*, appendices ; *h*, poils.

Fig. 122. — Etamines montrant leur mode de déhiscence ; I à III, étamines de Glaïeul (les deux premières de grand. natur., la troisième gros. 3 fois) ; *f*, filet ; *b*, anthère ; *c*, fente ou ligne de déhiscence de l'anthère. — IV, Étamine très grossie de la Gueule-de-lion (*Antirrhinum majus*) ; *f*, filet ; *b*, anthère ; *c*, ligne de déhiscence.

leuse, *réniforme*, *linéaire*, *cordiforme*, expressions qui se comprennent d'elles-mêmes.

Elle est creusée ordinairement de deux loges, et dite *biloculaire* ; exceptionnellement, elle n'en possède qu'une (Malvacées), ou quatre (Butome ombellé), et mérite alors suivant le cas, le nom d'*uniloculaire* ou de *quadriloculaire*. Loges.

(1) On appelle encore *gamostémones* les étamines dont tous les filets sont soudés en une seule masse, et *polystémones* celles qui ne sont pas soudées.

Insertion. Le plus souvent fixées parallèlement au filet, les loges de l'anthère s'en écartent parfois par l'une de leurs extrémités et sont appelées *divergentes;* on les dit *horizontales* quand elles s'en écartent au point de lui devenir perpendiculaires.

Si l'anthère est mobile sur le filet, au lieu de lui être solidement fixée, comme c'est le cas ordinaire, on la désigne sous le nom d'*oscillante* ou *versatile.*

Enfin, on l'appelle *basifixe*, quand elle est attachée par sa base; *médifixe*, quand elle s'insère par sa partie moyenne; *apicifixe*, lorsque, attachée seulement par son sommet, elle est comme suspendue.

L'une des faces de l'anthère offre, à un moment donné, de petites ouvertures, pour la *déhiscence* ou *anthèse*, c'est-à-dire la sortie du pollen; si la face qui porte ces orifices est tournée vers le centre de la fleur, l'étamine est *introrse;* si elle regarde en dehors on la dit *extrorse.*

Déhiscence. La déhiscence se fait le plus souvent par une *fente* longitudinale, placée sur chaque loge de l'anthère; mais parfois au moyen d'un trou ou *pore* (*déhiscence poricide*), ou bien au moyen de *valves* ou panneaux, au nombre de 2 ou 4 par anthère (*déhiscence valvaire*).

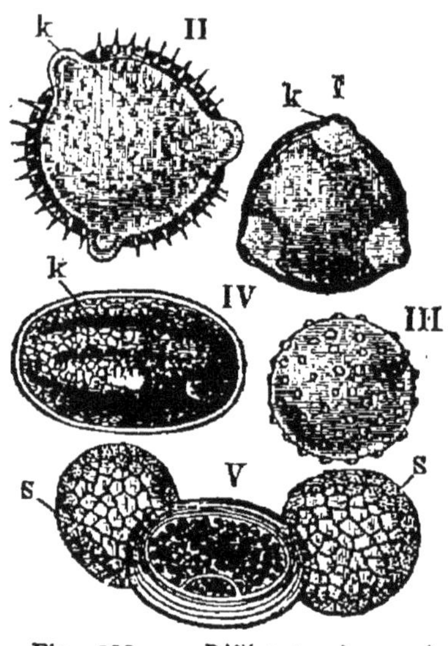

Fig. 123. — Différentes formes de grains de pollen, grossis 300 fois; I, du Noisetier (*Corylus avellana*); II, du Tussilage (*Tussilago farfara*); III, du Cabaret (*Asarum europæum*); IV, d'Hépatique (*Hepatica triloba*), V, du Pin (*Pinus sylvestris*). — *k*, pores; *s*, vésicules pleines d'air.

Soudure. Les anthères sont parfois réunies les unes aux autres, de façon à former un tube par lequel passe le style du gynécée, disposition caractérisée par l'expression de *synanthérée,* et qui a valu son nom à une nombreuse famille, celle des Synanthérées ou Composées.

Caractères du Pollen. — Le *pollen* (fig. 123) est constitué par des grains d'une extrême finesse, qui n'ont pas plus de vingt millièmes de millimètre dans la Betterave et même dix millièmes dans le Myosotis, mais qui dans la Belle-de-Nuit atteignent jusqu'à un septième de millimètre de diamètre. Ces grains sont arrondis, parfois polyédriques, tantôt lisses à leur surface et tantôt marqués de dessins variés, de ponctuations, de granulations, de petits prolongements en forme de piquants, de plis. On y remarque même des trous, parfois fermés par un petit opercule ; ces orifices, dont le nombre varie de 2 ou 3 jusqu'à 200, permettent à un moment donné la sortie de la substance intérieure. (Voy. chap. IX, *Fécondation.*) Forme.

En général, les grains de pollen restent isolés, libres entre eux, et le pollen est dit *pulvérulent*. Pollen pulvérulent ou aggloméré.

Il n'en est pas toujours ainsi ; dans certaines espèces, ils sont accolés, agglutinés entre eux en une masse solide, qui a la forme de la loge même de l'anthère où le pollen s'est développé (Orchidées). Parmi les Dicotylédones, les Asclépiadacées offrent également des *masses polliniques* (fig. 125, *G*). La structure des grains de pollen agglutinés de la sorte est plus simple que celle des autres ; il sont dépourvus de plis et de perforations et ne possèdent, comme on le verra bientôt, qu'une seule enveloppe.

Structure de l'Étamine ; développement de l'Anthère et du Pollen. — Le *filet* offre une structure analogue à celle du pétiole de la feuille ; comme lui, il représente des éléments libéro-ligneux entourés de cellules ; le tout est recouvert par un épiderme pourvu de stomates. Filet.

Le *connectif* se compose d'éléments libéro-ligneux, continuation de ceux du filet, et aussi, de cellules molles et allongées. Connectif.

L'*anthère*, pour être connue dans sa structure, demande qu'on en suive toute l'évolution, depuis sa première apparition, jusqu'au moment où les loges qui vont s'y creuser s'ouvrent pour laisser échapper le pollen. Anthère et pollen.

Développement de l'anthère et du pollen.

C'est d'abord sous forme d'un mamelon que cette partie de l'étamine apparaît, comme on le constate en examinant à la loupe des fleurs très jeunes, encore en bouton (fig. 124). Ce mamelon s'élargit à droite et à gauche et se creuse d'un

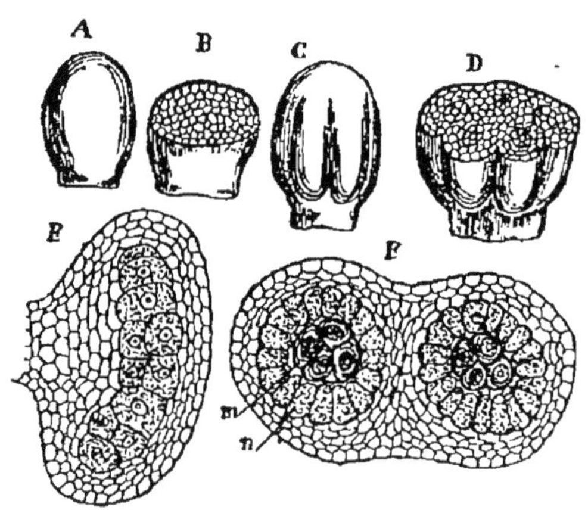

Fig. 124. — Développement de l'anthère et du pollen; *A*, étamine apparaissant sous forme d'un petit mamelon; *B*, coupe transversale de l'étamine, montrant un tissu cellulaire homogène; *C*, étamine plus développée avec commencement de délimitation des loges; *D*, sa coupe transversale, montrant le début de la formation des logettes anthériques au nombre de quatre (d'après H. Baillon); *E*, coupe longitudinale, montrant les cellules-mères des grains de pollen disposées en file : *F*, coupe transversale d'une anthère à deux loges; *m*, grains de pollen résultant de la division d'une cellule-mère en quatre parties; *n*, cellules destinées à servir d'aliment aux grains de pollen en voie de développement.

sillon médian longitudinal, premier indice de la formation des deux lobes dont l'anthère se composera ; puis, ces lobes sont divisés à leur tour par un petit sillon marquant la ligne de séparation de deux logettes, dont chacun d'eux va se creuser (fig. 124, *A*, *C*, *D*).

En même temps que ces phénomènes se passent à l'extérieur de l'anthère, voyons ce qui se produit au dedans.

Le tissu intérieur, qui jusqu'alors était formé de cellules toutes semblables, éprouve de notables changements.

Dans chaque endroit où une logette doit se produire on aperçoit une file de cellules superposées (*E*), qui s'agrandissent considérablement, pour se diviser bientôt, d'après la marche indiquée à la page 26, en deux, quatre parties ou plus, suivant les espèces. C'est aux dépens de ces éléments que se formeront les grains de pollen, d'où leur nom de *cellules-mères du pollen* ou *utricules pollini-*

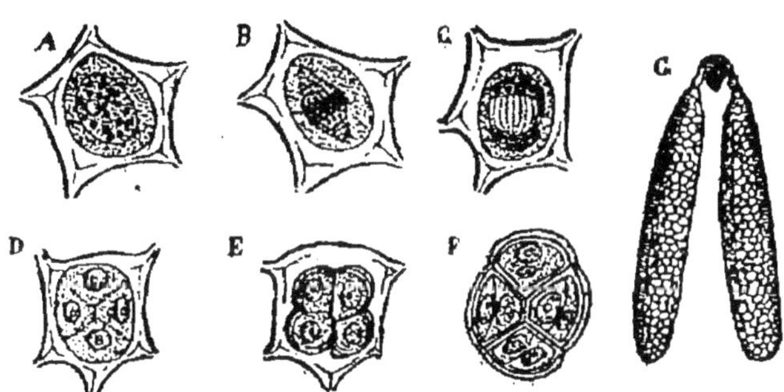

Fig. 125. — Formation des grains de pollen ; *A, B, C, D, E*, phases successives par lesquelles passe une cellule-mère du pollen pour se diviser en quatre grains ; *F* montre chaque grain de pollen se divisant à son tour en deux parties, dont la plus grosse seule doit germer, c'est-à-dire produire le tube pollinique ; *G*, masse pollinique d'une Asclépiadée (*Asclepias floribunda*), tous les grains de pollen d'une même loge restant agglutinés.

ques. Bientôt, en effet, chaque utricule pollinique se divise en quatre nouvelles cellules, qui se partagent à leur tour en quatre autres, pour former autant de grains de pollen, lesquels grossissent et se serrent les uns contre les autres (fig. 125). Réunis d'abord entre eux par une substance gélatineuse intercellulaire, celle-ci disparaît bientôt et les grains se trouvent isolés ; il peut arriver que cette matière persiste, et alors les grains de pollen soit d'un seul utricule, soit de plusieurs, soit même tous ceux d'une logette restent adhérents, de façon à former *une seule masse pollinique* (fig. 125, *G*). Les Orchidées, les Asclépiadées offrent des exemples de ce dernier cas.

Structure du Pollen. — Un grain de pollen n'est donc pas autre chose qu'une cellule ; il se compose par conséquent d'une paroi ou membrane d'enveloppe et d'un contenu.

La *membrane* est double, c'est-à-dire qu'elle comprend deux enveloppes emboîtées l'une dans l'autre, mais ayant des caractères bien différents (fig. 127) : l'interne (*i*) est molle, très extensibles, élastique, c'est l'*intine* (1); l'externe (*a*) est résistante, inextensible, pourvue de prolongements ou de dessins variés et seule percée de *pores*

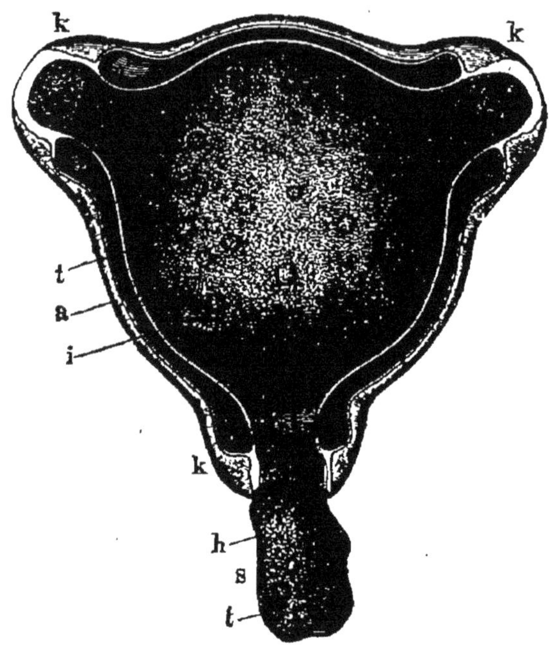

Fig. 126. — Grain de pollen en voie de germination de l'Épilobe (*Epilobium angustifolium*), coupé transversalement et grossi 600 fois; *k*, spores; *a*, exine; *i*, intine; *s*, boyau pollinique; *h*, son enveloppe; *t*, gouttelettes disséminées dans la masse intérieure ou fovilla.

en plus ou moins grand nombre, c'est l'*exine* (2); cette dernière manque dans certains cas, notamment dans les masses polliniques.

Le *contenu* du grain de pollen ou la *fovilla* (3) est composé de protoplasma tenant en suspension des granulations de différente nature, animées de mouvements rapides (mouvement brownien) (4), particulièrement des grains d'amidon et aussi des gouttelettes d'huile.

(1) On l'appelle aussi *endhyménine*.

(2) On l'appelle aussi *exhyménine*.

(3) On écrit aussi, et avec plus de raison, *favilla*, mot latin qui signifie fine poussière.

(4) On appelle ainsi, du botaniste anglais Brown, un mouvement

Enfin, dans le protoplasma on voit un ou deux *noyaux* (fig. 127).

Sous l'influence de la pénétration, par endosmose, d'une certaine quantité de liquide dans l'intérieur du grain de pollen, celui-ci entre en germination, c'est-à-dire que la fovilla augmente de volume et repousse l'intine, qui passe à travers les pores de l'exine en formant ce qu'on nomme le *tube* ou *boyau pollinique* (fig. 126, *s*), sur lequel on reviendra au chapitre suivant.

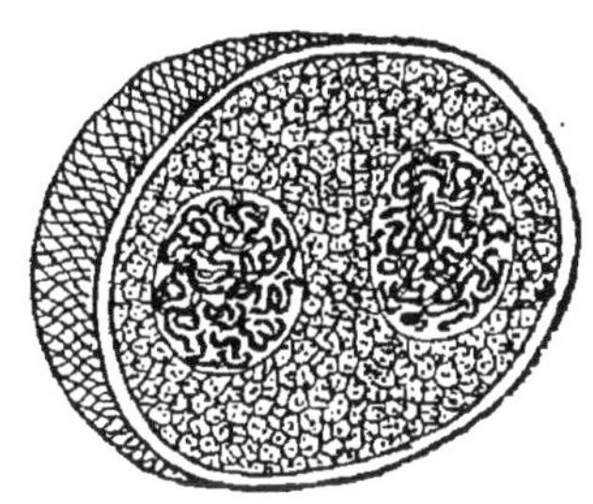

Fig. 127. — Un grain de pollen de la Fritillaire, coupé en deux et très grossi. Sa membrane externe offre des dessins ; au milieu de la fovilla se voient deux noyaux.

Modifications ultérieures dans la structure de l'Anthère. — Tandis que les grains de pollen se forment

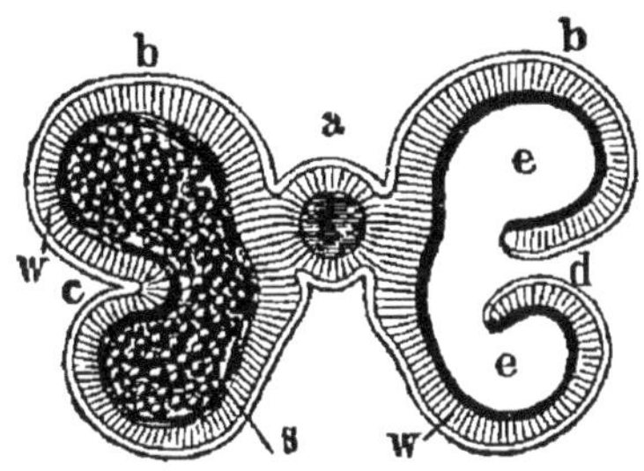

Fig. 128.

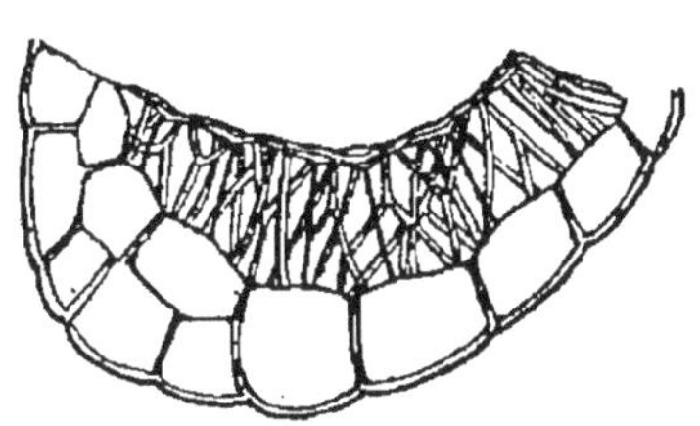

Fig. 129.

Fig. 128. — Coupe transversale d'une anthère entièrement développée de la Fritillaire (*Fritillaria imperialis*) (gross. 15) ; *a*, connectif ; *b*, *b*, loges de l'anthère ; *c*, sillon longitudinal séparant les logettes primitives ; *d*, fente de l'anthère au moment de la déhiscense ; *e*, cavité dont est creusée l'anthère ; *s*, grains de pollen qui la remplissent ; *w*, paroi de l'anthère.

Fig. 129. — Portion très grossie de la paroi de l'anthère. En dehors, grandes cellules épidermiques ; en dedans, cellules fibreuses.

et grossissent, la paroi de l'anthère, formée de trois ou quatre couches concentriques de cellules, présente d'im-

très vif, dont sont animées des particules solides très fines, toutes les fois qu'elles sont en suspension dans un liquide. Il paraît dû à des causes purement physiques.

portants changements. La couche la plus voisine des utricules polliniques (fig. 124, F, *n*) se ramollit, devient gélatineuse et finalement est résorbée.

En dehors de cette zone s'en voit une autre qui va jusqu'à l'épiderme et qui se compose de cellules résistantes, marquées d'épaississements réticulés ou spiralés, et auxquelles on a donné, mais à tort, le nom de *cellules fibreuses* (fig. 128 et 129), car nous avons vu dans le premier chapitre (p. 23), ce qu'il faut entendre par fibres.

Enfin, tout à l'extérieur, se voit l'épiderme avec ses stomates (fig. 128, *w* et 129).

D'après cela, la coupe transversale d'une étamine complètement développée montre donc une *couche épidermique*, une couche de *cellules fibreuses,* placées sur un, deux ou trois rangs, et formant la paroi des *logettes*, dans lesquelles se trouvent entassés les *grains de pollen.* Dans la grande majorité des cas, les logettes sont d'abord au nombre de quatre, mais la mince cloison qui sépare celles d'un même côté se rompt ; et les deux petites cavités communiquent l'une avec l'autre, de sorte que l'anthère n'offre plus en définitive que deux loges et est dite *biloculaire.*

Ajoutons que la disposition des cellules fibreuses varie avec le mode de déhiscence : ainsi dans les anthères dont la déhiscence se fait par des pores terminaux (Bruyère), elles manquent complètement ; très souvent elles sont localisées dans certaines régions, par exemple, de chaque côté de la ligne suivant laquelle se fend chaque loge à la maturité du pollen. Aussi s'accorde-t-on généralement à leur attribuer un rôle prépondérant dans le phénomène de la déhiscence.

2° Pistil ou Gynécée (1)

Parties constitutives du Pistil. — Le *pistil* est

(1) *Pistil*, de *pistillum*, pilon, en raison de la forme de cet organe, mince et allongé en haut, renflé par le bas.— *Gynécée*, de γυναικεῖον, γυνή, organe femelle.

l'ensemble des *carpelles* (1), ou organes femelles de la fleur.

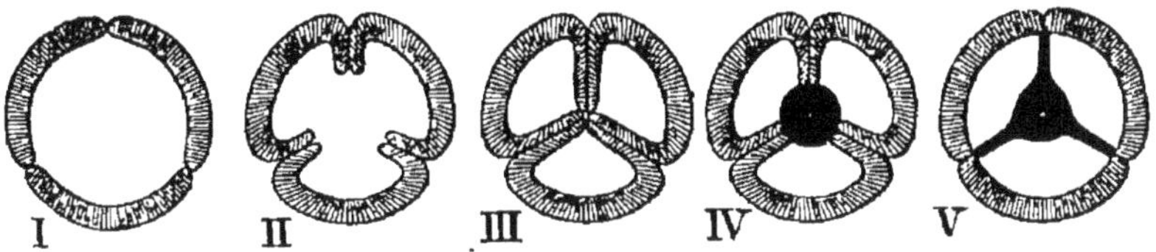

Fig. 130. — Disposition des feuilles carpellaires pour constituer l'ovaire. I, ovaire à une seule loge; II, ovaire avec cloisons incomplètes; III, IV et V, ovaires divisés en trois loges suivant des procédés divers.

Un carpelle se compose de trois parties : 1° l'*ovaire*, qui renferme les *ovules*, 2° le *style* et 3° le *stigmate*.

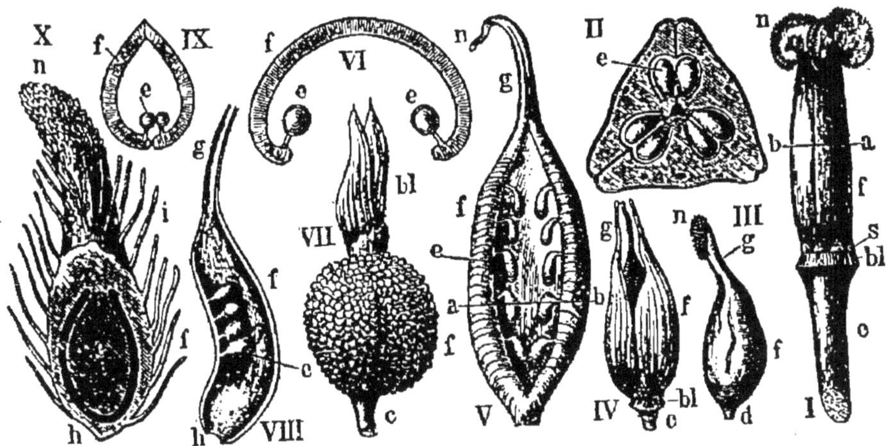

Fig. 131. — Différentes sortes d'ovaires montrant l'insertion des ovules. I, Tulipe (*Tulipa Gesneriana*, gr. nat.); II, coupe transversale de la même (gr. 4); III, Pigamon (*Thalictrum aquilegifolium*, gr. 5); IV, Millepertuis (*Hypericum elodes*); V, le même, montrant ses cloisons incomplètes (gr. 7); VI, coupe transversale d'une feuille carpellaire du même; VII, Balisier (*Canna indica*) (gr. nat.); VIII, moitié d'un carpelle de l'Ellébore (*Helleborus viridis*); IX, coupe transversale du même (gr. 3); X, Hépatique (*Hepatica triloba*), dont une portion de la paroi a été enlevée (gr. 5); *c*, pédoncule floral; *d*, pédicule de l'ovaire; *bl*, disque floral, lieu d'insertion du périanthe; *s*, lieu d'insertion des étamines; *f*, ovaire; *g*, style; *n*, stigmates; *e*, ovules; *i*, poils; *ab*, lignes suivant lesquelles sont faites les coupes transversales.

Ovaire et Placenta. — Tantôt le gynécée ne se compose que d'un carpelle et tantôt de plusieurs. Nombre des loges ovariennes.

(1) *Carpelle*, de καρπός, fruit.

Dans le premier cas, l'ovaire est *uniloculaire* ou à une seule loge (Haricot, fig. 116, *D*).

Dans le second, il peut être encore *uniloculaire* (Violette, fig. 132, II), ou bien *multiloculaire* (Pivoine, Balisier, fig. 132, I). Cette dernière disposition est la plus fréquente ; en effet, les carpelles, qui, comme on le verra

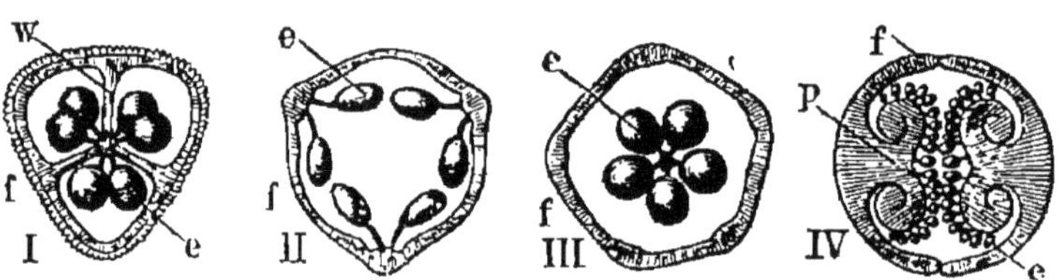

Fig. 132. — Situation des ovules dans l'ovaire; I, Balisier : ovaire à trois loges et placenta axile (gr. nat.) ; II, Violette : ovaire uniloculaire et placentas pariétaux ; III, Primevère : placenta central ; IV, Lathrée : placentas (*p*) formant deux fausses cloisons; — *f*, paroi de l'ovaire ; *w*, cloisons ovariennes ; *e*, ovule.

bientôt, peuvent être assimilés à des feuilles repliées en long sur elles-mêmes, soudent leurs bords l'un à l'autre, de façon à former chacun une cavité distincte, de sorte qu'il y a autant de loges que de carpelles. Mais, d'autres fois, au lieu de se replier en dedans, les feuilles carpellaires voisines se soudent bord à bord pour former une cavité unique. (Comparez les dessins, I, II, III, de la fig. 130.)

Dans tous les cas, les ovules sont insérés par l'intermédiaire d'un fin cordon, de longueur variable, le *funicule* (1), sur un épaississement le plus souvent présenté par le bord des feuilles carpellaires à leur ligne de jonction, et qu'on appelle *placenta* (2).

Cloisons vraies ou fausses.

L'ovaire étant, comme on vient de le voir, souvent

(1) *Funicule*, de *funis*, cordon. — On l'appelle encore *podosperme*, de ποῦς, ποδός, pied et σπέρμα, graine. On dit aussi *cordon ombilical*.

(2) *Placenta*, mot emprunté à l'anatomie animale et qui signifie à proprement parler gâteau, en raison de la forme arrondie et aplatie de cet organe chez les animaux. — On l'appelle encore *trophosperme*, de τροφή, nourriture, et σπέρμα, semence ; parce que c'est par l'intermédiaire de ce petit organe que l'ovule peut recevoir les substances nutritives.

divisé en plusieurs loges, les *cloisons* qui les séparent sont dites *vraies* quand elles sont formées par les bords mêmes des feuilles carpellaires repliées en dedans et venant se réunir toutes au centre de la fleur : alors les ovules sont insérés seulement dans les angles qui résultent de la jonction des différentes feuilles carpellaires, et le placenta qui les porte est dit *axile* (fig. 130, III et 132, I).

On les appelle *fausses cloisons*, lorsque les carpelles étant disposés en une cavité unique, ces cloisons ne sont dues qu'à un développement plus ou moins considérable des placentas (fig. 132, IV). Ceux-ci partent, non des lignes de soudure des feuilles carpellaires, mais s'insèrent dans leur intervalle, sur la paroi de l'ovaire, d'où leur nom de placentas *pariétaux*, et s'avancent plus ou moins loin, tantôt en ne faisant qu'une simple saillie dans l'intérieur de l'ovaire (fig. 132, II), et tantôt en se prolongeant jusqu'au centre (fig. 118, II et 132, IV).

On distingue toujours ces fausses cloisons des premières, par ce fait qu'elles sont presque entièrement recouvertes par les ovules et qu'elles alternent avec les styles et stigmates au lieu de leur être opposées.

Les cloisons vraies ou fausses sont dites *complètes* ou *incomplètes*, selon qu'elles s'avancent jusqu'au centre de la cavité ovarienne ou au contraire ne constituent qu'une saillie moins prononcée.

Par exception, les placentas peuvent former au centre de l'ovaire uniloculaire une colonne isolée s'élevant du fond de l'ovaire, d'où leur nom de *placenta central* (Primevère, fig. 132, III).

L'ovaire repose ordinairement par sa base sur le réceptacle ; mais parfois il est porté par un support plus ou moins allongé, nommé *podogyne* (fig. 131, III, *d*).

Situation de l'ovaire. — L'ovaire occupe toujours le sommet du pédoncule floral ; mais ses relations avec les autres verticilles de la fleur sont variables. Tantôt les étamines sont insérées à un niveau un peu moins élevé que l'ovaire, ce qui lui a valu le nom de *libre* ou *supère*, et alors les étamines sont dites *hypogynes* (fig. 133, I); tantôt, l'ovaire placé au-dessous des étamines et des autres parties de la fleur, qui paraissent alors s'insérer sur lui,

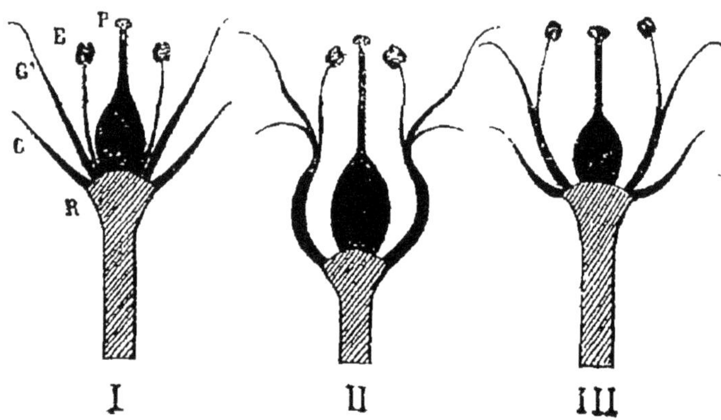

Fig. 133. — Situation de l'ovaire relativement aux étamines; I, ovaire libre ou supère et étamines hypogynes; II, ovaire infère et étamines épigynes; III, étamines périgynes; R, réceptacle; C, calice; C' corolle; E, étamines; P, pistil.

mérite dans ce cas, le nom d'*infère* ou d'*adhérent*, et les étamines sont appelées *épigynes* (II); tantôt, enfin, les étamines sont insérées sur le périanthe, et forment à une hauteur variable un cercle autour de l'ovaire, d'où leur nom de *périgynes* (III).

Structure de l'Ovaire. — Les parois de l'ovaire pouvant être regardées comme dérivées de feuilles repliées sur elles-mêmes et soudées par leurs bords de façon à former une cavité, on comprend que leur structure ne s'éloigne guère de celle de la feuille. En effet, on y voit un épiderme extérieur et un intérieur qui tapisse la cavité carpellaire; entre les deux existe un parenchyme à chlorophylle, traversé par des faisceaux fibro-vasculaires venus du pédoncule floral, dont les principaux se voient sur la ligne dorsale du carpelle, et qui se divisent dans son épaisseur, pour aller les uns dans le style et les autres jusque dans les placentas et les ovules.

Le petit cordon ou *funicule* qui rattache chaque ovule au placenta est traversé dans toute sa longueur par des trachées venues de la paroi ovarienne et qui vont jusqu'à l'ovule lui-même, où, d'ordinaire, elles s'arrêtent brusquement ; mais lorque ce funicule se prolonge sur le côté de l'ovule de façon à former un *raphé*, comme on va bientôt le voir, ces vaisseaux suivent le même trajet et se distribuent jusque dans le tégument extérieur de l'ovule.

Ovule.— L'*ovule* est un petit corps d'une importance considérable, car après avoir subi l'influence fécondante du pollen il devient la graine, laquelle reproduira la plante. Tandis que dans certains ovaires on n'en rencontre qu'un seul, il en est où l'on en compte un nombre immense.

Il apparaît au bord des feuilles carpellaires ou à leur partie médiane (fig. 131, VIII et 132), sur la saillie formée par le *placenta*, auquel il est rattaché par le funicule, qui est quelquefois assez allongé, d'autres fois à peu près nul, de sorte qu'alors l'ovule est *sessile*.

Il a d'abord l'aspect d'un tissu cellulaire homogène. Bientôt, à sa base se montre un bourrelet circulaire, qui s'étend de plus en plus à la surface du mamelon, et qui finit par le recouvrir entièrement ; puis un second bourrelet se montre à l'extérieur du premier et se comporte de même (fig. 134, A). Ce sont les enveloppes de l'ovule, lesquelles ont reçu les noms, l'extérieure, de *primine* (*ai*), l'intérieur, de *secondine* (*ii*), tandis que la petite masse centrale qu'elles recouvrent est le *nucelle* (*k*) (1). Les deux enveloppes, par le progrès de leur développement, rejoignent presque leurs bords au-dessus du nucelle, et ne laissent libre qu'un étroit passage; l'orifice de la primine est l'*exostome*, celui de la secondine l'*endostome;* ces deux orifices réunis constituent le *micropyle* (*m*). **Parties constitutives.**

L'ovule ou plutôt le nucelle n'adhère à ses membranes enveloppantes que par sa base, qui a reçu le nom de *chalaze* (*c*). D'autre part, le point de l'ovule où aboutit le funicule *(f)*, porte le nom de *hile*.

D'après les rapports dans lesquels se trouvent entre eux **Différentes sortes d'ovules**

(1) On fait parfois, et avec plus de raison, *nucelle* du féminin.

la chalaze, le hile et le micropyle, on distingue trois sortes d'ovules, à savoir :

L'ovule droit ou *orthotrope* (1), dans lequel le micropyle occupe le point opposé à la chalaze, qui reste alors exactement superposée au hile, de sorte que ces trois parties se

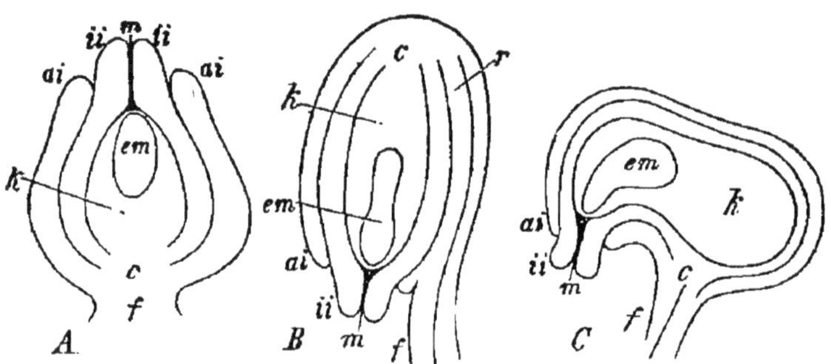

Fig. 134. — Les trois formes d'ovules : *A*, orthotrope ; *B*, anatrope ; *C*, campylotrope. — *f*, funicule ; *c*, base de l'ovule ou chalaze ; *ai*, la primine ; *ii*, la secondine ; *k*, le nucelle ; *m*, le micropyle ; *em*, sac embryonnaire ; *r*, raphé.

trouvent sur une même ligne droite qui traverserait le nucelle dans toute sa longueur (Noyer, fig. 134, A) ;

L'ovule courbé ou *campylotrope* (2) dans lequel, par suite d'un développement inégal, il se produit une courbure telle que le micropyle se rapproche du hile, dont les rapports avec la chalaze n'ont pas changé ; autrement dit, le sommet s'est rapproché de la base (Crucifères, Papilionacées, *C*) ;

L'ovule réfléchi ou *anatrope* (3), enfin, dans lequel le nucelle semble avoir subi un mouvement complet de rotation sur lui-même, de sorte que le micropyle se rapproche du hile, comme dans le cas précédent, mais en même temps que la chalaze s'éloigne de celui-ci et s'en trouve séparée par toute la longueur du nucelle (B). Cette disposition s'accompagne d'une particularité remarquable,

(1) 'Ορθὸς, droit ; τρόπος, tourné.

(2) Καμπύλος, courbé ; τρόπος, tourné.

(3) 'Ανὰ, en haut ; τρόπος, tourné.

la production d'un *raphé* (1) ; elle consiste en ce que le faisceau fibro-vasculaire venu des parois de l'ovaire pour se distribuer à l'ovule en passant par le funicule, au lieu de traverser directement les deux membranes, s'allonge entre elles, sur l'un des côtés, en formant une saillie longitudinale qui se termine au point opposé de l'ovule (fig. 134, B, *r*). Cette particularité, constante dans l'ovule anatrope (Renonculacées, Liliacées, etc.), ne se rencontre dans aucun autre cas.

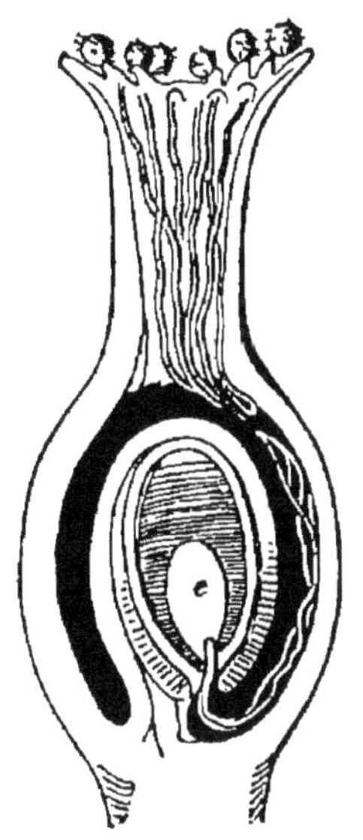

Fig. 135. — Coupe longitudinale d'un ovaire renfermant un ovule anatrope et montrant le trajet que doivent suivre les tubes polliniques pour arriver jusqu'au sac embryonnaire (*e*).

Il faut remarquer que la strcture de l'ovule peut être plus simple, le tégument étant unique (Gymnospermes, beaucoup de Dicotylédones gamopétales et quelques dialypétales, comme les Ombellifères) ; il peut même manquer tout à fait, de sorte que l'ovule, réduit au nucelle, est *nu* (Santalacées).

Changements qui se passent dans l'ovule avant la fécondation. — Une cellule du nucelle grossit et acquiert une grande dimension, pour devenir le *sac embryonnaire* (fig. 135, 136). Celui-ci est de forme variable, tantôt renflé, tantôt ayant l'aspect d'un tube grêle.

Vers le sommet du sac embryonnaire se montrent, comme appendus à sa voûte, trois cellules nues, sans enveloppe. Deux d'entre elles n'ont à jouer dans le développement de l'embryon qu'un rôle secondaire et sont appelées cellules accessoires ou *synergides ;* mais la troisième, qui descend au-dessous des précédentes, est la *vésicule em-*

(1) Ῥαφή, couture.

bryonnaire ou *oosphère*. C'est dans son intérieur que se développera un peu plus tard l'embryon.

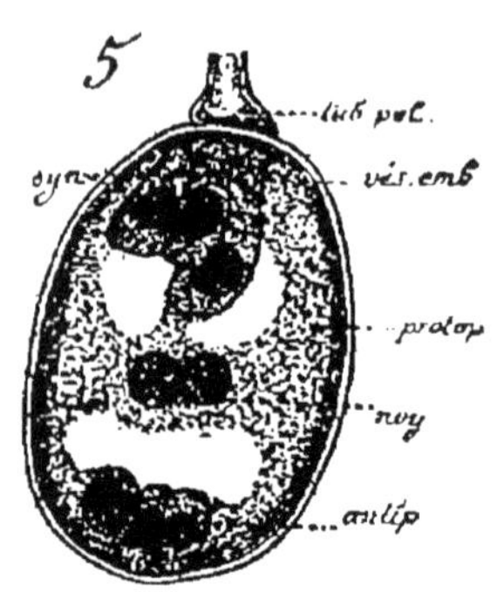

Fig. 136. — Sac embryonnaire, à la surface duquel arrive un *tube pollinique*; on y voit, en haut, la *vésicule embryonnaire* ou *oosphère* et les deux *synergides*; en bas, les trois *cellules antipodes*; au milieu, deux *noyaux*, bientôt fusionnés en un seul. D'après CARNOY.

A la partie inférieure du sac embryonnaire se voient trois cellules, appelées *cellules antipodes*, lesquelles sont entourées chacune d'une membrane.

Enfin, vers le milieu du sac embryonnaire, rempli de protoplasma, se voit un volumineux *noyau*.

Ces différentes cellules résultent d'une division répétée du noyau primitif de la cellule qui est devenue le sac embryonnaire (fig. 137). L'opération se produit quatre fois, de façon à donner naissance aux trois cellules supérieures, aux trois cellules inférieures et à deux noyaux, qui, d'abord isolés dans le protoplasma du sac, finissent par se réunir l'un à l'autre pour constituer le gros noyau que nous y avons déjà signalé.

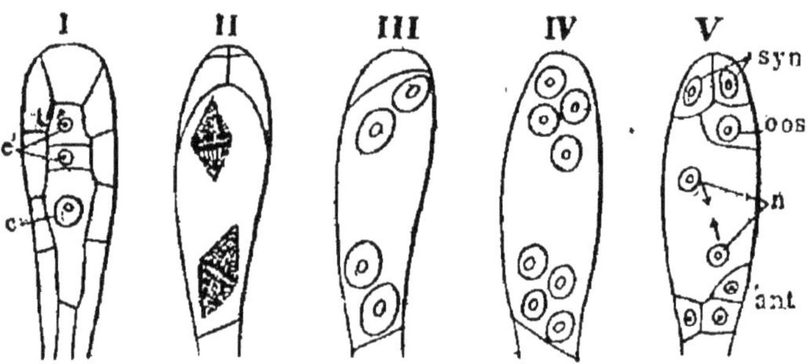

Fig. 137. — Phases du développement du sac embryonnaire; I, *c*, cellule-mère du sac embryonnaire; *c'* cellules destinées à être résorbées; la première se divise en deux (II), suivant le procédé indiqué p. 17, et chacune de celles-ci en deux autres (III), ainsi de suite (IV), ce qui amène à l'état indiqué en V, où on voit l'oosphère (*oos*), surmontée des synergides (*syn*), les vésicules antipodes (*ant*), les deux noyaux (*n*) qui vont se fusionner en un seul pour constituer le noyau secondaire du sac.

Lorsque les choses sont arrivées à ce point, l'ovule est prêt à subir la fécondation.

Nous verrons plus loin les particularités offertes par le développement de ces parties chez les Gymnospermes.

Style. — Cette partie du gynécée (fig. 138, *g*), manque parfois, et alors le stigmate, qui n'est autre que sa partie terminale, est sessile, c'est-à-dire qu'il repose directement sur l'ovaire, comme c'est le cas du Pavot (fig. 118, I, *n*).

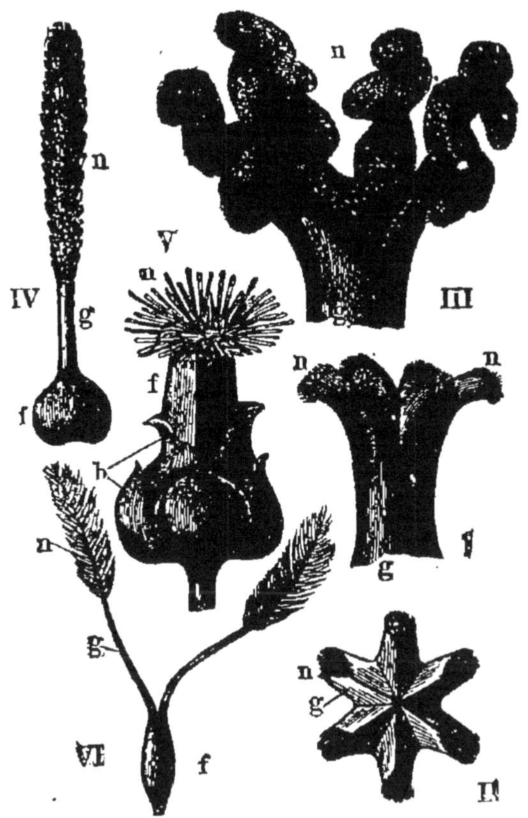

Fig. 138. — Différentes formes de styles et de stigmates; I, II, Cabaret (*Asarum europæum*) vu de profil et de face (gr. 6); III, Bégonia (gr. 6); IV, Plantain (*Plantago major*) (gr. 6); V, Troscart (*Triglochin maritimum*) (gr. 10); VI, Roseau (*Arundo donax*, gr. 4); — *b*, périanthe; *f*, ovaire; *g*, style; *n*, stigmates.

Sa forme est ordinairement *cylindrique*, grêle, quelquefois étalée en lame ou *pétaloïde*, comme dans l'Iris. Forme.

Soudure. Il y a autant de styles que de carpelles, de sorte que, malgré la soudure de ces derniers entre eux, on peut savoir combien il en entre dans la constitution d'un ovaire. Mais les styles ne sont pas toujours libres ; souvent ils sont soudés dans la totalité ou sur une partie de leur longueur, et alors, suivant le nombre de leurs divisions, on les dit *bifides*, *trifides*, etc.

Situation. Ordinairement *terminal*, c'est-à-dire inséré au sommet des carpelles, dont il est la continuation, le style est parfois fixé à un niveau moins élevé, ce qui lui vaut le nom de *latéral* (Pommier, fig. **119**, *D*) ; d'autres fois même, attaché à la base des carpelles, il est dit *basilaire*, disposition qui conduit au style *gynobasique* des Borraginées et des Labiées, enfoncé dans une dépression centrale creusée entre les carpelles qui s'élèvent autour de lui, de sorte qu'on le dirait fixé non plus sur l'ovaire, mais directement porté par le réceptacle.

Évolution. Après la fécondation il se flétrit le plus souvent, tombe, et est dit *caduc*; d'autres fois, il est *persistant* (Crucifères) ; parfois, enfin, il augmente de dimension, est *accrescent*, comme dans les Anémones, où il se développe sous forme d'une queue plumeuse, qui reste fixée au fruit et qui joue le rôle d'organe de dissémination des graines.

Structure. Le style est composé de cellules allongées, lâchement unies entre elles et désignées sous le nom de *tissu conducteur*, parce que c'est entre elles, comme nous le verrons bientôt, qu'au moment de la fécondation, cheminent les tubes polliniques, depuis le stigmate jusqu'à la cavité de l'ovaire. On y trouve aussi, comme il a été dit, des faisceaux fibro-vasculaires ; le tout est recouvert par l'épiderme.

Stigmate. — **Le** *stigmate* (1), organe glanduleux qui surmonte le style, est sessile quand son support fait défaut ; il repose alors directement sur le carpelle (fig. **118**, *I*, *n*,

(1) *Stigmate*, de στίγμα, qui est marqué de points.

et 138, *V*, *n*). Sa surface est comme veloutée, papilleuse et imprégnée d'une sécrétion.

Il est *simple* ou *multiple*, selon le nombre des carpelles ; quand il y en a plusieurs, les stigmates peuvent être tout à fait distincts ou bien soudés dans une étendue variable, mais toujours on peut y reconnaître des divisions qui indiquent le nombre des carpelles. Suivant le nombre et la profondeur de ces divisions, ont dit les stigmates *bilobés*, *trilobés*, etc., *bifides*, *trifides*, etc.,

Le stigmate est formé de cellules prolongées en manière de papilles (fig. 138, *n*), qui lui donnent un aspect velouté ou mamelonné ; au moment de la fécondation, les grains de pollen tombent sur ces papilles, où ils sont retenus par une humeur visqueuse sécrétée par ces cellules et propre à les faire germer, c'est-à-dire à provoquer la formation du tube pollinique. Structure.

RÉSUMÉ

La plante comme l'animal se reproduit par *œuf*. Cet œuf ne peut se développer en une nouvelle plante, que s'il a été fécondé par le pollen (c'est la *reproduction sexuée*). Les Cryptogames se reproduisent aussi par *spores*, sortes d'œufs qui n'ont pas besoin d'être fécondés.

La fleur. — Organe de la reproduction, elle est formée du *calice*, de la *corolle*, de l'*androcée* et du *gynécée*, disposés en verticilles concentriques. Les deux premiers forment le *périanthe*. Les deux autres, beaucoup plus importants, peuvent exister dans la même fleur (*fl. hermaphrodite*) ou manquer l'un ou autre (*fl. unisexuée*). Des organes accessoires, *bractées*, formant un *involucre*, une *spathe*, accompagnent souvent la fleur.

Les parties de la fleur, à l'exception des ovules, dérivent de la feuille et peuvent se transformer les unes dans les autres (*métamorphose ascendante* ou *descendante*).

D'ordinaire, les pièces d'un verticille *alternent* avec celles des verticilles adjacents ; quelquefois elles sont *opposées*.

Inflorescences. — La disposition des fleurs sur la tige constitue l'*inflorescence*.

Voici le tableau des principales inflorescences.

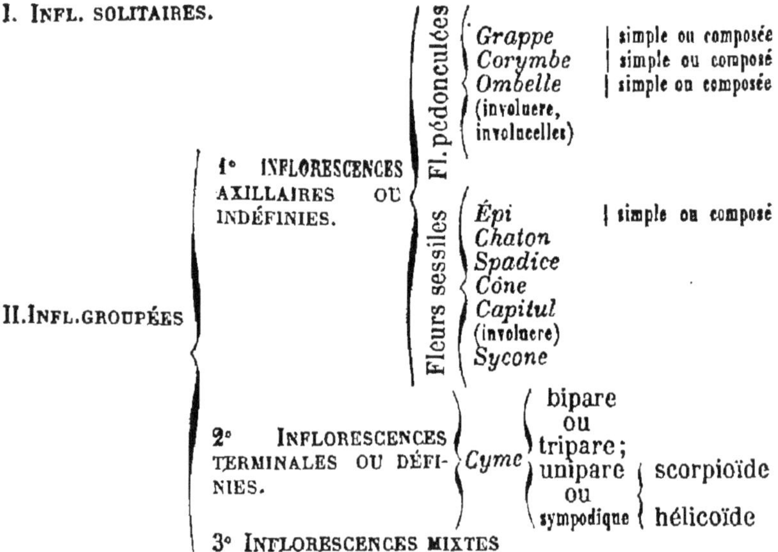

I. INFL. SOLITAIRES.

II. INFL. GROUPÉES
- 1° INFLORESCENCES AXILLAIRES OU INDÉFINIES.
  - Fl. pédonculées
    - *Grappe* | simple ou composée
    - *Corymbe* | simple ou composé
    - *Ombelle* | simple ou composée
    - (involucre, involucelles)
  - Fleurs sessiles
    - *Épi* | simple ou composé
    - *Chaton*
    - *Spadice*
    - *Cône*
    - *Capitul* (involucre)
    - *Sycone*
- 2° INFLORESCENCES TERMINALES OU DÉFINIES.
  - *Cyme*
    - bipare ou tripare;
    - unipare ou sympodique
      - scorpioïde
      - hélicoïde
- 3° INFLORESCENCES MIXTES

Le **calice** est *dialysépale* ou *gamosépale*, *régulier* ou *irrégulier*.

La **corolle** est *dialypétale* ou *gamopétale*, *régulière* ou *irrégulière* et offre un grand nombre de variétés.

Les sépales et les pétales ont une structure qui se rapproche beaucoup de celles des feuilles. Les pétales sont le siège principal de la couleur et du parfum des fleurs.

Les parties du périanthe apparaissent sous forme de petits mamelons distincts ou plus ou moins soudés entre eux.

On appelle *préfloraison* la disposition prise par les pièces du périanthe dans le bouton.

L'androcée est l'ensemble des *étamines*. (Voir le tableau de la p. 219.)

Le *pollen*, formé de grains très petits, libres (*pulvérulent*) ou agglutinés (*masses polliniques*), à surface lisse ou ornée de dessins, est logé dans l'anthère.

Développement de l'anthère et du pollen. — L'anthère est d'abord un petit mamelon qui se montre dans le bouton floral ; il se creuse, en général, de deux logettes remplies des *utricules polliniques*, qui se divisent plusieurs fois en quatre pour former les grains de pollen.

Un grain de pollen est formé de deux membranes, l'*intine* et l'*exine*, et de la *fovilla*. La germination du grain de pollen consiste dans la sortie du *boyau pollinique*.

Le pollen est mis en liberté par rupture de la paroi de l'anthère (rôle des cellules dites *fibreuses*).

Tableau des particularités principales offertes par les étamines et leurs parties constituantes (anthères et filet)

Étamines	Nombre absolu	Fleurs : monandre, diandre, triandre, tétrandre, hexandre... décandre (1 à 10), dodécandre (12), polyandre (au delà de 20)
	Nombre relatif aux pièces de la corolle	égal : fleurs isostémones inégal : fl. anisostémones { moindre : fl. méiostémones ; plus grand : fl. polystémones ; double : fl. diplostémones ;
	Longueur	égale inégale { didynames (2 plus grandes, 2 plus petites) ; tétradynames (4 plus grandes, 2 plus petites) ;
	Situation par rapport	aux pétales { alternes ; opposées ; aux carpelles { hypogynes (au-dessous) ; périgynes (autour) ; épigynes (au-dessus) ;
Filet	Forme	capillaire, cylindrique, pétaloïde.
	Soudure (androphore)	1 groupe : étam. monadelphes ; 2 » » diadelphes ; plusieurs : » polyadelphes ;
Anthère	Forme	ovoïde, globuleuse, réniforme, linéaire, cordiforme.
	Nombre des loges	1 : uniloculaire ; 2 : biloculaire ; 4 : quadriloculaire ;
	Insertion	loges divergentes, horizontales ; anthères oscillantes ou versatiles ; basifixes, médifixes, apicifixes.
	Déhiscence	étamines introrses / « extrorses } déhiscence { en fente ; poricide ; valvaire ;
	Soudure en un tube	fleurs synanthérées.

Le **Gynécée** ou **Pistil** est l'ensemble des *carpelles*.

Il se compose de l'*ovaire*, du *style* et des *stigmates*.

L'*ovaire* peut être formé d'un seul carpelle (ov. *uniloculaire*) ou de plusieurs et être alors *uniloculaire* ou *multiloculaire*.

Le *placenta* est un renflement placé sur le bord des feuilles carpellaires ; les ovules y sont attachés par l'intermédiaire d'un *funicule*. Le placenta peut être *axile*, *pariétal*, *central*.

La cavité de l'ovaire est souvent divisée par des *cloisons*, dites *vraies* ou *fausses*, *complètes* ou *incomplètes*.

Structure de l'ovaire et de l'ovule. — Les carpelles, qui forment l'ovaire, sont comparables à des feuilles et en ont la structure fondamentale.

L'*ovule* est formé de deux membranes, *primine* et *secondine*, et du *nucelle*, rattaché à celles-ci par la *chalaze*.

D'après sa forme, l'ovule est *orthotrope*, *campylotrope* ou *anatrope*, cette dernière forme accompagnée d'un *raphé*.

L'ovule peut n'avoir qu'un tégument et même être *nu*.

Une cellule du nucelle devient le *sac embryonnaire*. Celui-ci renferme : en haut, la *vésicule embryonnaire* ou *oosphère* et les deux *synergides*, en bas, les cellules *antipodes*, au milieu un gros *noyau*.

Le *style* est de forme variable : *cylindrique*, *pétaloïde*, *bifide*, *trifide*, etc., *terminal*, *latéral*, *basilaire*, *gynobasique* ; *caduc*, *persistant*, *accrescent*.

Il est formé surtout de cellules allongées, appelées *tissu conducteur*.

Le *stigmate*, qui sécrète un suc visqueux, pour retenir le pollen est *simple* ou *multiple*, *bilobé*, *trilobé*, etc., *bifide*, *trifide*, etc.

CHAPITRE IX

FÉCONDATION DES VÉGÉTAUX

Pollinisation ; procédés divers au moyen desquels cette opération s'accomplit. Germination du pollen et Fécondation proprement dite. Évolution de l'ovule à partir de sa fécondation. — Fécondation et développement de l'embryon chez les Gymnospermes.

Pollinisation ; procédés mis en œuvre pour son accomplissement. — Au moment où se produit la déhiscence des anthères, les grains de pollen s'échappent au dehors en nombre immense. Si beaucoup sont perdus, dispersés par le vent ou la pluie, un certain nombre d'entre eux tombent sur le stigmate, où ils sont retenus par la sécrétion visqueuse de cet organe, pour aller bientôt féconder les ovules.

On appelle *pollinisation*, le contact du pollen avec le stigmate. Comme c'est là une opération très importante, il y a intérêt à voir par quels moyens son succès est assuré dans la nature.

Pollinisation dans les fleurs *hermaphrodites*.

Dans un grand nombre de plantes les étamines et le pistil sont réunis sur la même fleur (fleurs hermaphrodites), de sorte que le pollen n'a pas grand chemin à faire pour aller trouver le stigmate et que, dans beaucoup de cas, l'*autofécondation*, c'est-à-dire la fécondation de la fleur par elle-même, ne présente pas de difficulté. Bien plus, dans certaines de ces fleurs, celles de la Rue, du Berbéris, on voit les étamines s'incliner d'elles-mêmes, ou sous l'influence de la moindre irritation, vers le pistil, pour y déposer leur pollen ; d'autres fois, le pistil en s'allongeant frotte nécessairement contre les anthères disposées en un tube étroit qui l'embrasse, comme dans le Haricot, et retient avec lui une certaine quantité de pollen.

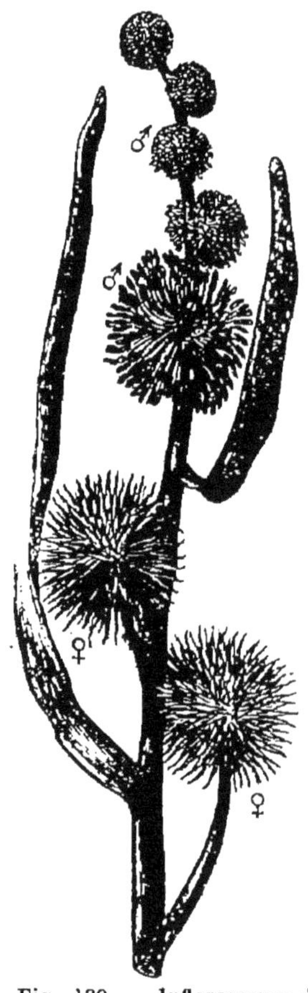

Fig. 139. — Inflorescence de *Sparganium* (fam. des Typhacées), dont les fleurs mâles (♂) occupent la partie supérieure, les fleurs femelles (♀) la partie inférieure.

Mais il faut se hâter de reconnaître que de semblables dispositions sont loin d'être le résultat d'une règle absolue, à ce point que, même dans les fleurs hermaphrodites, l'autofécondation est souvent très difficile.

Ainsi, il arrive fréquemment que les étamines et le pistil ne se trouvent pas, au même moment, dans les conditions favorables à la fécondation, les unes arrivant à leur maturité avant l'autre ou inversement, particularité qui a été désignée sous le nom de *dichogamie* (1). En pareil cas, la pollinisation ne peut être qu'*indirecte*, c'est-à-dire, ne peut se produire qu'entre deux fleurs voisines, dont le pistil de l'une et les étamines de l'autre se trouvent au même moment dans un état de maturité convenable.

D'autres fois, dans une fleur *dressée*, par exemple, le pistil, très long, dépasse beaucoup les étamines, de sorte que leur pollen ne saurait l'atteindre; ou bien, dans une fleur *renversée*, la disposition contraire a lieu, les étamines dépassant notablement le stigmate. Dans tous ces cas et dans bien d'autres, la pollinisation directe est très difficile.

Pollinisation dans les fleurs monoïques et dioïques.

Un très grand nombre de plantes sont *monoïques*, c'est-à-dire que, sur une même plante, certaines fleurs ne portent que des étamines et d'autres que des pistils. Dans ces cas, on le comprend, la pollinisation ne peut être qu'indirecte.

A plus forte raison en est-il de même pour les espèces *dioïques*, c'est-à-dire celles dont les fleurs mâles et les fleurs femelles sont portées par des individus différents.

Dans de semblables circonstances la pollinisation ne peut être accomplie que par l'intermédiaire d'agents étrangers. Le vent joue

(1) Du grec δίχα, séparément; γάμος, union.

un rôle considérable dans la dissémination de la poussière fécondante, qu'il transporte même à de grandes distances. Pour n'en citer qu'un exemple, il suffira de mentionner l'Aucuba du Japon, arbuste ornemental à feuillage d'un beau vert, cultivé dans nos jardins depuis un certain nombre d'années. Cette espèce est dioïque et les individus mâles sont beaucoup moins répandus que les individus femelles, ce qui n'empêche pas ceux-ci d'être fécondés et de mûrir leurs jolis fruits rouges. Parfois, le vent entraîne à des distances plus ou moins considérables des masses de pollen enlevées aux arbres des forêts et les répand dans les campagnes, où on les désigne vulgairement sous le nom de *pluies de soufre.*

Certaines dispositions particulières favorisent la pollinisation dans les plantes monoïques ou dioïques. Ainsi dans le Maïs, les Carex, le *Sparganium* (fig. 139), les fleurs femelles sont placées au-dessous des fleurs mâles sur un même rameau, et le pollen, en tombant des premières sur les secondes, vient les féconder.

La Vallisnérie spirale, plante aquatique, mérite entre toutes une mention spéciale; elle est dioïque, et ses fleurs sont toutes submergées. A un moment donné, les fleurs mâles rompent leurs pédoncules, et devenues libres, remontent à la surface de l'eau; d'autre part, les pédoncules des fleurs femelles s'allongent considérablement pour permettre à celles-ci d'arriver à la surface, au milieu des précédentes, qui les fécondent alors. Lorsque la pollinisation est accomplie, les pédoncules des fleurs femelles se contractent en forme de spirale, ce qui oblige celles-ci à revenir au fond de l'eau, où elles mûrissent leurs fruits.

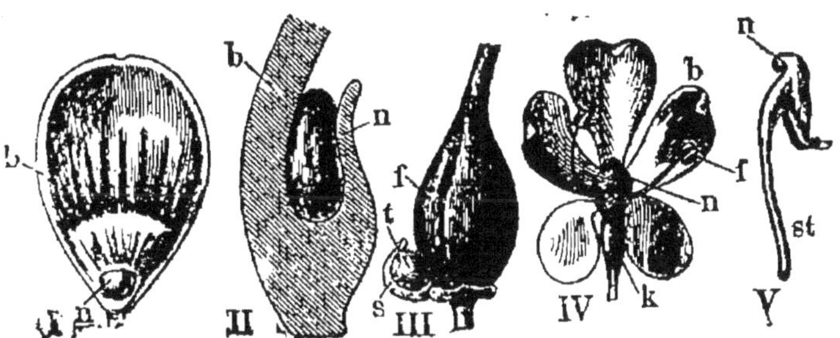

Fig. 140. — Nectaires de diverses fleurs; I, de Renoncule (*Ranunculus acris*) (gros. 3); II, le même, en coupe longitudinale (gros. 8); III, de Rhinanthe (*Rhinanthus major*, gros. 3); IV, d'Anthrisque (*Anthriscus sylvestris*) (gros. 6); V, d'Aconit (*Aconitum napellus*, grand. nat.); — *n*, nectaire, *b*, pétale; *t*, liquide sucré; *f* (de la fig. III) et *k*, ovaire; *f* (de la fig. IV) étamine.

Mais les agents les plus actifs peut-être de la pollinisation, ce sont les Insectes, qui en passant vingt fois dans une minute d'une fleur à l'autre, pour sucer le liquide sucré accumulé dans les *nectaires* (fig. 140), transportent avec eux le pollen qui s'attache à leur corps. Leur rôle paraît incontestable dans la fécondation des plantes dioïques, Rôle des Insectes.

monoïques, et dans beaucoup d'espèces mêmes hermaphrodites, comme celles qui présentent la dichogamie, dont il a été question plus haut, ou bien une disposition telle, que le pollen ne peut se répandre facilement sur le pistil, comme la Sauge des prés (fig. 141) en offre un exemple remarquable.

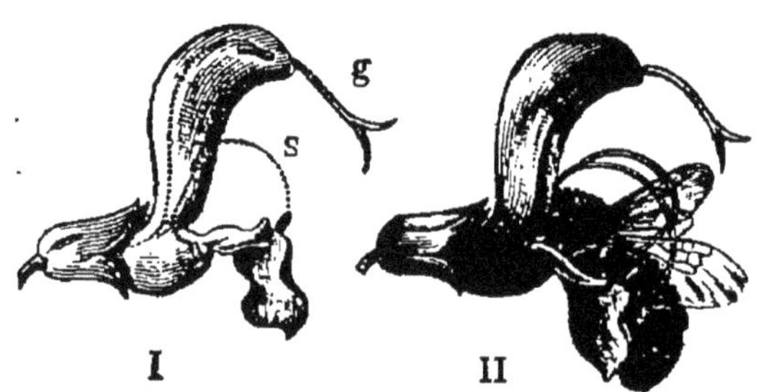

Fig. 141. — Fécondation de la Sauge des prés par l'intervention d'un Bourdon; I, fleur de Sauge, dont on voit le style très proéminent (*g*), tandis que les étamines sont bien plus courtes et cachées dans la fleur; II, le Bourdon s'introduit dans la fleur pour en sucer le nectar, et faire basculer les étamines (*s*), dont les anthères viennent frotter sur le dos de l'insecte et y déposer le pollen qui, lorsque celui-là pénétrera dans une autre fleur semblable, sera facilement mis au contact du stigmate.

Dans les pays chauds, les Oiseaux-mouches, les Colibris au long bec, jouent un rôle analogue à celui des Insectes dans nos climats.

Pollinisation artificielle. Parfois, enfin, la pollinisation est assurée par les soins mêmes de l'homme. C'est ainsi que depuis un temps immémorial, puisqu'il faut remonter au delà d'Hérodote pour constater cette pratique, les habitants du Sahara, pour assurer la complète récolte des Dattiers, coupent les fleurs mâles de ces arbres et en introduisent la poussière fécondante dans la spathe qui enveloppe les fleurs femelles, portées par d'autres individus.

Une opération analogue se fait à l'île de la Réunion, pour la fécondation des fleurs de la Vanille.

Enfin, les jardiniers pratiquent assez souvent la fécondation artificielle; ainsi pour certaines plantes, les Orchidées, par exemple, qui ne seraient que difficilement fécondées par elles-mêmes, et encore pour maintenir par un choix judicieux du pollen, certaines races dans toute leur intégrité primitive, ou au contraire obtenir des variétés, des hybrides, etc.

Germination du Pollen.— Lorsque les grains de pollen se trouvent mis en rapport avec le stigmate, ils sont le siège de phénomènes différents, suivant les circonstances. En effet, s'ils se trouvent placés au contact de l'eau, celle-ci rompt les membranes des grains de pollen, qui laissent échapper en pure perte la fovilla qu'elles renfermaient (ce qui a lieu fatalement quand, au moment de la floraison,

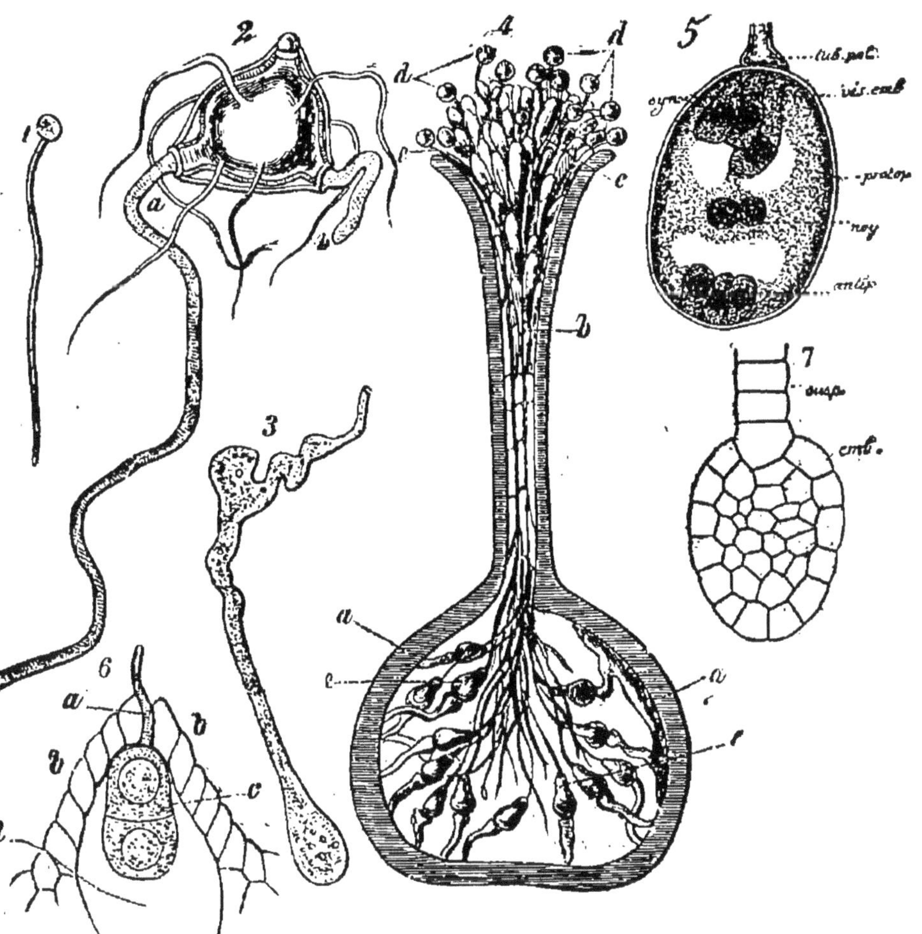

Fig. 142. — Germination du pollen et marche des phénomènes de la fécondation; 1, grain de pollen en voie de germination; 2, grain de pollen triédrique de l'*Epilobium hirsutum*, hérissé de longs filaments et pourvu de pores qui donnent passage à deux tubes polliniques (*a*, *b*); 3, un tube pollinique de *Momordica elaterium*, présentant des renflements irréguliers; 4, coupe longitudinale d'un pistil d'Hélianthème; *a*, paroi de l'ovaire; *b*, tissu conducteur; *c*, papilles stigmatiques; *d*, grains de pollen en germination; *e*, ovules auxquels arrivent les tubes polliniques; 5, sac embryonnaire de *Clivia*; un tube pollinique est arrivé à son contact; *vés. emb.*, vésicule embryonnaire ou oosphère; *syn.*, synergides; *noy.*, noyau secondaire du sac et point de départ de l'endosperme; *antip.*, cellules antipodes; *protop.*, protoplasma; 6, cellule embryonnaire après la fécondation; elle s'est déjà divisée en deux cellules (*c*); *a*, tube pollinique; *b*, paroi du nucelle; *d*, albumen ou endosperme; 7, l'embryon à un état un peu plus avancé; *emb.*, embryon; *susp.*, suspenseur.

des pluies abondantes se produisent); les ovaires ne peuvent pas alors être fécondés et ne grossissent pas; c'est cet accident que les jardiniers désignent sous le nom de *coulure*.

Au contraire, le contact du suc visqueux que sécrète le stigmate détermine la germination des grains de pollen. Voici en quoi elle consiste : chaque grain absorbe par endosmose une certaine quantité de liquide, lequel a pour effet de distendre ses parois; bientôt, au niveau d'un ou plusieurs des pores qu'il présente et où la membrane externe ou exine manque, se fait une sorte de petite hernie, une saillie de l'intine distendue par la fovilla ; cette saillie s'allonge de plus en plus, pour former le *boyau* ou *tube pollinique* (fig. 142, 1, 2, *a*, *b*).

Parfois, cette germination se fait alors que le pollen est encore enfermé dans l'anthère, surtout quand le stigmate étant très voisin de celle-ci, il peut l'humecter de sa sécrétion.

Les tubes polliniques s'enfoncent dans les interstices des papilles stigmatiques et suivent toute la longueur du style formé par le *tissu conducteur*, en se nourrissant de la substance des cellules au contact desquelles ils se trouvent. Ils arrivent ainsi, en plus ou moins grand nombre, jusqu'à la cavité de l'ovaire, selon la quantité d'ovules à féconder, car chacun de ceux-ci doit recevoir un tube pollinique (fig. 142, 4).

La marche des tubes polliniques à travers le style est plus ou moins rapide ; ainsi, dans le Safran, dont le style a une longueur de 5 à 10 centimètres, ils ne mettent qu'un à trois jours, tandis que pour celui de l'Arum, qui n'a que 2 ou 3 millimètres, il leur en faut cinq. Il est même des plantes, les Orchidées, où ils emploient des semaines et des mois pour arriver à destination.

Phénomènes intimes de la fécondation. — Quand le tube pollinique rencontre le sommet de l'ovule, il s'insinue par le micropyle, arrive au nucelle, puis au sac embryonnaire, au contact duquel il s'aplatit (fig. 142, 5). La fovilla traverse alors la paroi du tube qui la renferme, puis la mince membrane de l'une des *synergides*, pour pénétrer dans celle-ci. A son tour, cette dernière laisse passer son contenu dans la cellule embryonnaire sous-jacente. Bientôt un nouveau noyau se forme dans cette dernière; on est porté à croire que ce noyau était d'abord renfermé dans le tube pollinique lui-même et que ses éléments se sont dispersés dans le protoplasma, qu'en un mot il s'est diffusé pour pénétrer à travers la membrane de la cellule embryonnaire, puis se condenser aussitôt après. Quoi qu'il en soit, ce noyau se réunit bientôt à celui qui appartient en propre à la cellule embryonnaire elle-même pour n'en former qu'un seul; enfin, cette cellule embryonnaire ou oosphère s'entoure d'une membrane de cellulose.

A partir de ce moment la fécondation est accomplie, et l'oosphère est devenue l'*œuf* végétal, pour nous servir d'une expression empruntée au règne animal.

L'œuf.

Peu après les phénomènes qui viennent d'être exposés, l'une des vésicules synergiques, celle qui n'a pas pris part à la fécondation et dont le rôle est nul, se détruit, et bientôt il ne reste plus trace de l'une ni de l'autre.

Quant aux *cellules antipodes* (voy. p. 214), leur fonction dans le phénomène de la fécondation est encore complètement inconnue.

Dès que l'ovule est fécondé, le micropyle se resserre, s'oblitère et étrangle le tube pollinique qui se résorbe sans laisser de trace.

Évolution des autres parties de la fleur.

Le rôle de la fleur est désormais achevé; le périanthe perd ses brillantes couleurs, se flétrit et tombe le plus souvent; parfois, cependant, il persiste, le calice surtout, qui, même à partir de ce moment, peut prendre un plus grand développement, être, comme on dit, *accrescent*, et faire partie intégrante du fruit. Les étamines et le style se dessèchent et tombent, du moins dans la règle générale, car assez souvent celui-ci persiste et devient un organe de dissémination des graines.

Par contre, les carpelles persistent et s'accroissent pour devenir le *fruit;* celui-ci renferme les *graines*, qui ne sont autres que les ovules modifiés par la fécondation.

La fleur a donc cessé d'exister et le fruit va commencer son évolution (1).

Embryon et suspenseur.

Évolution de l'Ovule à partir de la fécondation. — L'oosphère ou vésicule embryonnaire, devenue l'*œuf,* ne tarde pas à s'allonger et à se diviser en deux cellules, par production d'une cloison transversale (fig. 142, 6, *c*). Le plus souvent, la cellule inférieure contribuera seule à former l'*embryon*, l'autre se transformant en un petit filet, dont la partie supérieure est fixée à la voûte du sac embryonnaire, tandis que l'inférieure porte l'embryon; on l'appelle, pour cette raison, le *suspenseur* (fig. 142, 7).

Parties constitutives de l'embryon.

L'embryon proprement dit en s'accroissant montre bientôt deux petites saillies (Dicotylédones, fig. 116, *G, c*) ou une seule (Monocotylédones, fig. 150, *ss*, *sc*), première trace des *cotylédons* ou feuilles primordiales. En même temps se forment plusieurs couches emboîtées les unes dans les autres, représentant l'*épiderme,* l'*écorce* et le *bois* de la nouvelle plantule. Enfin, celle-ci s'allonge par ses deux extrémités et présente du côté du suspenseur la *radicule,* du côté opposé, la *tigelle*, où l'on peut souvent même distinguer déjà un rudiment de bourgeon foliaire, la *gemmule* (fig. 116, G, et 150).

Formation de l'albumen ou endosperme.

En outre, le sac embryonnaire est le siège d'un travail, qui a pour effet d'y former un dépôt, parfois très abondant, d'une réserve nutritive, qui servira au développement de l'embryon, et qu'on appelle *albumen* ou *endosperme*. Il a pour point de départ ce gros noyau que nous avons vu se former au milieu du sac embryonnaire en même temps que l'oosphère et les synergides (fig. 142, 5, *noy.*). Par suite de divisions répétées, il finit par remplir la cavité du sac d'une substance qui constitue une réserve nutritive pour l'embryon. Si celui-ci l'absorbe complètement pour subvenir à sa croissance, il n'en reste pas trace dans la graine mûre. Mais souvent il persiste en quantité plus ou moins

(1) Pour les phénomènes chimiques qui accompagnent la floraison et la fécondation, voyez le chapitre de la *Respiration.*

considérable; et alors, d'après son aspect et sa consistance on lui donne les noms de *farineux* ou *amylacé* (Graminées), *oléagineux* ou *charnu* (Ricin, Pavot), *corné* (Dattier, Caféier, Phytéléphas); c'est même l'albumen de ce dernier qui constitue l'*ivoire végétal*, employé aux mêmes usages industriels que l'ivoire animal.

Lorsque l'embryon devient très volumineux, il remplit tout le sac embryonnaire et digère tout l'albumen; mais les cotylédons qui se sont gorgés de matières nutritives aux dépens de celui-ci constituent à leur tour une réserve que l'embryon absorbera au fur et à mesure de ses besoins, au moment de la germination.

Albumen externe ou périsperme.

Indépendamment de cet albumen interne ou endosperme, formé dans le sac embryonnaire, il peut s'en former un second, en dehors du premier, *aux dépens du nucelle*. Celui-ci, en effet, qui disparaît souvent en entier avant même la fécondation, persiste parfois et peut s'accroître en se gorgeant de substances nutritives; on donne à cet albumen le nom de *périsperme*. Il est tantôt de durée éphémère et promptement absorbé par l'embryon, comme dans l'Amandier, et tantôt plus durable, comme dans le Balisier. Enfin, l'endosperme et le périsperme peuvent exister simultanément; la graine est alors pourvue de deux albumens emboîtés l'un dans l'autre (Pipéracées, Nymphéacées).

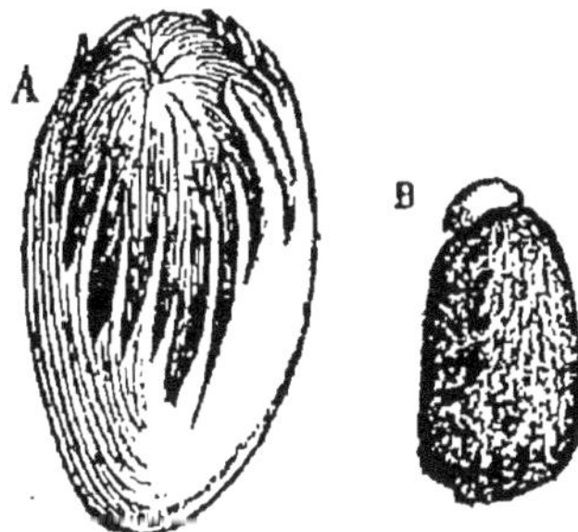

Fig. 143. — A, arille de la Muscade découpé en bandelettes; B, arille en forme de caroncule de la graine du Ricin.

Modifications des autres parties de l'Ovule — Tandis que les parties profondes de l'ovule subissent les changements considérables qui ont été décrits, les parties extérieures se modifient également.

Des deux enveloppes de l'ovule, l'interne ou secondine se résorbe, et l'externe ou primine seule persiste, pour devenir le tégument de la graine. Quant au funicule et au hile de l'ovule, ils deviennent le funicule et le hile de la graine.

De plus, ces organes extérieurs et même certaines parties de la graine deviennent parfois le point de départ de productions singulières, d'excroissances, que l'on désigne sous le nom d'*arilles*. Leurs dimensions sont très variables; elles peuvent consister en une simple caroncule, comme dans le Ricin, ou acquérir un développement énorme, de façon à recouvrir entièrement la graine, comme cela a lieu pour la Muscade, où l'arille, connu sous le nom de *macis*, a la forme de longues bandelettes charnues de couleur jaune rougeâtre (fig. 143).

FÉCONDATION ET DÉVELOPPEMENT DE L'EMBRYON CHEZ LES GYMNOSPERMES

L'histoire de la reproduction, telle qu'elle vient d'être exposée, s'applique aux plantes Phanérogames Angiospermes.

Mais la seconde catégorie de Phanérogames, les *Gymnospermes*, encore appelés Conifères ou arbres verts, et dont font partie les Pins, Sapins, Thuyas, etc., présentent, au point de vue de l'organisation de la fleur, de la marche de la fécondation et du développement, des particularités importantes.

Organisation de la fleur. Dans ces plantes les fleurs sont toujours unisexuées; leurs ovules, toujours orthotropes et pourvus d'un tégument unique, ne sont pas renfermés dans des ovaires clos de toutes parts, mais sont simplement portés à nu par une écaille. Le nucelle offre un sac embryonnaire volumineux, dans lequel, longtemps avant la fécondation (ce qui établit une grande différence avec les autres Phanérogames), il s'est formé un *endosperme* abondant. Au milieu de cet endosperme plusieurs cellules se distinguent par leur volume considérable et portent le nom de *corpuscules* (fig. 145). Souvent groupés les uns près des autres, chacun de ceux-ci est surmonté d'une rosette de quatre petites cellules (*b*), interposées entre elles et la membrane du sac embryonnaire. Il n'y a donc rien de plus dans le sac embryonnaire, ni vésicules synergiques, ni vésicules antipodes.

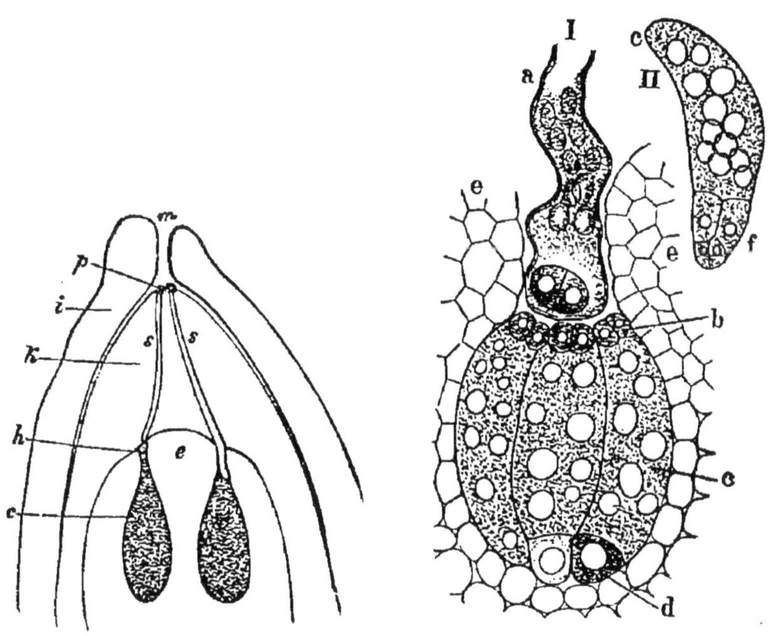

Fig. 144. Fig. 145.

Fig. 144. — Vue schématique de la fécondation d'une Conifère; *m*, micropyle; *i*, enveloppe de l'ovule; *p*, grains de pollen envoyant chacun un tube pollinique (*s*, *s*) aux corpuscules (*h*, *c*); *e*, albumen.

Fig. 145. — I, corpuscules de Genévrier (*Juniperus communis*) (grossi 300 fois); *a*, tube pollinique; *b*, cellules en rosette des corpuscules; *c*, corpuscules; *d*, cellules embryonnaires; *e*, endosperme; II, un corpuscule isolé, montrant l'embryon (*f*) en voie de développement, et le suspenseur (*c*).

Fécondation. Pour la *fécondation*, un seul tube pollinique ou plusieurs, suivant les espèces, pénètrent jusqu'au nucelle; et là ils restent stationnaires pendant un temps variable, tout en gardant leur entière vitalité, tandis que l'ovule achève d'arriver à maturité pour devenir apte à être fécondé. Ainsi, pour les Conifères qui mûrissent leur fruit en un an, cet état stationnaire a une durée de quelques semaines à quelques mois, tandis qu'elle est d'une année pour ceux qui, comme le Genévrier, le Pin sylvestre, emploient deux ans à mûrir les leurs.

Formation et développement de l'embryon. Les oosphères une fois fécondées par le contact du tube pollinique, les choses se passent d'une façon analogue à celle des Angiospermes. Chaque corpuscule subit des cloi-

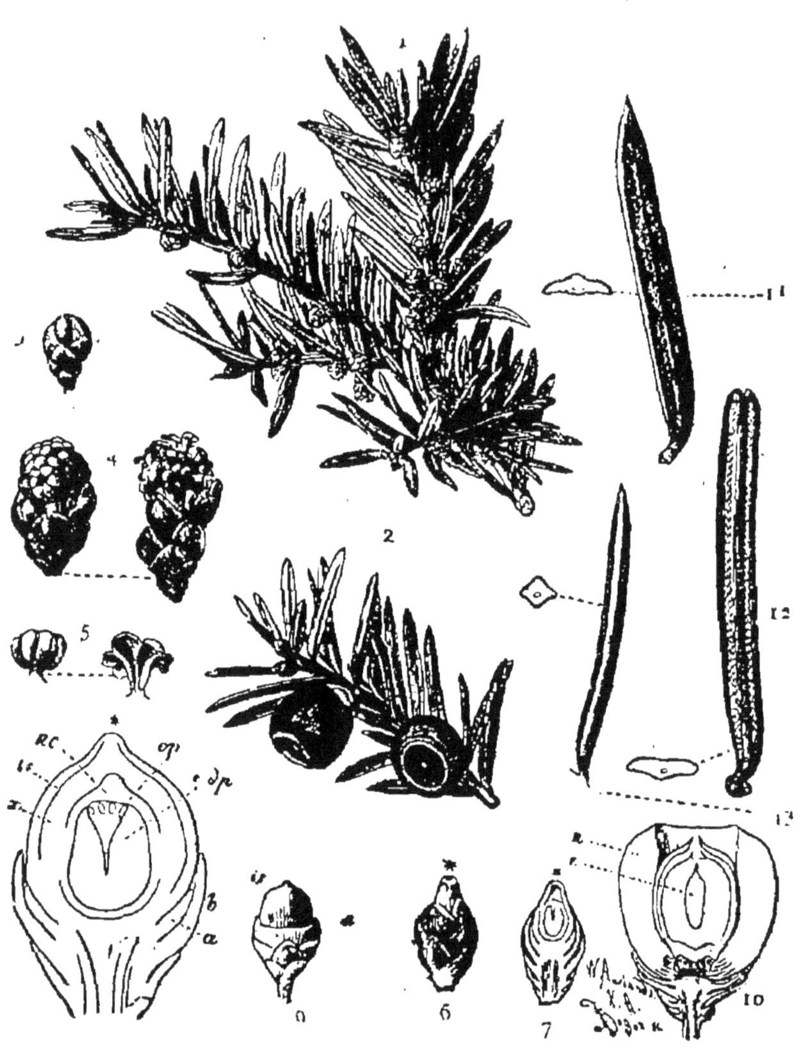

Fig. 146. — Organes de la reproduction d'une Conifère, l'If (*Taxus baccata*); 1, rameau chargé de fleurs mâles; 2, rameau portant deux fruits mûrs; 3, bouton de fleur mâle; 4, fleurs mâles épanouies montrant leurs étamines; 5, étamines, l'une encore fermée, l'autre ouverte; 6, fleur femelle; 7 et 8, la même, fendue en long, vue sous deux grossissements différents; *ts*, *x*, enveloppes de l'ovule devenant en partie ligneuse; *sc*, sac embryonnaire, dans lequel se forme l'albumen (*cdp*), et où l'on voit les corpuscules (*cp*); *a*, *b*, écailles à l'aisselle desquelles s'est formée la fleur; 9, fruit à demi-formé; 10, le même, fendu en long; *a*, disque charnu de couleur rouge, qui s'élève autour du fruit proprement dit; *e*, l'embryon; 11, aiguille ou feuille de l'If avec sa coupe transversale; 12 aiguille du Sapin; 13, celle du Pin.

sonnements formant plusieurs étages superposés de cellules (fig. 145). Le corps qui en résulte porte le nom de *pré-embryon*. Bientôt, en effet, sa petite masse va se diviser en deux parties distinctes, dont la supérieure constituera le *suspenseur* (fig. 145, II, *c*), tandis que l'inférieure sera l'*embryon* proprement dit *(f)*.

Ce dernier en se développant allonge sa tigelle, autour de laquelle se voient souvent plus de deux et parfois un grand nombre de cotylédons, trois à quatorze, disposés en un seul verticille (fig. 153, II, III, *c*).

Chaque corpuscule devenant embryon, il en résulte qu'un même nucelle donne naissance à plusieurs embryons; mais, comme dans les Angiospermes, il ne se produit ici, en réalité, qu'un seul embryon susceptible de se transformer en graine, les autres s'atrophiant à un moment donné et servant à la nourriture de celui qui prend le dessus. L'endosperme contribue aussi au développement de ce dernier, qui, d'ailleurs, n'absorbe jamais complètement cette réserve nutritive, dont il reste toujours une notable portion dans la graine arrivée à sa maturité.

RÉSUMÉ

Pollinisation. — La *pollinisation* est le contact du pollen avec le stigmate. Dans les fleurs hermaphrodites il peut y avoir *autofécondation*. Mais celle-ci n'est pas toujours possible (*dichogamie*, disposition particulière du pistil et des étamines, etc.).

Dans les fleurs monoïques et dioïques la pollinisation se fait à l'aide du vent, des insectes, parfois par l'intervention directe de l'homme (pollinisation artificielle).

Fécondation chez les Angiospermes. — Le pollen, mis au contact du stigmate, germe, enfonce un tube pollinique à travers le tissu conducteur du style et arrive plus ou moins vite à l'ovule, puis à la cellule embryonnaire, par l'intermédiaire d'une des synergides. La cellule embryonnaire fécondée est l'*œuf végétal*. L'œuf se segmente et devient l'*embryon*, dont la partie supérieure offre le *suspenseur*. L'embryon s'accroissant constitue la *plantule*, pourvue d'un ou deux *cotylédons*, d'une *tigelle*, terminée par une *gemmule*, et d'une *radicule*. Dans le sac embryonnaire se développe l'*endosperme* ou *albumen*, de consistance variable, et parfois un *albumen externe* ou *périsperme* aux dépens du nucelle.

L'enveloppe interne de l'ovule se résorbe ; l'extérieure persiste ; le funicule et le hile deviennent le funicule et le hile de la graine ; des excroissances appelées *arilles* peuvent s'y développer.

Fécondation chez les Gymnospermes. — Fleurs unisexuées, ovules orthotropes, à un seul tégument, non renfermées dans un ovaire. Avant toute fécondation, formation dans le sac embryonnaire d'un *endosperme*, dans lequel se voient quelques grosses cellules appelées *corpuscules*, surmontées chacune de quatre petites cellules. La germination du pollen se fait souvent longtemps avant la maturité de l'ovule. Chaque corpuscule devient un *embryon* pourvu d'un *suspenseur ;* mais un seul se transforme en graine, les autres s'atrophiant. L'embryon porte souvent un grand nombre de cotylédons.

CHAPITRE X

FRUIT ET GRAINE

1° DÉVELOPPEMENT ET MATURATION DU FRUIT : Origine et parties constitutives du Fruit ; Péricarpe ; Loges et cloisons. Parties accessoires du Fruit. Déhiscence. Classification des fruits. — 2° ORGANISATION DE LA GRAINE : Description du grain des céréales ; Dissémination des fruits et des graines.

1° DÉVELOPPEMENT ET MATURATION DU FRUIT

Origine et parties constitutives du Fruit. — Comme il a été dit au chapitre précédent (page 227), le *fruit* n'est autre chose que l'ovaire lui-même, qui a subi d'importantes modifications après la fécondation de l'ovule, lequel, de son côté, se transforme en *graine.*

Nous aurons dans ce chapitre deux choses à étudier : le *fruit* et la *graine.*

Dans l'examen du fruit, nous devons considérer successivement : le *péricarpe*, qui dérive de la paroi de l'ovaire ; les *loges* et les *cloisons* qui divisent souvent sa cavité ; le mode de *déhiscence,* quand celle-ci a lieu ; enfin, les différentes sortes de fruits ou leur *classification.*

Péricarpe. — Le *péricarpe* n'est autre chose que la paroi de l'ovaire, modifié pendant la période de la maturation. Ces modifications portent sur l'*épiderme extérieur*, le *parenchyme* et l'*épiderme interne*, qui deviennent l'*épicarpe*, le *sarcocarpe* et l'*endocarpe.* Nous allons les examiner rapidement, en prenant pour types un fruit sec, la *noisette*, et un fruit charnu, la *pêche*.

Dans la Noisette, le péricarpe, formé des deux épidermes interne et externe et du parenchyme intermédiaire confondus entre eux, devient une masse dure, résistante, par suite de l'épaississement des parois des cellules constitutives, qui s'incrustent de matière ligneuse, en même temps que leur cavité se rétrécit beaucoup ; le péricarpe n'est autre chose, par conséquent, que la coquille du fruit.

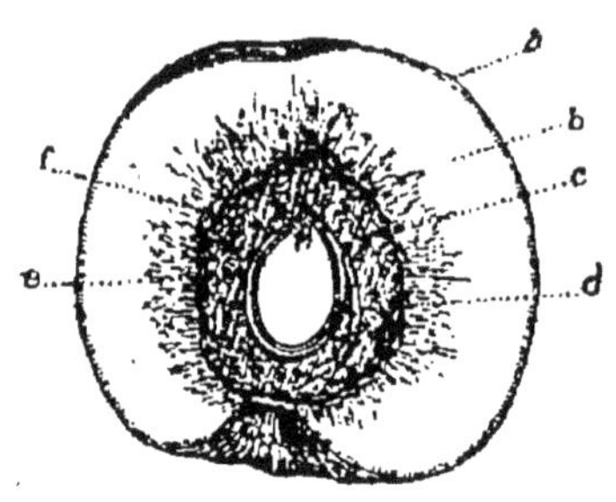

Fig. 147. — Fruit à péricarpe charnu (Pêche); *a*, épiderme ; *b*, parenchyme ou sarcocarpe; *c*, endocarpe ou noyau; *d*, funicule de la graine; *e*, tégument de la graine; *f*, embryon.

Dans la Pêche, les parties du péricarpe restent plus distinctes : l'épiderme extérieur s'épaissit, devient duveteux et constitue ce qu'on appelle la peau du fruit ou *épicarpe ;* le parenchyme prend un énorme accroissement, par suite de la multiplication et de l'agrandissement de ses cellules, dont les parois restent fort minces et se remplissent de sucs savoureux : c'est le *sarcocarpe*. Quant aux vaisseaux qui parcourent les parois de l'ovaire, on les retrouve disséminés comme de très fins filaments au milieu de la pulpe du fruit.

Tandis que ces modifications anatomiques s'opèrent dans les tissus du fruit, il s'en passe d'autres de nature chimique : c'était d'abord de la fécule, du tannin, des acides, qui se trouvaient accumulés dans les cellules, et le fruit avant la maturité était fade et âcre ; mais par suite de la transformation de ces substances en glycose, le fruit est devenu doux et savoureux.

Quant aux couches les plus internes du parenchyme de la Pêche, jointes à l'épiderme interne, elles ont subi une tout autre modification. Elles ont pris, en effet, une consistance remarquable, leurs cellules ont épaissi leurs parois par accumulation de matière ligneuse, et rétréci leur cavité, pour former un tissu dont la dureté égale celle de la pierre, et qui a reçu le nom de *noyau* ou *endocarpe*.

Loges et Cloisons. — La disposition des *loges* qui divisent souvent l'intérieur du fruit et celles des *cloisons* qui les limitent, rappelle ordinairement la disposition qu'elles offraient dans l'ovaire ; mais il y a d'assez nombreuses exceptions, le nombre des loges pouvant diminuer par avortement de certains carpelles. C'est ainsi que, tandis que l'ovaire du Noisetier a deux loges, celui du Chêne trois, et celui du Châtaignier six, le fruit de tous ces arbres n'en a plus qu'une, est *uniloculaire*.

Il peut se faire, d'autres fois, que par suite de la formation de cloisons surnuméraires, le nombre des loges se trouve augmenté (Labiées).

Nous retrouvons dans les loges du fruit les *placentas*, avec la situation qu'ils occupaient dans l'ovaire, mais ayant souvent acquis une augmentation de volume considérable, au point qu'ils remplissent parfois toute la cavité de l'ovaire et forment une masse dans laquelle les graines sont enfoncées.

Parties accessoires du Fruit. — Il arrive assez souvent que le pistil n'est pas la seule partie de la fleur qui prenne de l'accroissement après la fécondation. Le calice, comme on l'a déjà dit, est fréquemment dans ce cas, et forme autour du fruit une enveloppe plus ou moins complète, sèche, comme dans le Groseillier du Cap *(Physalis)*, ou charnue et gorgée de sucs savoureux comme dans le Mûrier en arbre. Le fruit de ce dernier, la Mûre, est en réalité composée de plusieurs fruits rapprochés et soudés entre eux, et dont chacun est enveloppé par son calice devenu charnu. D'autre fois, c'est l'espèce de coupe formée par la base du calice et de la corolle réunis, comme on le voit dans le cas des ovaires infères, le Rosier, par exemple, qui devient accrescente et charnue.

Enfin, le *réceptacle* lui-même peut en se développant

considérablement contribuer à augmenter le volume et la saveur du fruit : ainsi dans le Fraisier, c'est lui qui forme ce cône allongé autour duquel sont disposés les petits fruits nombreux dont l'ensemble constitue la Fraise ; dans le Figuier, le réceptacle profondément concave, porte dans sa cavité une multitude de petits fruits secs, et c'est lui-même qui, se gonflant de sucs savoureux, fait de la Figue le fruit excellent que l'on connaît.

Déhiscence des fruits. — Arrivés à leur maturité, les fruits d'un grand nombre d'espèces s'ouvrent pour laisser échapper leurs graines et sont dits *déhiscents*, mais beaucoup d'autres ne le sont pas, ce qui leur vaut le nom d'*indéhiscents*. La plupart de ceux qui sont charnus, comme la poire, la pomme, la pêche, et aussi de ceux qui sont secs et renferment une seule graine, comme le blé, l'orge, le seigle, etc., appartiennent à cette seconde catégorie.

Différents modes de déhiscence. La déhiscence peut s'accomplir par différents procédés : au moyen de *pores* (Pavot), par *fente transversale* (Mouron) ; plus souvent par *fente longitudinale*. Les parties de l'enveloppe du fruit, séparées par suite de la déhiscence, portent le nom de *valves*.

La déhiscence se fait parfois très brusquement, avec une grande force, de façon à projeter les semences au loin ; la Balsamine en offre un exemple des plus connus. Ce phénomène est dû à la présence d'une couche de cellules aplaties, à contours variables, qui traversent le péricarpe dans toute son épaisseur et qui, lorsqu'elles viennent à perdre une certaine quantité d'eau, se resserrent, reviennent sur elles-mêmes et déterminent brusquement la fente du péricarpe dans toute sa longueur.

Les différents modes de déhiscence, qui servent à caractériser les diverses sortes de fruits, seront indiqués dans la classification ci-dessous ; nous allons seulement donner ici quelques détails sur les trois modes de déhiscence longitudinale que l'on observe dans les fruits résultant de la réunion de plusieurs carpelles.

On appelle déhiscence *loculicide* (1) celle des fruits, soit multiloculaires, soit uniloculaires à placentation pariétale, qui s'ouvrent suivant la nervure médiane de chaque carpelle. Déhiscences : 1° loculicide ;

Dans le premier cas, chacune des valves qui résultent de la déhiscence, offre en son milieu une des cloisons qui divisent le fruit ; cette cloison, qui résulte de l'accolement des faces latérales repliées des deux carpelles voisins, porte les graines sur son bord interne : tel est le cas de la Tulipe.

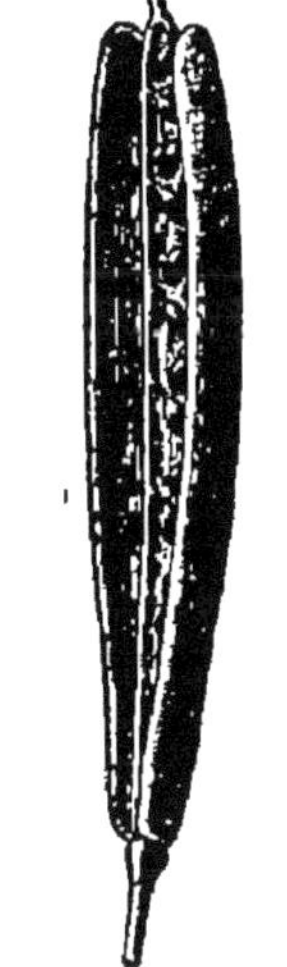

Fig. 148. — Exemple de fruit sec à déhiscence longitudinale (Silique).

Dans le second cas, chaque valve offre en son milieu le placenta, sur lequel sont groupées les graines, comme dans la Violette (Fig. 132, II).

On appelle déhiscence *septicide*, celle des fruits multiloculaires (fig. 130, III) dont les carpelles se séparent, se décollent tout d'une pièce, chacun d'eux se fendant ensuite le long de la ligne de soudure de la feuille carpellaire : le Colchique en offre un exemple. 2° septicide ;

Enfin, sous le nom de déhiscence *septifrage*, on entend celle dans laquelle les cloisons restant, intactes et réunies au centre du fruit, la paroi externe seule de celui-ci se sépare en autant de valves qu'il y a de carpelles : on l'observe dans le *Datura* ou Pomme-épineuse. 3° septifrage.

Classification des fruits. — D'après le nombre et les relations des carpelles qui entrent dans la composition des fruits, ceux-ci peuvent se répartir en quatre grands groupes :

Fruits simples, formés par un seul carpelle (Graminées) ;

Fruits multiples ou *polycarpés*, formés par plusieurs carpelles qui restent distincts (Fraise) ;

Fruits soudés ou *syncarpés*, résultant de la réunion de plusieurs carpelles accolés provenant d'une même fleur (Lis) ;

Fruits composés ou *synanthocarpés*, dus à la soudure de plusieurs carpelles appartenant à des fleurs différentes (Mûre).

(1) Les mots *loculicide, septicide, septifrage,* signifient que la déhiscence se fait par fente des loges, fente des cloisons, rupture des cloisons.

CLASSIFICATION DES FRUITS D'APRÈS LA DÉHISCENCE

- **1° Fruits secs.**
  - Indéhiscents.
    - *Akène.* Fruit monosperme, péricarpe distinct du tégument de la graine (Chardon, Oseille).
    - *Caryopse.* Diffère de l'akène en ce que le péricarpe est soudé au tégument de la graine (Graminées).
    - *Samare.* Akène pourvu d'appendices en forme d'ailes (Frêne, Orme).
  - Déhiscents.
    - En long.
      - *Follicule.* Carpelle unique à bords accolés, se disjoignant à la maturité (Pivoine).
      - *Gousse.* Carpelle unique, se séparant à la maturité en deux valves par une double fente, l'une ventrale, l'autre dorsale (Légumineuses).
      - *Silique.* Sorte de gousse s'ouvrant par deux fentes ventrales et deux dorsales, ce qui a pour effet de séparer de l'enveloppe les placentas formant une fausse cloison qui porte les graines (fig. 148).
      - *Capsule.* Fruit ne rentrant dans aucune des espèces précédentes (Tulipe) ; si la déhiscence, au lieu d'être longitudinale (Pensée), se fait par de petits trous, on la dit *poricide* (Pavot).
    - En travers.
      - *Pyxide.* Fruit simple, uniloculaire, se divisant en deux valves superposées, suivant une ligne de déhiscence circulaire (Mouron, Jusquiame).
- **2° Fruits charnus.**
  - Indéhiscents.
    - *Baie.* Pas de noyau (Raisin, Groseille).
  - Déhiscents.
    - *Capsule charnue* (Balsamine).
- **3° Fruits mi-partie secs et charnus.**
  - Indéhiscents.
    - *Drupe.* Fruit charnu à l'extérieur, renfermant un noyau (Cerisier, Prunier, Pêcher).
  - Déhiscents.
    - *Capsule drupacée* ou *noix.* Diffère du fruit précédent par son péricarpe plus coriace (Amandier, Noyer, Cocotier).

2° ORGANISATION DE LA GRAINE

Graine, ses enveloppes ; l'Embryon. — L'ovule, en passant à l'état de graine sous l'influence de la fécondation et en arrivant peu à peu à la maturité, éprouve comme on l'a vu précédemment, des changements considérables, quelquefois par réduction, le plus souvent par augmentation du nombre de ses parties constituantes. Ainsi, tandis que dans la règle, l'ovule se compose d'une petite masse centrale, le *nucelle*, et de *deux enveloppes*, il peut arriver qu'à la maturité, par suite du dédoublement de l'une de ces dernières, il en existe alors trois ou même quatre : c'est le cas du Ricin. Par contre, il peut se faire que l'enveloppe de la graine se compose d'un tégument unique.

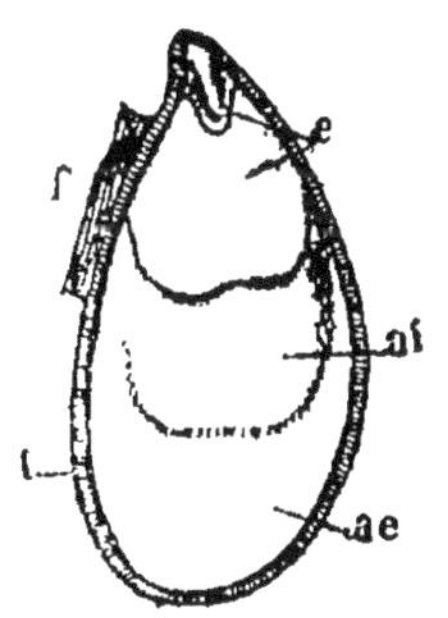

Fig. 149. — Structure de la graine de l'Amandier fendue en long ; *t*, tégument de de la graine ; *f*, funicule ; *c*, embryon et cotylédons ; *ai*, albumen intérieur ou endosperme embryonnaire ; *ae* albumen extérieur ou périsperme.

Nous avons donc à étudier dans la graine, l'enveloppe ou *tégument* et le contenu ou *amande*.

Le tégument de la graine ou *épisperme* (fig. 149, *t*), peut être sec et membraneux, comme dans le Pêcher, le Noisetier, le Noyer et l'Amandier, ou dur et épais, comme dans le Pin, ou bien charnu, ainsi que le montre la Grenade. Tégument de la graine.

Sa surface est ordinairement lisse, mais assez souvent marquée de dessins en relief, de lignes sinueuses, de côtes ou de ponctuations. Souvent, les cellules les plus superficielles sont transformées en poils, lesquels peuvent acquérir une grande dimension, comme dans le Cotonnier, où elles constituent le coton ; parfois ces poils sont groupés seulement en certains points, sous forme d'aigrette, et facilement soulevés par le vent, ils servent à la dissémination des graines. Enfin, dans l'épaisseur du tégument se ramifient des faisceaux libéro-ligneux.

Amande. La partie renfermée sous le tégument de la graine est l'*amande* (fig. 149), qui se compose de l'embryon (*e*) seul ou accompagné d'un endosperme (*ai*), ou d'un périsperme (*ae*), ou même des deux à la fois. (Voy. p. 220.)

Embryon. L'*embryon* est formé d'un petit cylindre, la *tigelle* (fig. 150, *st*), présentant une extrémité conique, la *radicule* (*w*), tandis que l'autre extrémité est très renflée, ovoïde ou aplatie, et peut, chez les Dicotylédones, être séparée en deux parties, qui sont les *cotylédons* (fig. 152, II, *cc*). Entre ceux-ci se voit un très petit *cône végétatif*, qui surmonte la tigelle, et qui présente un bourgeon foliaire microscopique, la *gemmule* (fig. 150, *k*).

Chez les Monocotylédones, il n'y a qu'un cotylédon (*ss*, *sc*), lequel offre sur un de ses bords une petite fente au fond de laquelle est logé le cône végétatif de la tigelle. Chez les Conifères, il y en a souvent plusieurs (fig. 153, D, *c*).

Les cotylédons sont épais et charnus, ou minces, membraneux et différemment repliés et plissés, selon que l'albumen a disparu ou qu'il a au contraire persisté.

Lorsque l'albumen existe, l'embryon y est ordinairement plongé, mais de façon, en tous cas, à être très rapproché du micropyle de la graine (fig. 153, I, *y*); vers lequel se trouve toujours dirigée la radicule (*w*) ; quelquefois, au contraire, il est situé en dehors de cette réserve nutritive, autour de laquelle s'enroulent les cotylédons.

Description du grain des Céréales. — Ces notions générales relatives à la constitution de la graine, étant posées, décrivons l'organisation d'une graine prise comme type. Soit le grain des céréales, le Maïs, par exemple (fig. 150).

Ce grain, disons-le d'abord, n'est pas une simple graine; c'est un fruit tout entier. Il a une forme arrondie polygonale, par suite de la pression exercée par les grains voisins que porte le même épi. En un point de sa surface répondant au sommet, on aperçoit les restes du style (*n*), tandis qu'à la région opposée on voit le hile (*f s*) ou point d'attache du court pédicelle du fruit et qui en marque la base. C'est dans son voisinage qu'il faut chercher l'embryon.

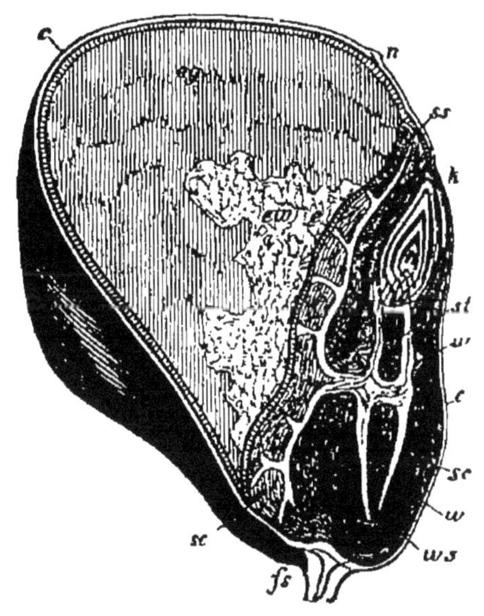

Fig. 150. — Coupe longitudinale du fruit très grossi du Maïs ; *c*, péricarpe doublé du tégument de la graine ; *n*, point où s'insérait le style ; *fs*, pédicule du fruit ; *eg*, *ew*, albumen, dur et jaune à la périphérie, mou et blanc vers le centre ; *ss*, *sc*, cotylédon unique enveloppant l'embryon ; *e*, épiderme du cotylédon ; *ts*, tigelle ; *w*, radicule ; *ws*, gaine de la radicule ; *k*, gemmule. Les lignes blanches qui parcourent l'embryon et le cotylédon réprésentent les faisceaux fibro-vasculaires.

Ce fruit, comme d'ailleurs ceux de toutes les Graminées, appartient à cette variété qui a reçu le nom de *caryopse ;* c'est-à-dire que le péricarpe, sec et membraneux (*c*), s'est soudé au tégument de la graine, qu'on voit au-dessous, pour former avec lui une enveloppe unique.

Au-dessous de celle-ci se voit une masse blanche, dont la plus grande partie est formée par l'*endosperme* ou *albumen*, de consistance plus dure à sa périphérie (*e g*), plus molle dans son centre (*ew*). Cet albumen, de nature farineuse, enveloppe incomplètement l'embryon, qui se trouve logé par conséquent entre lui et le tégument de la graine, ce qui lui a valu le nom d'*extraire*, par opposition aux cas dans lesquels il est entièrement plongé dans l'albumen, comme on le voit pour le Ricin, et où il mérite pour cette raison le nom d'*intraire*.

L'*embryon* se compose de quatre parties bien distinctes :

1° Une *tigelle* (*st*), sur le côté de laquelle s'attache le cotylédon, tandis que son sommet se continue par la gemmule ;

2° Un *cotylédon* (*ss*, *sc*) unique et de grande dimension, qui enveloppe tout l'embryon comme d'un manteau, caractère qui se retrouve dans toutes les graines des Graminées, il est revêtu d'un épiderme (*e*) appliqué contre l'albumen ;

3° La *gemmule* (*h*), petit bourgeon foliaire qui surmonte la tigelle et enveloppe le cône végétatif.

4° La *radicule* (*w*), qui continue la tigelle dans une direction opposée à la gemmule, et dont la pointe est toujours dirigée vers le micropyle. Son extrémité est protégée par une petite gaine appelée *coléorhize* (*ws*) (1). D'une façon générale, les Monocotylédones ont une coléorhize, tandis que les Dicotylédones en sont dépourvus.

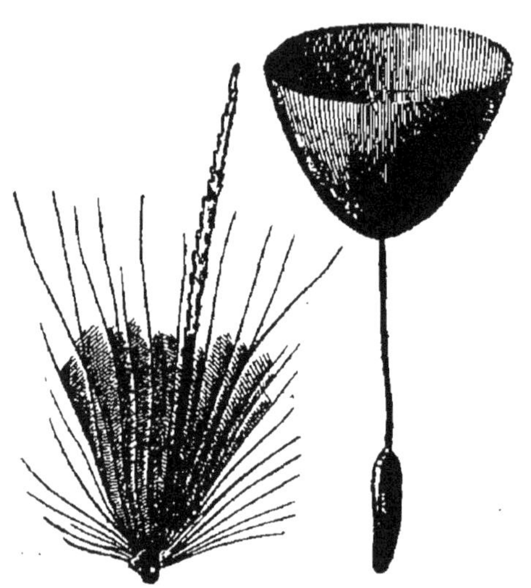

Fig. 151. — Organes de dissémination ; à gauche, un fruit de Graminée (*Pennisetum*) ; à droite, une graine de Pissenlit.

Dissémination des Fruits et des Graines. — Les agents de dissémination des fruits et des graines sont fort variables comme on va le voir.

Agents de la dissémination :

Le vent ; Un certain nombre de fruits sont pourvus d'organes légers, grâce auxquels ils peuvent être soulevés par le vent et emportés à des distances souvent considérables. Ainsi ceux des Chardons, des Bluets, des Salsifis, des Pissenlits (fig. 151), portent des aigrettes de forme variable, sortes de parachutes qui leur permettent de flotter en l'air. Toutes les espèces de la famille des Composées sont ainsi pourvues de semblables organes de dissémination. Dans d'autres plantes, c'est la graine elle-même qui offre une particularité analogue ; telle est celle du Saule. D'autres fois, au lieu d'une aigrette, le fruit est pourvu d'un organe étalé en manière d'aile, et qui sert à jouer un rôle identique : ceux de l'Érable et de l'Orme, que l'on voit tournoyer au vent, nous en offrent des exemples bien connus.

(1) *Coléorhize*, du grec κολεός, étui ; ῥίζα, racine.

Un autre ordre de causes de dissémination réside, non plus dans les courants aériens, mais dans les cours d'eau, qui transportent à des distances parfois considérables certains fruits ou graines, lesquels peuvent résister, souvent pendant bien des jours, sans altération, à l'action de l'eau et être conduits au loin par les courants marins ou les fleuves. Les cours d'eau

Les animaux, surtout, constituent une cause active de l'extension géographique des plantes. Ainsi un certain nombre de fruits, qui ont leur surface hérissée d'aspérités leur permettant de s'accrocher aux poils et surtout à la laine des animaux, se trouvent fortuitement transportés d'un pays dans l'autre, en même temps que les toisons de ces animaux auxquels ils sont fixés. Les animaux ;

D'autre part, différents animaux, des oiseaux surtout, transportent avec leur bec les fruits ou les graines de certaines plantes et les laissent tomber çà et là ; c'est ainsi qu'une plante parasite trop connue, le Gui, passe d'un arbre à l'autre ; ou bien, ces animaux mangent les fruits, dont les noyaux résistants traversent leur tube digestif sans que l'amande en soit altérée. On explique par ce moyen de dissémination l'existence de ces végétations nombreuses qui couronnent le sommet des vieux monuments, même les plus élevés. C'est en grande partie à cette cause que l'on doit attribuer la richesse de la flore que l'on est surpris d'observer à Rome, sur les ruines du Collisée, et qui ne comprend pas moins de 260 espèces, ou celle qui couronne au milieu de Paris les murs de la Cour des Comptes incendiée en 1870.

Enfin, l'homme lui-même est de tous l'agent le plus actif de la dissémination des plantes, soit involontairement, soit d'une façon fortuite. Ainsi, les migrations des peuples, les déplacements de tribus nomades ont constamment pour conséquence l'apparition d'espèces végétales dans des lieux où elles étaient complètement inconnues auparavant. La Pomme-épineuse (*Datura stramonium*), par exemple, qui est commune au bord des chemins, dans beaucoup de parties de notre pays, nous a été apportée de l'Inde par les Bohémiens. Le séjour des Russes et des Cosaques en France, en 1815, a été suivi de l'apparition de végétaux qui ne croissaient auparavant que sur les bords du Don. Le célèbre voyageur Auguste Saint-Hilaire rapporte que nombre de nos plantes indigènes se sont naturalisées au Brésil, par suite des rapports commerciaux que nous avons eus avec ce pays; citons, entre autres la Violette, la Bourrache, le Fenouil, plusieurs Géraniums, l'Avoine, des Mauves, etc. Le Chardon-Marie, si connu chez nous, abonde dans les plaines du Rio de la Plata et de l'Uruguay. L'homme.

D'autres plantes, enfin, sont importées avec intention formelle, en raison des avantages que l'ont peut retirer de leur culture au point de vue industriel ou alimentaire; citons entre autres, comme l'une des plus célèbres, le Caféier, originaire de l'Arabie et qui, transporté aux Antilles, il y a un peu moins de deux siècles, fournit presque tout le café consommé en Europe.

RÉSUMÉ

Le fruit. — L'ovaire et l'ovule deviennent après la fécondation le fruit et la graine.

Le fruit se compose du *péricarpe*, qui se divise lui-même en *épicarpe*, *sarcocarpe* et *endocarpe*.

Le fruit est souvent divisé en *loges* par des *cloisons*, qui le plus souvent reproduisent la disposition de celles de l'ovaire. Mais parfois leur nombre peut diminuer ou au contraire augmenter.

Le calice, la base de la corolle, le réceptacle peuvent contribuer à la constitution du fruit.

Les fruits sont *indéhiscents* ou *déhiscents*. La déhiscence se fait par *fente longitudinale*, *transversale*, par *valves* ou par *pores*.

Les principales variétés de déhiscence par fente sont les déhiscences *loculicide*, *septicide*, *septifrage*.

Classification des fruits :

1° D'après le nombre des carpelles et leur rapports :

Fruits *simples* : fruits *multiples* ou *polycarpés* ;

Fruits *soudés* ou *syncarpés* ;

Fruits *composés* ou *synanthocarpés*.

2° D'après la déhiscence :

Fruits secs indéhiscents : *akène*, *caryopse*, *samare* ;

Fruits secs déhiscents : *follicule*, *gousse*, *silique*, *capsule* et *pyxide* ;

Fruits charnus indéhiscents : *baie* ;

Fruits charnus déhiscents : *capsule charnue* ;

Fruits mi-partie secs et charnus indéhiscents : la *drupe* ; et déhiscents : la *noix*.

La graine. — Elle offre : 1° des téguments (*épisperme*) de structure et d'apparence variables, ordinairement au nombre de deux, parfois d'un seul, parfois de trois ou quatre ;

2° L'*amande*, qui se compose de l'*embryon* (*tigelle*, *radicule*, avec ou sans *coléorhize*, *gemmule*, *cotylédons*, au nombre d'un ou de deux) et de l'albumen simple ou double (*endosperme*, *intraire* ou *extraire*, *périsperme*).

Les fruits et les graines portent souvent des appendices longs et légers qui favorisent leur dispersion ; les principales causes de dissémination sont : le vent, les cours d'eau, les animaux, ou l'intervention de l'homme, soit accidentelle, soit intentionnelle.

CHAPITRE XI

MULTIPLICATION DES PLANTES AU MOYEN DES GRAINES ; GERMINATION

L'individualité de la graine est plus accusée que celle du bourgeon. Vie latente de la graine. Conditions nécessaires à la germination. Phénomènes morphologiques et phénomènes chimiques de la germination.

L'individualité de la Graine est plus accusée que celle du Bourgeon. — Nous avons vu à la fin du chapitre VII, que les plantes peuvent se multiplier à l'aide des organes végétatifs, lesquels viennent à s'individualiser. Mais nous avons observé aussi que, dans ces cas, c'est en quelque sorte la vie même de la plante mère qui se continue dans les bourgeons et rameaux qui en ont été détachés. Aussi n'est-il pas surprenant que les nouvelles plantes ainsi obtenues présentent tous les caractères que possédait la première.

Nous arrivons maintenant à un autre mode de multiplication des végétaux, ou mieux à leur *reproduction* proprement dite, c'est-à-dire à l'aide des graines. Assurément, celles-ci renferment en elles les qualités essentielles, spécifiques de la plante mère dont elles proviennent ; mais en même temps, leur individualité est bien plus nettement accusée que dans le cas précédent ; autrement dit, la graine a une activité propre, en vertu de laquelle l'être qui en sortira sera assez souvent notablement différent de la plante originaire. C'est pour cela que les horticulteurs ont recours au semis quand ils veulent obtenir des variétés.

La vie latente de la Graine. — La graine est un être vivant qui possède déjà les organes essentiels à sa végétation ; les manifestations vitales, quoique très faibles en elle, n'y sont pas entièrement suspendues et se traduisent par une légère absorption d'oxygène et un faible dégagement d'acide carbonique. La vie peut ainsi sommeiller dans la graine pendant des années et parfois même pendant des siècles, pour se réveiller ensuite sous l'influence de circonstances favorables. C'est ainsi qu'après des remaniements de terrain, des travaux de terrassement, on voit apparaître dans un pays des plantes depuis longtemps inconnues, dont les graines, enfouies pendant un grand nombre d'années, se sont mises à germer aussitôt qu'elles ont été placées dans des conditions convenables. Bien plus, on a pu faire lever des graines trouvées dans des tombeaux gallo-romains, et même, dit-on, des graines venant des tombeaux des anciens Égyptiens et remontant par conséquent à plusieurs milliers d'années.

Conditions nécessaires à la Germination. — La germination des graines est subordonnée à des circonstances de deux ordres : les unes dépendent de la graine elle-même et sont dites *intrinsèques;* les autres sont fournies par le milieu extérieur et sont appelées *extrinsèques.*

Conditions intrinsèques.

Pour être susceptible de germer, il faut que la graine soit bien conformée, qu'elle soit *bonne,* comme on dit vulgairement. Il arrive assez souvent qu'une graine, tout en ayant son volume normal, est avortée dans quelqu'une de ses parties essentielles ; en général ces mauvaises graines se reconnaissent à ce qu'elles surnagent quand on les jette dans l'eau, contrairement aux bonnes, qui, plus lourdes, tombent bientôt au fond.

Une autre condition indispensable à la germination, c'est que la graine soit *mûre.* La maturité de la graine coïncide, en général, avec celle des parties extérieures du fruit; mais elle peut la précéder, comme cela a lieu dans un grand nombre de plantes de la famille des Légumineuses, ou la suivre, comme c'est le cas du Pêcher, du Rosier, etc., dont les graines doivent attendre souvent deux années avant de pouvoir entrer en germination.

De plus, les graines ne doivent pas être trop vieilles; autrement dit, il faut qu'elles n'aient pas encore perdu toute *vie*. La durée de la faculté germinative est d'ailleurs très variable, car si quelques-unes peuvent germer au bout de plusieurs centaines d'années, comme on l'a dit un peu plus haut, il en est qui doivent être semées dans l'année même de leur récolte, si l'on veut qu'elles se développent. Ainsi les graines qui, comme celles du Café, des Ombellifères, ont un albumen corné, perdent promptement par la dessication leur faculté germinative. Les graines oléagineuses la conservent plus longtemps, mais l'huile qu'elles contiennent venant à rancir, elles ne sont plus bonnes au bout de quelques années. Les graines amylacées ou farineuses sont celles qui de toutes résistent le plus longtemps.

Certaines circonstances extérieures peuvent faire perdre aux graines leur faculté germinative : le froid est, en général, sans action sur elles, quand elles sont bien sèches ; la chaleur est également bien supportée, du moins quand elle n'est pas humide : ainsi le Blé, le Maïs supportent sans altération une température de 100°, à l'air sec ; mais l'eau chauffée à 50° environ les tue promptement.

Conditions extrinsèques.

Trois conditions extérieures sont indispensables à la germination : la chaleur, l'humidité, l'oxygène.

La *température* nécessaire varie suivant les espèces ; quelques-unes germent à 0°, la plupart entre 20° et 25°.

L'*humidité* est tellement indispensable, que c'est à son absence que l'on doit la conservation presque indéfinie de certaines semences ; ainsi des graines de Tabac ou autres, conservées pendant deux siècles dans des herbiers maintenus à l'abri de l'humidité, ont germé quand on les a mises au contact de l'eau. Des graines placées dans une terre bien sèche sont incapables de germer, bien que la température soit suffisamment élevée.

L'*oxygène*, enfin, doit être fourni aux semences en suffisante quantité, sous peine de ne pas les voir se développer. Ainsi, plongées dans un vase hermétiquement clos, renfermant de l'acide carbonique ou de l'azote, avec un peu d'eau, et en présence d'une température convenable, elles ne germent pas; mais, remplace-t-on ces gaz par de l'air, elles se mettent bientôt à lever. De même, si on place des graines dans de l'eau privée d'oxygène par la distillation ou l'ébullition, elles n'éprouvent aucun changement.

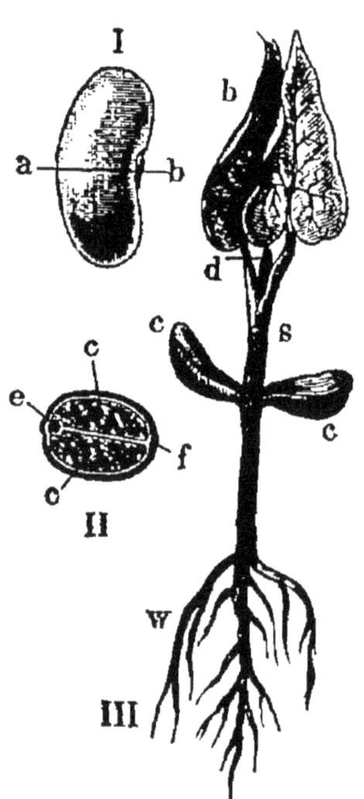

Fig. 152. — Germination du Haricot ; I, la graine entière ; *ab*, ligne suivant laquelle elle est coupée pour en montrer la structure, comme on la voit en II ; *c, c*, les cotylédons ; *e*, embryon ; *f*, tégument séminal ; III, la plantule après sa germination ; *c. c*, cotylédons ou feuilles séminales ; *s*, la tige épicotylée ; *d*, gemmule ; *b*, premières feuilles ; *w*, racines.

Mises dans l'air ou l'oxygène comprimé à 5 ou 6 atmosphères, la germination ne se fait pas davantage. Il en est de même si les graines sont en contact avec des vapeurs anesthésiques, telles que celles du chloroforme ou de l'éther, bien que toutes les conditions ordinaires de la germination se trouvent réunies.

On a remarqué que le chlore, le brome, l'iode favorisent la germination des graines même très vieilles ou en partie altérées. Ce résultat paraît dépendre du dégagement d'une certaine quantité d'oxygène naissant, dû à une décomposition de l'eau du sol sous l'action de ces agents chimiques.

Enfin, comme circonstances secondaires, on doit ajouter que la *lumière* et surtout l'*électricité*, paraissent favoriser notablement la germination.

Phénomènes morphologiques de la Germination. — On peut établir, comme règle, *quatre phases*

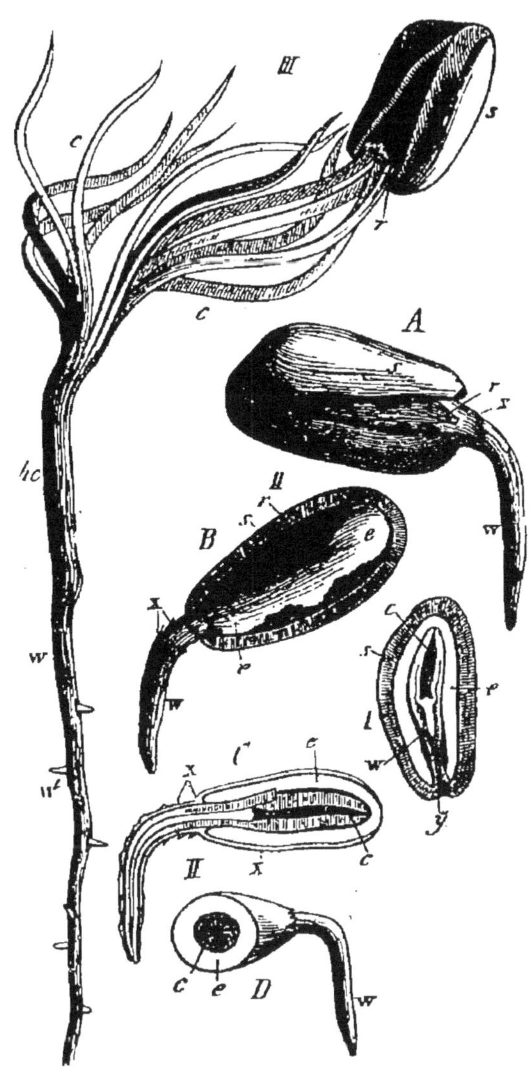

Fig. 153. — Germination d'une graine de Conifère, Pin (*Pinus picea*) : I, la graine fendue en long ; II, début de la germination ; *A*, l'enveloppe séminale (*s*), déchirée par le gonflement des parties internes, laisse sortir la racine (*w*) ; *B*, la même, avec une moitié de l'enveloppe enlevée et montrant l'endosperme (*e*) ; *C*, coupe longitudinale, et *D*, coupe transversale de la même, débarrassée de ses enveloppes ; III, fin de la germination, tout l'endosperme étant épuisé ; les cotylédons achèvent de sortir des enveloppes de la graine ; — *c*, cotylédons ; *e*, endosperme ou albumen ; *hc*, tige hypocotylée ; *w*, racine principale ; *w'*, radicelles ; *r*, couche interne rouge du tégument ; *s*, couche externe ligneuse du même ; *x*, sac embryonnaire, que l'on voit déchiré en *x* (*B*), sous la poussée de la radicule ; *y*, micropyle.

dans la germination de la graine. Si nous prenons pour exemple celle du Haricot (fig. 152), voici ce que nous observons.

1° La radicule s'allonge et sort au niveau du micropyle, (comme le montre bien la fig. 153, I, *y* et II, *C*, qui représente la germination d'une graine de Conifère), en déchirant les tissus de l'enveloppe ramollis et distendus par le gonflement de l'amande. Elle se recourbe aussitôt vers le sol (*C, D*), en vertu de la force connue sous le nom de *géotropisme* (1).

2° Peu après, la tigelle s'allonge à son tour en se dressant verticalement en haut, dans la prolongation de l'axe de la racine (fig. 152, *s*); et dans son mouvement elle entraîne les cotylédons. La partie de la tige située au-dessous d'eux porte le nom de *tige hypocotylée;* la portion qui les surmonte, est la tige *épicotylée.*

3° Ensuite, les cotylédons se gonflent de plus en plus, de façon à faire éclater les enveloppes de la graine; ils s'écartent l'un de l'autre et s'épanouissent en constituant les deux *feuilles séminales* (fig. 152, *c*, *c*).

4° Plus tard, enfin, la tige épicotylée s'accroît, et la *gemmule* ou bourgeon terminal (*d*) épanouit ses premières feuilles (*b*).

Il y a de nombreuses exceptions à cette marche classique du développement de la plantule. Ainsi, les cotylédons, au lieu de s'épanouir dans l'atmosphère sous forme de feuilles vertes, restent souvent enfouis dans le sol, comme c'est le cas pour le gland du Chêne; et après le développement de la radicule, la gemmule seule s'élève au-dessus de la terre, en se faisant jour par l'orifice de sortie de la radicule. Quand les cotylédons restent ainsi cachés, on les dit *hypoges,* tandis que les autres méritent le nom d'*épigés*. Dans tous les cas, ces organes constituent une réserve nutritive qui sert à la première alimentation de la plante en voie de développement et encore incomplètement pourvue des appareils qui lui permettront de puiser au dehors sa nourriture.

(1) Voy. p. 115.

Phénomènes chimiques de la Germination. — Pendant sa germination, la plantule absorbe de l'*oxygène*,

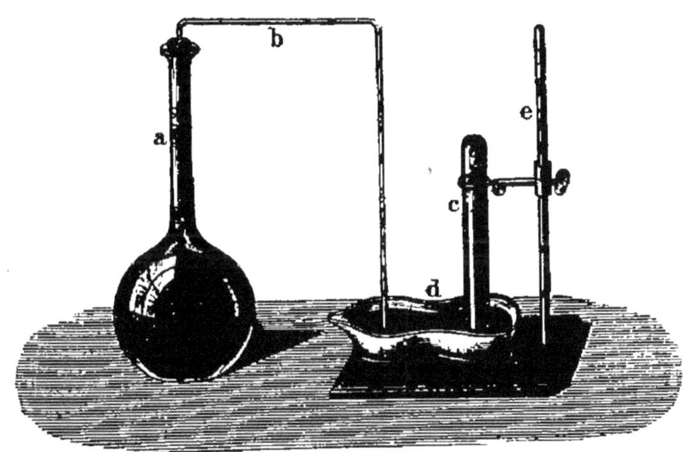

Fig. 154. — Appareil destiné a recueillir les gaz et vapeurs qui se dégagent lors de la germination des graines. Des semences de Fève un peu gonflées par l'eau sont placées dans un ballon de verre (*a*), d'où part un tube (*b*), qui aboutit à une éprouvette graduée (*c*), pleine de mercure et maintenue par le montant (*e*), dans une cuvette à mercure (*d*). Au bout d'un certain temps on analyse les gaz qui se sont accumulés dans l'éprouvette en prenant la place du mercure, et on pèse, après les avoir desséchées, les semences qui sont devenues des plantules, afin de comparer leur poids à celui des semences sèches préalablement pesées.

dégage de l'*acide carbonique* et émet de la *vapeur d'eau;* en même temps, elle perd de son poids en matières solides. (Voy. l'expérience que représente la fig. 154.) Cette déperdition porte sur le carbone, l'hydrogène, l'oxygène, qui entrent dans sa constitution, mais non sur l'azote ni les matières minérales. Le dégagement d'hydrogène et d'oxygène se faisant dans les proportions qui constituent l'eau, on peut dire, en résumé, qu'il y a perte d'eau et de carbone.

En outre, il y a dégagement de chaleur, comme on peut le démontrer en plaçant un thermomètre dans une masse de graines en voie de germination, tandis qu'un autre thermomètre placé à l'extérieur indique par comparaison la température de l'air ambiant. (Voy. Chap. VII, *Respiration.*)

Emploi des réserves nutritives.

En même temps, les aliments de réserve accumulés dans la graine se digèrent et se transforment : ainsi les substances amylacées et sucrées se changent en glycose soluble et assimilable, sous l'influence d'un ferment spécial, la diastase, due elle-même à la transformation d'une certaine quantité de substances albuminoïdes.

Si la réserve nutritive se compose de matières grasses, celles-ci se saponifient, c'est-à-dire, qu'elles se dédoublent en glycérine, qui est aussitôt absorbée et assimilée, et en acides gras, qui se dédoublent aussi et se transforment finalement en hydrates de carbone, lesquels deviennent, pour la plus grande partie, de l'amidon ou fécule.

Quant aux aliments albuminoïdes de réserve, ils s'hydratent et se transforment en peptones, puis vont s'accumuler dans les cellules végétales, surtout sous forme d'*asparagine*, laquelle disparaîtra quand la matière verte fera son apparition (1).

RÉSUMÉ

Germination. — La graine reproduit la plante ; mais elle possède en même temps une individualité propre, en vertu de laquelle l'être qui en résultera peut s'écarter plus ou moins du type primitif.

La graine est un être vivant, mais dont les manifestations vitales sont peu accusées ; sa vie est en quelque sorte *latente* et peut se conserver un temps variable suivant les espèces.

Phénomènes physiques. — 1° Conditions *intrinsèques* de la *germination* : la graine doit être *bonne, mûre, vivante.*

2° Conditions *extrinsèques : température, humidité, oxygène* et aussi, lumière et électricité.

(1) L'asparagine, dont la formule est $C^8H^8Az^2O^6$, est une substance d'une grande importance dans l'économie de la plante. Elle se forme constamment, mais se détruit au fur et à mesure de sa production, ou plutôt se transforme, en se combinant avec des composés ternaires, pour constituer des composés quaternaires ou albuminoïdes. Elle ne s'accumule dans les organes que dans le cas où les substances ternaires ne lui sont pas fournies en assez grande abondance pour pouvoir donner lieu aux combinaisons nouvelles qui viennent d'être indiquées. La formation de l'amidon, substance ternaire, étant liée à l'existence de la matière verte ou chlorophylle, on comprend pourquoi l'asparagine disparaît quand cette dernière se montre.

Quatre phases dans la germination : sortie de la radicule, par le micropyle ; allongement de la tigelle (tige *hypocotylée*, tige *épicotylée* ; gonflement des cotylédons (*hypogés* ou *épigés*) qui deviennent les feuilles séminales ; épanouissement des premières feuilles.

Phénomènes chimiques. — La graine en germant absorbe de l'oxygène et rejette de l'acide carbonique et de la vapeur d'eau, d'où résulte une perte de poids ; en même temps digestion et absorption des aliments de réserve accumulés dans la graine et qui vont servir à la nutrition de la jeune plante.

CHAPITRE XII

REPRODUCTION ET FORMES ALTERNANTES DES CRYPTOGAMES. PARASITISME

Modes de reproduction des Cryptogames. Ce qu'on entend par formes alternantes. — I° THALLOPHYTES. Reproduction asexuée par Spores et par Rajeunissement cellulaire. Reproduction sexuée : Conjugation ; Fécondation. — Formes alternantes chez les Champignons. — II° MUSCINÉES. Reproduction des Mousses. — III° CRYPTOGAMES VASCULAIRES. Reproduction des Prêles, des Fougères, des Rhizocarpees, des Lycopodiacées. — Alternance de générations chez les Phanérogames. Tableau comparatif des phenomènes de génération alternante chez les végétaux.

PARASITISME. Exemples pris chez les Phanérogames et les Cryptogames ; Cryptogames épiphytes et Cryptogames épizoïques.

Différents modes de reproduction chez les Cryptogames. — Les Cryptogames occupent les degrés inférieurs du règne végétal. Pour être, la plupart, de faible taille, souvent même microscopiques, ils n'en ont pas moins un rôle considérable à jouer dans la nature, leur nombre immense venant compenser l'exiguïté de leurs dimensions.

Organisation des Cryptogames.

Tantôt leur structure intérieure est tellement simple que les seuls éléments que l'on y rencontre sont des cellules, en même temps qu'à l'extérieur ils ne présentent pas trace de feuilles ; tantôt ils sont pourvus de feuilles et leur organisation, un peu plus compliquée, montre une différenciation des éléments anatomiques, dont un certain nombre affectent la forme de vaisseaux.

De là leur distinction en *Cryptogames cellulaires* et *Cryptogames vasculaires.* Les premiers comprennent les Algues, les Champignons et les Lichens ; les seconds, les Lycopodiacées, les Rhizocarpées, les Prêles et les Fougères.

Entre ces deux groupes viennent se placer les Muscinées ou Mousses, qui tiennent des premiers par l'absence de vaisseaux, et des seconds par la présence des feuilles.

Un des caractères les plus remarquables des Cryptogames, est l'*absence de fleurs* apparentes. Rien, chez eux, en effet, qui rappelle ces riches couleurs, ce parfum des organes floraux que nous offrent les Phanérogames. Aussi, pendant longtemps a-t-on cru qu'ils en étaient dépourvus, et leur mode de reproduction restait un mystère, d'où leur nom même de Cryptogames (κρυπτός, caché ; γάμος, union). Organes de reproduction.

Du reste, aujourd'hui encore, pour un certain nombre d'entre eux, on ne sait que d'une façon incomplète comment s'opère leur reproduction.

Les organes essentiels des fleurs y existent néanmoins, mais petits, peu apparents, comme cachés. Malgré ces conditions, en apparence défavorables, leur reproduction est assurée par des moyens beaucoup plus variés que celle des plantes phanérogames ; en outre, le cycle du développement d'un très grand nombre d'entre eux est bien plus compliqué que chez les végétaux plus parfaits.

Les différents procédés que l'on rencontre dans la multiplication naturelle de ces végétaux se réfèrent à l'un ou à l'autre de ces deux grands modes : la reproduction *asexuée* ou par *spores*, la reproduction *sexuée* ou par *œufs*. Dans cette dernière, une plante donne naissance à une autre, à condition qu'il y ait préalablement union intime d'éléments de nature différente, formés par des organes spéciaux portés soit par deux individus distincts, soit par le même sujet. Dans le premier cas, au contraire, la naissance de la nouvelle plante n'est précédée, comme nous allons le voir, par rien de semblable.

Ce qu'on entend par formes alternantes. — La reproduction de ces végétaux inférieurs est souvent singulièrement compliquée de phénomènes analogues à ceux que nous présentent un certain nombre d'espèces du règne animal, phénomènes désignés sous le nom de *formes* ou *générations alternantes*.

On entend par là qu'un individu donne naissance à un autre être qui ne lui ressemble nullement et qui, au bout d'un temps plus ou moins long, produira à son tour un nouvel être qui ressemblera au premier et non à celui dont il provient directement. Il en résulte, par conséquent, dans le cycle du développement, une alternance de formes souvent très nettement caractérisée. Dans la règle, l'un des deux termes de la série a une origine sexuée et l'autre une origine asexuée. Tel est le cas des Mousses, des Prêles, des Fougères ; mais, dans les Champignons, chez lesquels nous aurons d'abord à étudier ces singuliers phénomènes, les choses se passent autrement.

L'étude de la reproduction des Cryptogames sera divisée en trois parties. Nous considérerons cette fonction successivement : 1° dans les Thallophytes ; 2° dans les Muscinées ; 3° dans les Cryptogames vasculaires.

1° THALLOPHYTES

Champignons, Algues, Lichens

Reproduction asexuée. — La façon dont la reproduction asexuée est assurée par la nature varie beaucoup ; mais deux modes particuliers méritent plus spécialement d'attirer l'attention : ce sont la *formation asexuée à l'aide de spores* et le *rajeunissement cellulaire*.

1° *Formation asexuée* ou *reproduction par spores*. — Les Champignons vont nous servir de type pour cette étude.

On doit savoir d'abord que ce qu'on appelle le *Champi-*

gnon, dans le langage vulgaire, n'est, en réalité, qu'une partie du végétal, à savoir l'ensemble de sa fructification ; tandis que la plante proprement dite, la partie végétante, est sous forme de filaments très tenus, rampant sous le sol, et dont l'ensemble porte le nom de *mycélium*.

Dans les Agarics, les Bolets, et bien d'autres espèces, de la partie inférieure de l'espèce de chapeau, si variable dans sa forme, que tout le monde connaît, pendent des lamelles, des tubes serrés ou des pointes, dont l'ensemble constitue l'*hyménium* (ὑμήν, membrane). La surface de ces prolongements est recouverte de microscopiques colonnettes ou *basides* (fig. 155, *b*), dont un grand nombre sont terminées par de petits renflements, lesquels ne sont autres que des *spores* (*s*). Celles-ci sont en quantité prodigieuse, et peuvent donner naissance à autant d'individus nouveaux, c'est-à-dire de mycéliums, qui, à un moment donné, fructifieront à leur tour et produiront de nouvelles spores.

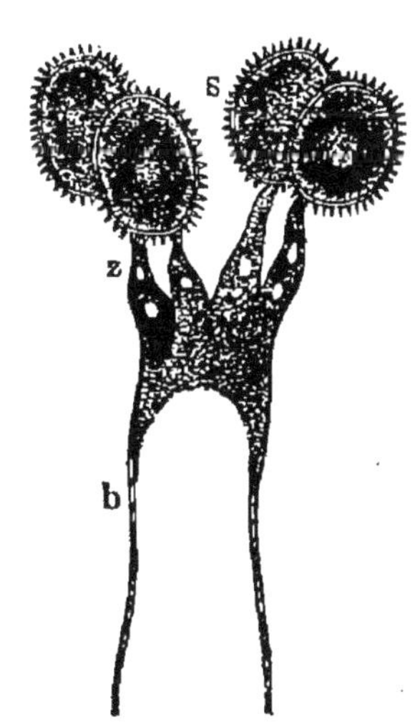

Fig. 155. — Une baside (*b*), avec quatre spores (*s*), portées par autant de pédicelles ou stérigmates (*z*).

Les dispositions secondaires présentées par les organes qui portent les spores sont loin d'être toujours les mêmes ; elles varient suivant les genres de Champignons.

La fig. 156 montre comment les choses se passent dans les Discomycètes, auxquels appartient la Morille. (Voir la légende de cette figure.)

Chez les Gastéromycètes, une sorte de sac volumineux, divisé en un grand nombre de chambres par des cloisons, renferme une énorme quantité de spores. Quand celles-ci sont mûres, le sac s'ouvre à sa partie supérieure, et la moindre pression les fait sortir sous forme d'une légère fumée, comme on le voit dans la vulgaire Vesse-de-Loup (*Lycoperdon*).

Le mode de reproduction qui vient d'être exposé est très général dans la classe des Champignons.

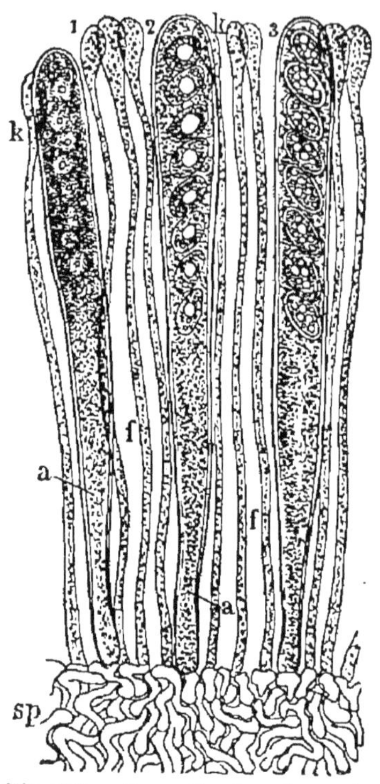

Fig. 156. — Formation dans des cavités closes, en forme de tubes, des spores d'un Champignon du groupe des Discomycètes (*Pesiza aurantium*). Petite portion de l'hyménium très grossi; 1, 2, 3, tubes allongés ou asques contenant les spores; *a*, leur partie inférieure dépourvue de spores; *f*, *k*, sortes de poils ou paraphyses qui les séparent; *sp*, tissu sous-hyménial.

Les Truffes elles-mêmes, dont la nature a été pendant longtemps méconnue, se multiplient également par le moyen des spores renfermées au milieu de leur tissu, dans de petites cavités ou *asques* (ἀσκος, outre).

Cependant, quelques groupes, parmi les Champignons les plus inférieurs, présentent des faits de génération sexuée ou par œuf, ce qui les rapproche des Algues, où les exemples de ce genre sont très répandus. De plus, on verra quelques pages plus loin, les phases compliquées par lesquelles passent certaines espèces pour arriver à former leurs spores reproductrices.

Dans les **Lichens**, qui encroûtent le tronc des arbres, ou qui s'étalent à la surface des pierres, des rochers, des vieux murs, sur nos toits ou sur le sol, les phénomènes de la reproduction sont identiques, dans leurs traits fondamentaux, à ceux des Champignons. Cela ne surprendra pas, quand on saura que ces êtres ne sont pas autre chose que des Champignons parasites d'Algues, ou, si l'on veut, que le Lichen résulte de l'association intime d'un Champignon et d'une Algue, et qu'il est possible de reconnaître tant ce qui appartient à l'un, que ce qui fait partie de l'autre, de les dissocier, en un mot.

2° *Rajeunissement cellulaire.* — Voici en quoi consiste l'autre mode de reproduction asexuée, que l'on désigne sous le nom de *rajeunissement cellulaire.* Dans une cellule d'Algue filamenteuse, une Vauchérie (fig. 158, I), par exemple, le contenu protoplasmique se divise en deux petites masses, l'une plus condensée, qui occupe la partie supérieure de la cavité cellulaire, l'autre, située à la partie inférieure. Entre les deux se trouve un espace plus clair, rempli de suc cellulaire. Bientôt la petite masse protoplasmique supérieure traverse la paroi même de la cellule, en se rétrécissant pour passer à travers une étroite déchirure. Une fois sortie, elle prend la forme d'un petit corps ovoïde, pourvu à une extrémité d'une sorte de bec ou *rostre* et de cils vibratiles ; elle se meut dans l'eau avec agilité, ce qui lui a valu le nom de *zoospore* (ζῶον, animal ; σπορά, graine). Bientôt, cette zoospore se fixe et devient le point de départ d'un nouvel individu semblable à celui qui lui a donné naissance.

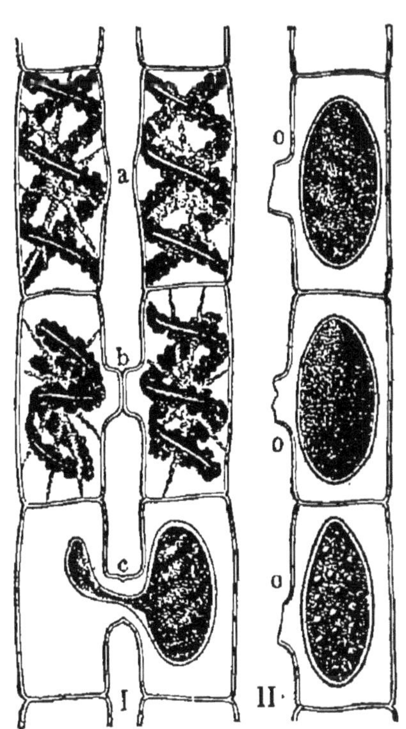

Fig. 157. — Reproduction d'une Algue, par conjugation (*Spirogyra*) ; deux filaments placés vis-à-vis l'un de l'autre et montrant les progrès de la conjugation en *a*, *b*, *c* ; II, la zygospore acquiert sa forme définitive (*o*, *o*, *o*) (en allant de haut en bas).

Reproduction sexuée. — Ici encore, nous trouvons deux modes principaux de multiplication ; l'un porte le nom de *conjugation* et l'autre celui de *fécondation* proprement dite.

1° *Conjugation.* — Une Algue va nous servir d'exemple pour la reproduction par conjugation. Les Spirogyres sont des Algues de nos fossés, formées de cellules mises bout à bout (fig. 157), dans lesquelles une partie du protoplasma, colorée en vert par de la chlorophylle, est disposée en rubans spiraux (*a*). Deux cellules juxtaposées (*b*) appartenant à deux filaments voisins présentent chacune, à un moment donné, un renflement vers leur milieu. Les deux petites saillies, remplies par le protoplasma, s'accusant de plus en plus, arrivent à se toucher ; puis les deux parois cellulaires, qui se sont d'abord soudées l'une à l'autre, se résorbent ; il en résulte un orifice de communication, par lequel le contenu d'une des cellules passe dans la cavité de l'autre (*c*).

La petite masse protoplasmique qui résulte de la fusion des deux corps cellulaires (*o*, *o*, *o*) devient une spore ou plutôt, comme on dit, pour marquer son mode de formation, une *zygospore* (ζύγος, union ; et σπορά, spore), qui germera

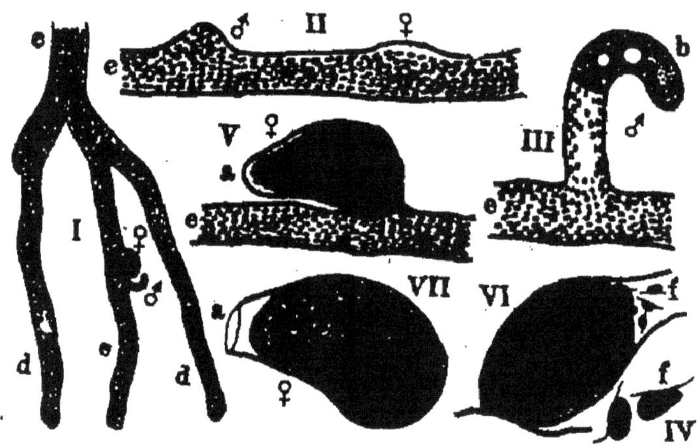

Fig. 158. — Marche des phénomènes de la fécondation dans une Algue verte filamenteuse, unicellulaire quoique ramifiée (Vauchérie) : I, portion de l'Algue ramifiée (*e*, *d*, *e*), portant des organes reproducteurs mâle (♂) et femelle ou oogone (♀), entièrement développés ; II, début de la formation de ces organes ; III, l'anthéridie entièrement formée et isolée, vers son milieu, du reste du filament, par une membrane transversale ; IV, les anthérozoïdes (*f*) auxquels elle a donné naissance ; V, l'oogone entièrement développé, dont la pointe ou bec (*a*) s'ouvrira bientôt ; VI, le même, dont le bec déchiré laisse pénétrer les anthérozoïdes (*f*), qui vont féconder son contenu ; VII, l'oogone fécondé ou œuf, renfermant de nombreux grains de chlorophylle.

au printemps suivant, après avoir passé l'hiver dans le repos le plus complet.

La conjugation s'observe également chez un certain nombre de Champignons les plus inférieurs.

2° *Fécondation.* — La reproduction des Cryptogames par fécondation se fait par des procédés qui rappellent ceux qu'on observe chez les Phanérogames. Seulement, les organes reproducteurs ont une forme différente et portent d'autres noms.

Nous allons en indiquer les principaux traits, en prenant les Algues pour type.

Soit une espèce des plus simples et des plus communes, une Vauchérie (fig. 158, I), qui nous a déjà servi pour la description de la reproduction par rajeunissement. A la surface des cellules d'une de ces Algues filamenteuses on voit se développer une petite saillie qui se recourbe en forme de crochet, c'est l'organe fécondateur ou *anthéridie* (♂), dont le nom rappelle, comme on voit, son analogie avec l'anthère des Phanérogames, qui contient le pollen. A côté, apparaît une autre saillie de forme différente, ovalaire, Vauchérie.

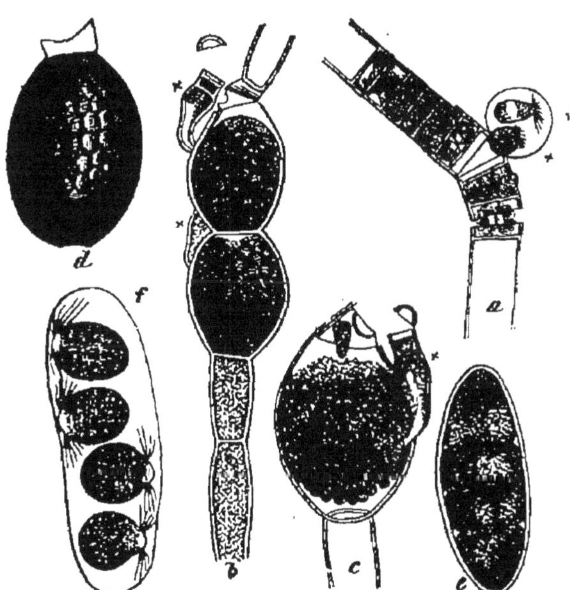

Fig. 159. — Marche de la fécondation dans une Conferve (*Œdogonium ciliatum*).

l'*oogone* (♀), qui est l'analogue de l'ovaire des Phanérogames. Ces deux productions s'isolent bientôt du reste du filament, par suite de la formation, à leur base, d'une cloison de cellulose (III, V). Puis l'extrémité de l'oogone amincie en forme de bec se ramollit et s'ouvre (VI) ; il en sort une gouttelette qui laisse un espace vide, dans lequel viennent se précipiter de petits corpuscules très mobiles (IV), qui se sont formés dans l'anthéridie et qu'on appelle des *anthérozoïdes* (anthère ; ζῶον, animal ; εἶδος, forme). Dès qu'ils ont pénétré dans l'oogone, l'orifice de celui-ci se ferme d'une membrane de cellulose (VII). Peu après, l'*oogone*, qui est devenue l'*œuf* à la suite de ces opérations, épaissit sa membrane, puis s'isole, et dès lors est susceptible de germer pour devenir une Algue nouvelle.

La fig. 159 nous fait assister à la marche singulièrement compliquée des phénomènes de la reproduction dans une autre espèce d'Algue filamenteuse, commune dans nos fossés, et qu'on appelle l'*Œdogonium ciliatum*.

Fig. 160. — *Fucus vesiculosus*, dont les frondes portent des vésicules pleines d'air, et à leur sommet des organes reproducteurs.

Un filament d'Algue (*a*) se cloisonne en plusieurs cellules étroites à l'aide de membranes de cellulose; de chacune de ces cellules sort un corps cilié (+), que sa forme et son volume rapprochent autant d'un anthérozoïde que d'une zoospore ; on l'appelle pour cette raison *androspore*, c'est-à-dire spore mâle. Les androspores nagent en tourbillonnant, se portent dans le voisinage de l'oogone (*b*) et s'y fixent (+, +). Là ils se développent en une sorte de plantule dont les cellules supérieures constituent des anthéridies, d'où sortent des anthérozoïdes qui vont féconder l'oogone (*c*). L'œuf est alors formé (*d*); bientôt son protoplasma se partage en

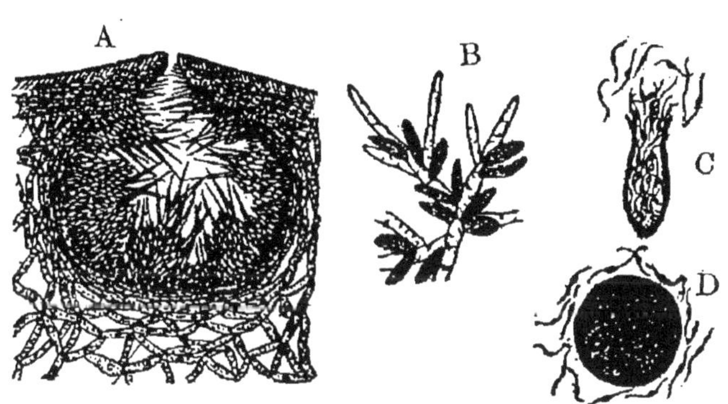

Fig. 161. — Organes fécondateurs du *Fucus vesiculosus* ; *A*, coupe verticale d'un conceptacle renfermant de longs poils chargés d'anthéridies ; *B*, un de ces poils rameux avec nombreuses anthéridies ; *C*, une anthéridie, d'où sortent les anthérozoïdes ; *D*, anthérozoïdes fécondant une oosphère mûre.

quatre masses (*e*), qui deviendront autant de zoospores (*f*), lesquelles rendues libres par la rupture de la membrane

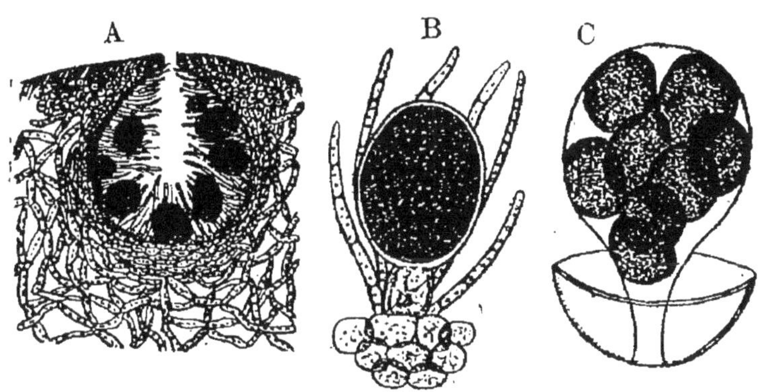

Fig. 162. — Organes femelles du *Fucus vesiculosus*; *A*, conceptacle renfermant des oogones portés par de longs poils ; *B*, poils avec un de ces organes ; *C*, les huit oosphères d'un oogone sorti déjà de son enveloppe externe, mais encore renfermé dans son enveloppe interne.

qui les renferme, nageront quelque temps, puis se fixeront, pour se développer chacune en une Algue nouvelle.

Voici un autre cas, emprunté au *Fucus vesiculosus*, qui abonde sur les côtes de l'Océan, où il est vulgairement connu sous le nom de Varech (fig. 160). Fucus.

Sur certains individus on rencontre de petites cavités, les *conceptacles* (fig. 161, A), dans lesquelles sont renfermés, au milieu d'un grand nombre de poils ou *paraphyses*, un certain nombre d'*anthéridies*. Sur d'autres individus on rencontre également des conceptacles, mais qui ne renferment que des *oogones* (fig. 162, A).

Chaque oogone développe dans son intérieur huit petites masses ou *oosphères* (A, B), qui, par rupture de leur enveloppe commune, se trouvent mises à nu, à un moment donné. D'autre part, dans les anthéridies se sont formés des *anthérozoïdes* (fig. 161, B, C), qui, au contact de l'eau, sont animés de vifs mouvements, viennent tourbillonner dans le voisinage des premières et les fécondent (D). Chaque oosphère constitue alors un *œuf* capable de germer et de devenir un individu nouveau.

Il faut remarquer qu'à la faculté que possèdent les Algues de se reproduire par œuf, elles joignent encore, pour la plupart, celle de se multiplier par spores; telles sont, par exemple, les Algues marines auxquelles leurs belles couleurs ont valu le nom de Floridées.

Formes alternantes chez les Champignons. — Des exemples de formes alternantes, extrêmement remarquables, nous sont offerts par certains Champignons inférieurs, qui vivent en parasites sur d'autres plantes. Dans le cycle compliqué de la reproduction de ces végétaux, la reproduction sexuée ne se montre pas, et l'on constate seulement plusieurs formations successives de spores par voie asexuée.

Tantôt, les différentes formes que présentent ces Champignons dans le cours de leur évolution se produisent sur la même espèce végétale, qui leur donne asile, et tantôt sur autant d'hôtes d'espèces différentes.

La famille des Mucédinées ou Moisissures est tout entière formée d'espèces qui offrent de semblables particularités. Examinons le développement de l'une d'elles, la *Puccinie du blé* (*Puccinia graminis*), vulgairement appelée la *rouille* du Blé, en raison de la couleur jaune des taches auxquelles elle donne naissance.

Si l'on examine pendant l'été, la tige et les feuilles du Blé atteint de cette maladie, on voit, sous leur épiderme, de nombreux filaments serrés, perpendiculaires à sa surface et terminés chacun par une spore ovoïde. Leur ensemble forme des bourrelets rougeâtres, parallèles aux nervures et mis à nu par la déchirure de cet épiderme. Les spores, en se détachant, tombent sur les plantes voisines ou sur d'autres parties de la même plante et germent en quelques heures, sous forme de tubes, qui pénètrent par les orifices des stomates et se ramifient dans les espaces intercellulaires des tissus. Au bout de quelques jours, ces ramifications donnent naissance à de nouvelles spores semblables à celles qui viennent d'être décrites, et on assiste à la répétition des mêmes phénomènes pendant tout l'été, où la *rouille orangée*, comme l'appellent les cultivateurs, gagne de proche en proche les plantes voisines.

A l'automne, au lieu des spores précédentes, il s'en produit d'une forme différente, plus allongées et divisées en deux par une cloison, avec une membrane enveloppante plus épaisse et de couleur brune : c'est la *rouille noire* des cultivateurs. Ces spores restent inertes pendant tout l'hiver ; mais, au printemps, les deux cellules constituantes de la spore germent et poussent des filaments, qui portent bientôt des spores nouvelles ou *sporidies*, lesquelles enlevées par le vent sont disséminées sur les plantes voisines. Beaucoup seront perdues, car il n'y a à se développer que celles qui tombent sur une espèce unique, à savoir, l'Épine-vinette (*Berberis vulgaris*). Celles-ci enfoncent des filaments à travers le parenchyme des feuilles ; au bout de quelques jours, ces filaments portent des spores de deux sortes, les unes, du côté de la face supérieure des feuilles, les autres, du côté de la face inférieure. Or, ces deux sortes de spores ne se comportent pas de la même façon.

Les premières, logées dans de petites cavités en forme de bouteille, dont le fond est tout hérissé de poils disposés en un pinceau qui fait saillie à la surface de la feuille, sont, à un moment donné, emportées par le vent ; et alors celles qui tombent dans un milieu convenable germent et produisent à leur tour des sporidies, lesquelles semées sur les feuilles d'Épine-vinette se comporteront comme les précédentes.

Quant à celles de la face inférieure des feuilles, elles sont logées dans des cavités en forme de petites coupes assez larges; disséminées dans l'air, elles ne viennent à germer que si elles tombent sur une feuille ou une tige de Blé. Elles s'allongent en tubes ou filaments qui s'introduisent par les ouvertures des stomates et s'y développent en un thalle, comme il a été dit au commencement de cette description.

Voilà donc tout une série de formes distinctes, donnant chacune des spores reproductrices, bien que l'on se trouve en présence d'une seule et même espèce végétale. Ces formes sont tellement différentes, qu'à l'époque où l'on n'avait pas encore suivi toute cette évolution compliquée, on se croyait en présence de genres distincts : ainsi, l'état désigné sous le nom de *rouille orangée*, qui se voit sur les Graminées pendant l'été, s'appelait *Uredo linearis*, et celui qui constitue la *rouille noire*, à l'automne, était le *Puccinia graminis*, seul nom qui ait été conservé définitivement pour désigner ce singulier végétal protéiforme ; les productions, en forme de bouteille, des feuilles d'Épine-vinette étaient l'*Æcidiolum exanthematum*, et celles en forme de coupe l'*Æcidium berberidis.*

On pourrait citer bien d'autres espèces du même genre qui subissent des phases de développement analogues ; citons-en quelques-unes : le *Puccinia straminis*, qui constitue une rouille des plus redoutées pour les Graminées et qui passe le printemps sur les Borraginées ; le *Puccinia coronata*, qui passe l'été sur l'Avoine, et le printemps sur la Bourdaine et le Nerprun.

D'autres espèces de Puccinies développent, au contraire, les quatre appareils reproducteurs successifs sur la même espèce de plantes, par exemple le *Puccinia compositarum,* sur les Composées ; le *Puccinia discoidarum*, qui depuis une vingtaine d'années cause en Russie, de grands ravages sur les cultures du Grand-Soleil, dont on retire de l'huile.

Enfin, dans certains cas, l'évolution offre une moins grande complication, une, deux, ou même trois des phases ordinaires étant supprimées, comme cela se voit, par exemple, pour le *Puccinia prunorum*, qui attaque les pruniers et qui ne produit qu'une sorte de spores, celles d'automne, lesquelles passent tout l'hiver dans l'état de repos ; l'on n'observe plus, dans ce cas, qu'une seule forme, qui reste toujours la même.

La famille des Mucédinées renferme d'ailleurs bien d'autres genres dont le développement offre la plus grande analogie avec celui des Puccinies.

2° MUSCINÉES

Mousses, Hépatiques

Reproduction des Mousses. — Les Mousses présentent des procédés de multiplication très variés.

C'est ainsi qu'elles peuvent se reproduire à l'aide d'organes végétatifs, par *stolons*, rameaux partis de la base de la tige et qui s'enracinent au contact du sol humide, ainsi que nous le voyons pour certaines plantes phanérogames comme le Fraisier, la Violette ; par *bourgeons*, qui se détachent de la tige et peuvent se fixer au sol en produisant des racines et une tige ; par *bulbilles*, sortes de bourgeons adventifs qui se développent sur les poils radicaux de ces petites plantes ; par *propagules*, petits corps arrondis détachés de la tige ou des feuilles et susceptibles de végéter par eux-mêmes.

Mais elles se reproduisent surtout par *fécondation*, et celle-ci se complique de formes alternantes (fig. 163).

Sur des pieds isolés ou sur un même pied se trouvent des *anthéridies* ou appareil fécondateur (III) et des *arché-*

gones (I) (ἀρχή, commencement ; γόνος, naissance), qui renferment une oosphère (*e*), analogue aux ovules.

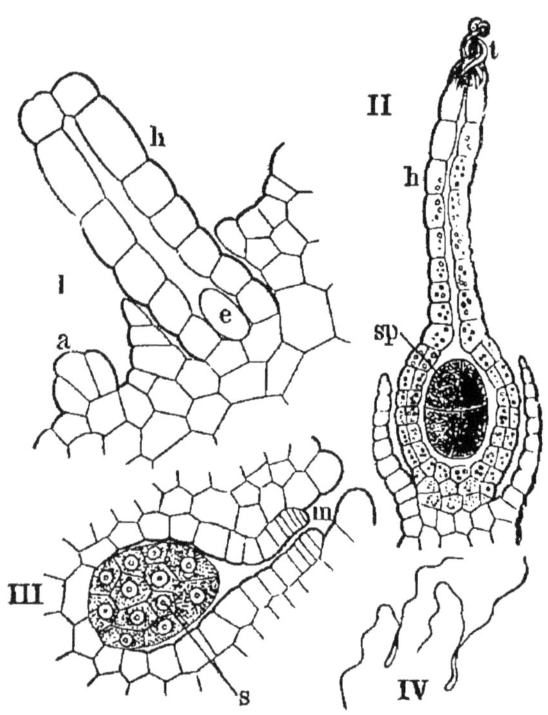

Fig. 163. — Organes reproducteurs des Muscinés (Hépatiques) ; 1, archégones jeune de *Riccia ciliata*, d'après Kny (gross. 440 fois) ; *a*, apparition d'un archégone ; *h*, col d'un archégone plus développé ; *e*, oosphère ; II, archégone de *Marchantia polymorpha*, d'après Sachs (gross. 300 fois) ; *h*, col de l'archégone ; *sp*, l'oosphère, devenue l'oospore par la fécondation et qui commence à se segmenter ; *t*, le sommet de l'archégone desséché ; III, jeune anthéridie de *Riccia glauca*, d'après Hofmeister (gross. 500 fois) ; *s*, cellules mères des anthérozoïdes ; *m*, orifice de l'anthéridie ; IV, anthérozoïde de *Marchantia polymorpha*, d'après Sachs (gross. 800 fois).

L'anthéridie, à son complet développement, a la forme d'un petit corps arrondi ou ovalaire, porté sur un court pédicule. Elle est remplie de cellules (III, *s*), dont chacune devient un *anthérozoïde*, sous forme d'un filament enroulé en spirale, avec une extrémité renflée, tandis que l'autre, plus effilée, offre deux longs cils vibratiles (IV).

L'archégone (I) a la forme d'une petite bouteille dont la partie supérieure se prolonge en un long col (*h*). Dans la cavité intérieure est une grosse cellule, l'*oosphère* (*e*), surmontée de cellules plus petites, qui se dissociant à un moment donné, permettent aux anthérozoïdes de pénétrer jusqu'à la cellule centrale, laquelle fécondée devient l'*oospore*.

Mais, celle-ci, au lieu de fournir directement par sa germination une nouvelle Mousse, semblable à celle qui a donné naissance à l'oospore, s'accroît sur place considérablement, s'allonge en un filet ou *soie* (fig. 164, *s*), dont la croissance force l'archégone à se rompre transversalement

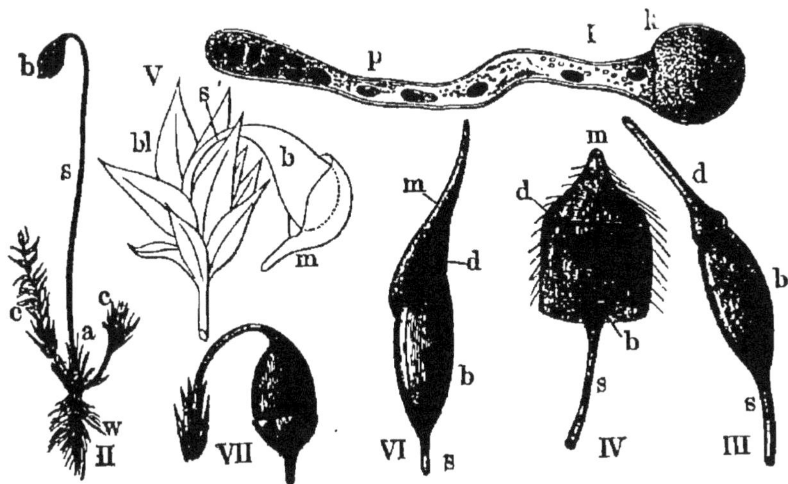

Fig. 164. — Fruit et germination des Mousses; spore de *Ceratodon purpureus* (*k*), en voie de germination (gross. 600 fois); *p*, pro-embryon; II, tige fructifère de *Bryum Warneum* (grand. nat.); *w*, rhizoïdes; *c*, rameaux feuillus; *s*, soie; *b*, fruit; III à VII, capsules ou fruits de différentes espèces de Mousses (gross. 10 fois) *Ceratodon purpureus*, *Pogonatum nanum*, *Physcometrium curviselum*, *Cynodontium gracilescens*, *Racomitrium patens*; *b*, capsule; *d*, opercule; *m*, coiffe; *bl*, feuilles; *s*, soie.

vers sa base, de sorte que la soie porte à son sommet la plus grande partie de l'archégone sous forme d'une *coiffe* (IV, *m*), au-dessous de laquelle se trouve ce qu'on appelle le *fruit* de la Mousse, la *capsule* (*b*), où se forment des *spores*. Celles-ci flottent dans un liquide qui remplit la capsule, sauf sa partie centrale, occupée par une petite colonne formée d'un tissu solide, la *columelle*, qui s'épanouit à sa partie supérieure en une sorte de couvercle ou *opercule* (*d*). Cet opercule tombe à un moment donné, de sorte que le fruit a la forme d'une *urne*, à bords ordinairement dentelés et qui laisse sortir les spores ou *séminules.*

La séminule (I, *k*), placée sur le sol dans des conditions convenables, absorbe l'humidité, se gonfle et germe. Mais la nouvelle production n'est pas encore la plante définitive : c'est un *protonéma*, *prothalle* ou *pro-embryon* (*p*), sur lequel se formera enfin la plante définitive sous l'apparence d'un *bourgeon*, qui produira des racines par la base, une tige feuillée par le haut (II).

Si nous partons de la *spore*, nous voyons donc successivement se développer le *pro-embryon*, la plante feuillée ou la *Mousse* proprement dite, sur laquelle apparaissent ensuite des *organes reproducteurs*, qui donnent naissance à une *oosphère*, bientôt fécondée ou *oospore ;* enfin celle-ci donne par génération asexuée, des *spores*, renfermées dans ce qu'on appelle le *fruit* de la Mousse, spores que nous avons prises pour point de départ de tout le développement. Le cycle de végétation et de reproduction des Mousses est donc singulièrement compliqué, puisqu'il comprend deux générations, l'une sexuée, l'autre asexuée, et de formes très différentes.

3° CRYPTOGAMES VASCULAIRES

Lycopodiacées, Rhizocarpées, Prêles, Fougères

Reproduction des Prêles ou Équisétacées. — Ces Cryptogames, à qui leur aspect tout spécial a valu le nom vulgaire de *Queues de cheval*, abondent sur les talus de nos fossés, surtout dans les lieux humides.

L'extrémité des tiges (I) offre les organes reproducteurs disposés en épi. On y voit de nombreux *sporanges* (*a*), formant des verticilles serrés et dont chacun offre la forme d'un clou (II), dont la tête, recouverte d'une sorte de bouclier, serait dirigée en dehors. Les spores ou *séminules* (III, IV, V, VI), renfermées dans ces sporanges, et qui à un moment donné sont mises en liberté, sont très remarquables ; elles sont recouvertes de trois membranes, dont l'externe se divise en quatre petits rubans disposés en croix et qui restent adhérents à la séminule au point de leur entrecroisement. Ces filaments ou *élatères* sont très hygrométriques et s'ouvrent ou se ferment avec rapidité sous l'influence du moindre changement dans le degré d'humidité de l'air, comme on l'observe facilement en les soumettant au contact de l'haleine.

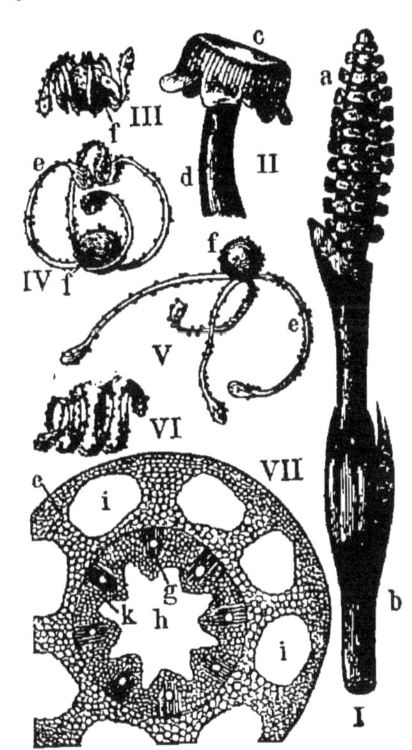

Fig. 165. — Reproduction des Prêles (*Equisetum arvense*) ; I, rameau fructifère (grand. nat.) ; *a*, sporanges ; *b*, gaine ; II, un sporange grossi avec son bouclier (*c*), et son pédicule (*d*) ; III à VI, spores (*f*), et leurs élatères (*e*) (gross. 200) ; VII, coupe transversale de la tige de l'*Equisetum limosum* (gross. 10) ; *h*, lacune centrale ; *i*, *g*, lacunes sur deux rangées alternes du cylindre externe ou cortical et du cylindre central ; *k*, faisceaux fibro-vasculaires.

La séminule en germant donne naissance à un *prothalle* ou *pro-embryon*, en forme de ruban, qui produira des *anthéridies* et des *archégones*. Les anthérozoïdes, formés dans les premières, ont la forme d'un ruban spiral portant un paquet de cils vibratiles à une de ses extrémités. Quant aux *archégones*, ils renferment chacun une oosphère qui, fécondée, devient l'*œuf*, point de départ de la plante définitive.

En partant de la séminule, nous rencontrons donc successivement un *pro-embryon*, sur lequel se forment les organes sexuels, *anthéridies* et *archégones*, d'où procède l'*œuf*, puis la *plante* définitive, qui par génération asexuée donne naissance aux *séminules*.

Il y a donc cette différence avec le cycle évolutif des Mousses, qu'ici c'est le pro-embryon qui porte les organes mâles et femelles, tandis que dans les Mousses c'est au contraire la plante définitive, c'est-à-dire l'individu né du pro-embryon, qui se trouve chargée de ce rôle.

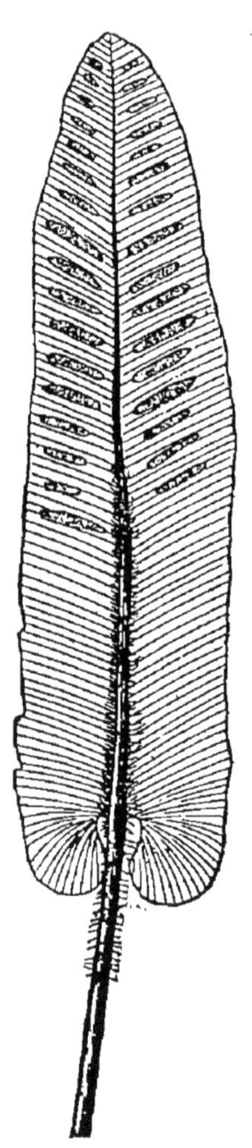

Fig. 166. — Fronde de Fougère (*Scolopendrium officinarum*), avec nombreux sporanges disposés le long des nervures.

Reproduction des Fougères. — A la face inférieure des frondes ou feuilles des Fougères (fig. 166), on remarque souvent, le long des nervures, de petits corps régulièrement disposés. Ce sont des *sporanges* (fig. 167), qui réunis plusieurs ensemble, et souvent recouverts d'une excroissance de l'épiderme de la fronde (*indusie*), constituent des *sores* (I, *h*). Dans les sporanges se développent les spores (II, III), qui placées sur un sol humide, germent au bout d'un temps souvent fort long.

Le résultat de la germination n'est pas la Fougère proprement dite, mais une production intermédiaire, un *prothalle* ou *pro-embryon*, sous forme d'une feuille étalée et aplatie (fig. 168), de petite dimension, sur laquelle se formeront, d'une part, des *anthéridies* (*a*), d'autre part, des *archégones* (*b*). Les premiers produisent des anthérozoïdes contournés en tire-bouchon, avec l'extrémité antérieure amincie, pourvue de cils vibratiles, à extrémité postérieure renflée, entraînant avec elle une petite vésicule, (fig. 169). Ces anthérozoïdes pénètrent dans le col des archégones et

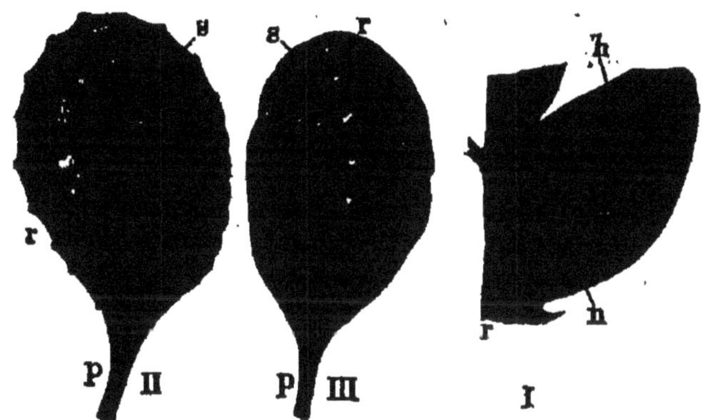

Fig. 167. — Sporanges de Fougère ; I, foliole d'une fronde de Fougère (*Polystichum spinulosum*), avec un sore ou groupe de sporanges (*k*), sur une nervure (*n*) ; *r*, nervure principale (gross. 10 fois) ; II, un sporange (gross. 200 fois), vu de face ; III, le même, vu de côté ; *p*, pédicule ; *s*, anneau qui entoure le sporange et qui en se resserrant le déchire pour mettre les spores en liberté ; *s*, spores (gross. 200 fois).

vont féconder l'*oosphère*, qui devient l'*œuf*, puis l'*embryon*, lequel placé dans des conditions convenables se

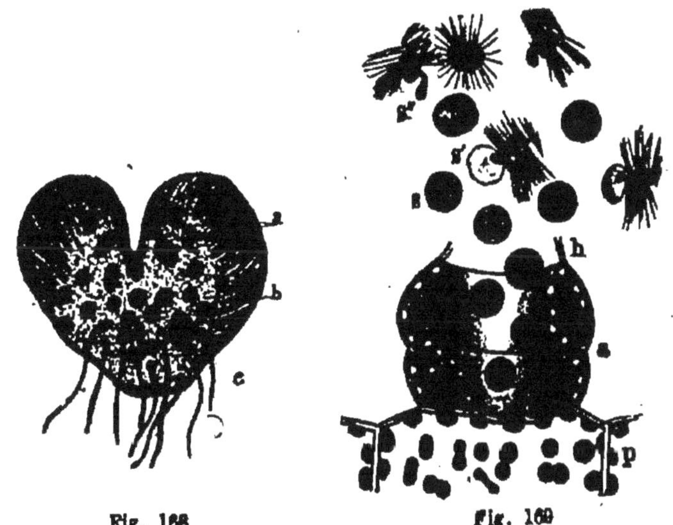

Fig. 168 Fig. 169

Fig. 168. — Prothalle ou pro-embryon de Fougère ; *a*, archégones ; *b*, anthéridies ; *c*, poils absorbants.

Fig. 169. — Anthéridie de Fougère (*Pteris serrulata*), dont la paroi (*a*) a été coupée, et d'où sont sortis un grand nombre d'anthérozoïdes, dont les uns (*s*) sont encore enroulés sur eux-mêmes, dont d'autres (*s'*) sont déroulés, montrent leurs cils vibratiles vers une extrémité et une vésicule à l'autre bout, d'autres enfin (*s''*) à leur état définif, sous forme d'un ruban spiral.

développera et formera bientôt, d'un côté, des racines, de l'autre, une tige feuillée, en un mot la plante définitive (fig. 170).

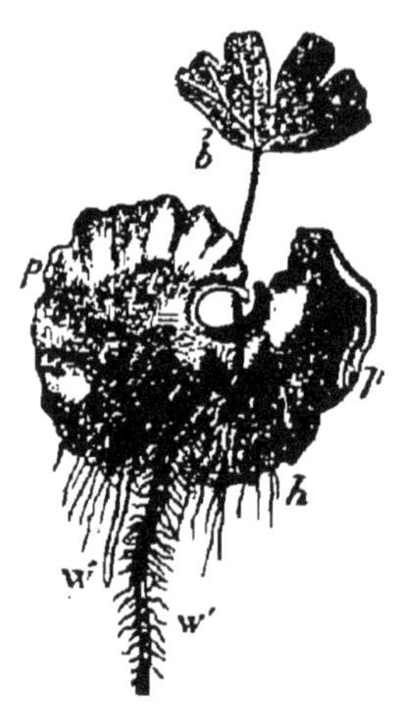

Fig. 170. — Prothalle et plantule de Fougère (*Adiantum capillus Veneris*) ; *p*, prothalle ; *h*, poils absorbants ; *b*, première fronde de la jeune plante ; *w' w'*, ses racines.

Il y a donc ici encore alternance de forme ou de génération, puisque nous voyons les *spores*, développées sans le concours de la fécondation, donner naissance à un *pro-embryon*, qui porte à la fois des *organes mâles* et des *organes femelles*, sous l'action desquels se forme l'*œuf* qui donne naissance à la *plante* définitive, destinée, comme il vient d'être dit, à porter des *spores asexuées*.

D'autre part, il est facile de voir en quoi le développement des Fougères diffère de celui des Mousses. Dans la Fougère le *pro-embryon* porte les organes de la reproduction qui formeront l'*oospore*, d'où sortira la plante feuillée, tandis que dans la Mousse la plante feuillée dérive directement du pro-embryon et que c'est sur elle qu'apparaissent les organes reproducteurs. Il en résulte que les deux cycles ne se correspondent pas, et que ce qu'on appelle vulgairement *Fougère* ne répond nullement, au point de vue morphologique, à ce qu'on appelle *Mousse*, mais bien à l'organe complexe connu sous le nom de *fruit* de la Mousse. (Voy. d'ailleurs le tableau de la page 279.)

Reproduction des Rhizocarpées et Lycopodiacées. — Les *Rhizocarpées*, qui sont de toutes petites plantes aquatiques de nos étangs, offrent un cycle de développement analogue à celui des Fougères. On trouve, par exemple, chez les *Pilularia*, à l'aisselle des feuilles, de petits corps arrondis ou fruits sporifères, renfermant deux sortes de corps reproducteurs : les uns, moins nombreux, et formés de grosses cellules, sont les *macrospores ;* les autres, bien plus petits et plus nombreux sont les *microspores*. Celles-ci, en se divisant, forment un *prothalle mâle* de très faible dimension, qui donnera naissance à des *anthérozoïdes,* sous forme de filaments quatre ou cinq fois enroulés sur eux-mêmes. De même, les macrospores se développent chacune en un *prothalle femelle* ou *archégone,* qui renferme une *oosphère,* laquelle, fécondée, deviendra l'embryon de la *plante* définitive.

Les *Lycopodiacées,* enfin, qui rappellent les Mousses, par leur aspect et leur fraîcheur, mais avec des dimensions un peu plus grandes, ont un mode de développement qui a beaucoup d'analogie avec celui des groupes précédents.

ALTERNANCE DE GÉNÉRATION CHEZ LES PHANÉROGAMES

L'alternance des formes ne se rencontre pas absolument que chez les Cryptogames. Les végétaux les plus élevés présentent des traces non douteuses de semblables phénomènes ; mais ce n'est plus, pour ainsi dire, qu'un souvenir, qui même passerait inaperçu si l'on n'y prêtait pas une sérieuse attention. Ce souvenir suffit cependant à établir un pont, une sorte de transition entre les phénomènes du développement de ces deux grands groupes, pourtant si différents du règne végétal, les Cryptogames et les Phanérogames, en passant, comme nous allons le voir, par les Gymnospermes ou Conifères.

Si l'on se rappelle les phénomènes de la reproduction chez les **Gymnospermes** (Voy. p. 230 et suiv.), on peut se figurer un de leurs grains de *pollen* comme une spore, l'analogue d'une microspore des Rhizocarpées ou des Lycopodiacées, qui serait l'aboutissant d'une génération asexuée ou par gemmation, de même que le *sac embryonnaire* serait une autre sorte de spore, l'analogue de la macrospore des Cryptogames qu'on vient de nommer et résultant également d'une génération asexuée.

L'une et l'autre sorte de spores germent : le grain de pollen se divise en plusieurs cellules et forme un *prothalle mâle* ou anthéridie, dont la cellule terminale émet un *tube pollinique*, qui au point de vue fonctionnel est l'équivalent de l'anthérozoïde ; d'autre part, le sac embyonnaire se développe, avant toute fécondation, en un *prothalle femelle,* l'endosperme ou albumen, dans lequel se forment les *corpuscules*, qui jouant le rôle des archégones, renferment l'*oosphère,* laquelle, à la suite de la fécondation, deviendra l'*embryon;* celui-ci en se développant constituera la *plante* définitive.

Enfin, chez les **Monocotylédones** et les **Dicotylédones** elles-mêmes, le grain de pollen germe également, mais pour produire simplement le tube pollinique; il en est de même du sac embryonnaire, qui produit la vésicule embryonnaire; l'un et l'autre sont dus à une génération asexuée. Mais ici, l'anthéridie et l'archégone font défaut; ou du moins, leurs parties essentielles seules existent, à savoir, d'une part, la matière fécondante, renfermée dans le tube pollinique et représentant l'anthérozoïde; d'autre part, la vésicule embryonnaire, représentant l'oosphère et devenant par la fécondation l'oospore ou œuf végétal; celui-ci se développera en embryon, puis en plante définitive, laquelle commencera un nouveau cycle générateur en produisant, par voie asexuée, comme il vient d'être dit, le pollen et le sac embryonnaire.

TABLEAU COMPARATIF

des phénomènes de génération alternante des végétaux

CHAMPIGNONS (*Puccinia graminis*) *Rouille du blé.*	Spore asexuée (1). (Rouille orangée).	Spore asexuée (Rouille noire).	Sporidies.	Thalle définitif
MOUSSES........	Spore asexuée.	Prothalle	Plante feuillée ⚥	Œuf.
PRÊLES..........	Spore asexuée.	Prothalle ⚥	Œuf.	Plante feuillée.
FOUGÈRES.......	Spore asexuée.	Prothalle ⚥	Œuf.	Plante feuillée.
RHIZOCARPÉES.	Microspore asexuée. Macrospore asexuée	Prothalle ♂. Prothalle ♀.	Œuf.	Plante feuillée.
GYMNOSPERMES	Grain de pollen (Microspore). Sac embryonnaire (Macrospore)	Germination du pollen. (Prothalle ♂). Formation de l'endosperme (Prothalle ♀).	Œuf.	Plante feuillée.
MONOCOTYLÉDONES, DICOTYLÉDONES	Grain de pollen (Microspore). Sac embryonnaire (Macrospore).	Tube pollinique (Prothalle ♂). Vésicule embryonnaire (Prothalle ♀).	Œuf.	Plante feuillée.

PARASITISME

Classes de végétaux qui renferment des espèces parasites. — Un grand nombre de végétaux, parmi les plus inférieurs, vivent en parasites, c'est-à-dire sur d'autres êtres organisés, soit végétaux, soit animaux, aux dépens desquels ils se nourrissent.

(1) Par « spore asexuée » il faut entendre que la spore a été formée sans l'intervention de la fécondation.

Parmi les plantes qui occupent un rang plus élevé, les faits de parasitisme sont au contraire bien plus rares, n'ont lieu qu'aux dépens d'autres végétaux et jamais d'animaux. Nous citerons d'abord quelques-uns de ceux-ci, pour nous étendre ensuite davantage sur les parasites cryptogamiques.

Faits de parasitisme chez les Phanérogames. — Le *Gui* (*Viscum album*), de la famille des Loranthacées, qui se développe sur différentes espèces d'arbres, notamment sur le Pommier, où sa graine a été déposée par quelque oiseau, germe et enfonce sa jeune racine dans l'écorce de l'arbre. Arrivée au contact du bois, celle-ci produit des racines secondaires, qui se dirigent en tous sens entre le bois et l'écorce. Ces racines secondaires, pénètrent, à travers le bois, jusqu'au cœur de l'arbre et succent la sève destinée à nourrir la plante qui porte le parasite. Mais, comme celui-ci est abondamment pourvu de feuilles vertes, il décompose l'acide carbonique de l'air et y puise une partie des éléments nécessaires à sa nutrition, de sorte qu'il fait à la plante sur laquelle il a élu domicile, un tort bien moins considérable que celui qu'il lui occasionnerait sans cette circonstance atténuante.

La *Cuscute* (*Cuscuta europæa*), de la famille des Convolvulacées, qui fait tant de dégâts dans les cultures de Luzerne, de Trèfle et de Chanvre, germe sur le sol, mais enlace ces plantes de sa tige fine et souple. Dans les points où elle se trouve en contact immédiat avec celles-ci elle produit de petites élevures, qui pénètrent jusqu'au centre de la tige hospitalière. Ce sont des racines adventives, qui remplacent la racine primitive, laquelle se détruit de bonne heure. Toutes les racines formées ainsi par la Cuscute sont autant de suçoirs, qui pompent les sucs destinés à la croissance de la plante sur laquelle elle a trouvé asile et qui en souffre beaucoup dans son développement, d'autant plus que la Cuscute étant dépourvue d'organes verts, ne peut, comme le Gui, décomposer l'acide carbonique de l'air pour assimiler le carbone.

L'*Orobanche* est de même une plante parasite, de la classe des Personnées, et dépourvue de chlorophylle : développée sur les racines de Luzerne elle cause à cette plante fourragère un dommage considérable.

Le *Mélampyre*, l'*Euphraise*, le *Rhinanthe*, tous trois de la famille des Scrofulariacées, vivent également en parasites sur les racines des Graminées, lorsque leurs racines secondaires arrivent, en végétant dans le sol, à rencontrer celles de ces plantes, et s'y transforment en suçoirs. Mais comme elles continuent à emprunter au sol la plus grande partie de leur nourriture, elles sont relativement moins nuisibles.

Faits de parasitisme chez les Cryptogames. — Comme il a été dit plus haut, le parasitisme, qui, en somme, est rare chez les Phanérogames, est au contraire extrêmement fréquent chez les Cryptogames. On peut établir ici deux classes de parasites, selon que l'hôte est un végétal ou un animal, et diviser par conséquent les Cryptogames parasites en *épiphytes* et en *épizoïques*.

1° *Cryptogames épiphytes.* — Les *Algues* renferment parmi leurs espèces les plus petites un très grand nombre de parasites épiphytes.

Les *Champignons*, surtout, sont bien connus pour leur parasitisme, car étant tous privés de chlorophylle, ils sont incapables de décomposer l'acide carbonique de l'air, et doivent emprunter leurs aliments tout formés à des êtres vivants, ou bien végéter sur des débris organiques plus ou moins décomposés ; telles sont les Moisissures, qui se montrent si fréquemment sur nos produits alimentaires liquides ou solides.

Il a été question plus haut (p. 250), du singulier parasitisme que nous offrent les *Lichens*, lesquels résultent, en somme, de l'association d'un Champignon et d'une Algue, association ou *symbiose* (1) sans doute utile à l'un et à

(1) Σὺν, avec; βίος, vie; c'est-à-dire union de deux êtres confondus dans une seule et même vie.

l'autre et expliquant l'aptitude des Lichens à vivre dans des lieux ou l'Algue et le Champignon ne peuvent subsister séparément. Ils végètent, en effet, sur le roc nu, là où n'existe pas encore de terre végétale.

On a décrit aussi, à l'occasion des formes alternantes des Champignons, le parasitisme de certaines espèces du groupe des Urédinées, bien connues sous le nom de *rouille*. Il est inutile d'y revenir.

A côté de cette famille se trouve celle des Ustilaginées, qui vivent en parasites sur les Phanérogames. Ainsi, une espèce, la *Carie du Blé* (*Tilletia caries*), se développe sur cette Graminée et forme ses spores dans les ovules, qui sont par là même détruits. Le *Charbon du maïs* (*Ustilago maidis*) envahit les ovules et les ovaires du Maïs et les détruit. Le *Charbon des céréales* n'est autre chose que les *Ustilago carbo* et *destruens*, qui attaquent et détruisent la fleur tout entière des céréales.

Tous ces Champignons parasites germent à la surface de leur hôte, enfoncent leurs filaments végétatifs à travers l'épiderme, s'allongent dans les méats intercellulaires, puis produisent leurs spores dans des organes souvent essentiels à la vie de l'individu qui les porte.

On a observé que la Carie du blé est tuée par le sulfate de cuivre, d'où il suit que pour éviter de semer le parasite avec les grains qui en sont atteints, il suffit de plonger ceux-ci pendant douze à quinze heures dans une solution de sulfate de cuivre à un demi pour cent et de semer ensuite.

Le Champignon connu vulgairement sous le nom d'*Oïdium*, qui fait de si grands dégâts dans les vignobles en s'attaquant surtout aux grains de raisin, qu'il enlace de ses filaments, dont il durcit et dessèche l'épiderme et qu'il empêche de s'accroître, est heureusement combattu par la fleur de soufre répandue sur les vignes qu'il a envahies.

La maladie des Pommes de terre, qui parfois se développe avec une telle intensité que des récoltes entières sont détruites, est encore causée par un Champignon, le *Pero-*

nospora ou plutôt *Phytophtora infestans*, dont le thalle envoie ses rameaux à travers les tissus des tubercules, s'y ramifie en perçant la paroi des cellules.

Un grand nombre d'espèces, voisines de la précédente, causent des ravages considérables à d'autres plantes, par exemple le *Peronospora viticola*, qui détermine dans la vigne la maladie connue sous le nom de *mildew* (1) ; le *Cystopus candidus*, qui provoque la *rouille blanche* des Crucifères, bien connue sous le nom de *meunier*, et combien d'autres, qui envahissent un grand nombre de nos plantes alimentaires, Laitues, Épinards, Betteraves, Oignons, etc.

La famille des Champignons pyrénomycètes renferme un grand nombre d'espèces parasites des végétaux, soit herbacés, soit ligneux (Graminées, racines de Luzerne, Trèfle, Betterave, Carotte, Garance, Asperge, Tilleul, Orme, Olivier). Citons entre autres le *Claviceps purpurea*, qui à un de ses états de développement, bien connu sous le nom d'*ergot de seigle*, forme sur les épis du seigle ou des autres céréales ces productions noires que l'on a comparées à un ergot de coq, et qui développées aux dépens des grains et mêlées à la farine sont très nuisibles à la l'homme.

2° *Cryptogames épizoïques*. — Les animaux vivants sont fréquemment envahis par des Cryptogames plus ou moins nuisibles. Ainsi, à la base des dents, surtout chez les personnes qui, par défaut de propreté laissent s'accumuler cette substance calcaire qui porte le nom de tartre dentaire, on trouve une petite Algue, du reste complètement inoffensive, le *Leptothrix buccalis* (fig. 171, *C*). Une autre Algue, voisine des Bactéries, mais ayant la forme de petites masses cubiques régulières, la *Sarcine*, se rencontre fréquemment dans l'estomac de l'Homme et des Mammifères, surtout dans les affections chroniques de cet organe.

Enfin, les infiniments petits qu'on appelle *Bactéries* ou

(1) Prononcez mildiou.

Microbes (fig. 171), dont beaucoup vivent dans des milieux organiques en décomposition, se développent en grand nombre dans le sang de l'Homme et des animaux, y pullu-

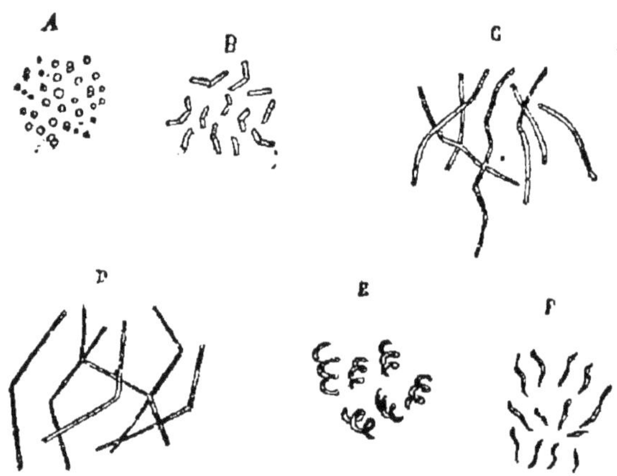

Fig. 171. — A, *Micrococcus* B, *Bacterium termo*; C, *Leptothrix buccalis*, D, *Bacillus acthracis* (Bactérie du charbon); E, *Spirillum*; *Vibrio lincola*.

lent parfois avec une incroyable activité, et paraissent être le principe de ces redoutables maladies contagieuses connues sous les noms des fièvres pernicieuses, fièvres éruptives, rage, choléra, variole, typhus, charbon, etc.

Un autre Cryptogame, du groupe des Champignons, se rencontre également dans la bouche, mais chez des personnes très affaiblies ou malades, et surtout chez les enfants en bas âge qui ne reçoivent pas une nourriture convenable. Cette espèce, qui a reçu le nom d'*Oïdium* ou *Saccharomyces albicans*, caractérise la maladie connue sous le nom de *Muguet*. Comme elle ne peut se développer que dans un milieu acide, il faut, pour la détruire, employer des lotions alcalines, notamment le borax. Les différentes sortes de *teigne* sont le résultat du développement d'autres Champignons : *Achorion Scheinlenii*, *Trichophyton tonsurans*, etc. ; ceux-ci se composent de filaments qui végètent entre les cellules de l'épiderme, surtout de la tête.

D'autres, enfin, attaquent exclusivement les Insectes et notamment plusieurs espèces fort utiles à l'homme, par exemple le Ver à soie, dont la maladie, pour lui si redoutable, de la *muscardine*, est due au *Botrytis bassiana.*

On a constaté, d'autre part, que des invasions considérables de chenilles, qui menaçaient de tout dévorer, ont été arrêtées et réprimées par le développement rapide d'une autre espèce de Champignon, le *Cordiceps militaris*, de la même famille que celui de l'ergot de seigle, qui les envahissant, elles et leurs chrysalides, a mis fin à leurs ravages.

Les observations de ce genre ont servi récemment de point de départ à d'intéressantes pratiques ayant pour but la défense des intérêts agricoles. C'est ainsi que l'on tente d'arrêter les incroyables dégâts opérés par les Hannetons et surtout leurs larves, en répandant à profusion, dans les lieux où ces larves abondent, les spores d'un Champignon qui vit en parasite sur elles, le *Botrytis tenella*, qui envahissant tous leurs organes fait bientôt périr ces insectes.

D'ailleurs, comme conclusion à cet aperçu concernant la grave question du parasitisme, nous dirons que, toutes les fois qu'un animal ou une plante tend à se multiplier outre mesure, de façon à rompre en quelque sorte l'équilibre voulu par la nature, celui-ci tend à se rétablir par la multiplication des ennemis de cet être qui est porté à prédominer. Et c'est là qu'il faut chercher la cause d'une foule de maladies qui sévissent sur nos végétaux les plus utiles, ceux précisément que nous cultivons sur une plus vaste échelle.

RÉSUMÉ

Reproduction des Cryptogames. — Ces plantes, dépourvues de fleurs proprement dites se reproduisent par des procédés variés et souvent compliqués. Ceux-ci se réduisent en somme à deux : la reproduction par *spore* ou *asexuée* et par *œuf* ou *sexuée ;* souvent ces deux modes s'observent dans l'évolution de la jeune plante, d'où résulte une succession de *formes* dites pour cela *alternantes*.

Reproduction des Thallophytes (*Champignons*, *Algues*,

Lichens). 1° *Reproduction asexuée :* — *a.* Par *spores*, petits corpuscules portés à la face inférieure du champignon (*hyménium*) ou dans des cavités closes (*asques*). On trouve des corpuscules analogues dans les Lichens, qui sont des champignons associés à des Algues.

b. Par rajeunissement cellulaire. Une grosse spore motile (*zoospore*), formée d'une portion du protoplasma d'une cellule, sort à l'extérieur et nage dans l'eau, puis s'arrête et reproduit une Algue.

2° *Reproduction sexuée :* — *a. Par conjugation.* Deux cellules de deux filaments d'Algues en contact l'un avec l'autre, mêlent leur protoplasma ; il en résulte une *zygospore*, qui donnera une Algue nouvelle.

b. Par fécondation. Un filament d'algue offre deux petites saillies : l'*anthéridie* et l'*oogone*. Les *anthérozoïdes* renfermés dans la première vont féconder le contenu de l'oogone ; il en résulte un *œuf* végétal.

Les Champignons offrent de remarquables exemples de *formes alternantes*. Telle est la *Puccinie du blé*, qui forme des taches jaunes (rouille orangée) sur le blé et qui donne pendant tout l'été plusieurs générations de spores, en automne des spores brunes (rouille noire) ; après l'hiver apparition de *sporidies*, qui ne peuvent germer que sur le *Berbéris* ; là, formation de nouvelles spores, et seules, celles qui tombent sur des tiges de blé, seront le point de départ de taches de rouille orangée.

Reproduction des Muscinées. — Les Mousses se multiplient par stolons, bourgeons, bulbilles, etc., et par *fécondation*. Celle-ci offre des phases compliquées : la spore donne un *pro-embryon* qui devient la *Mousse* proprement dite ; celle-ci produit l'*oosphère*, qui fécondé devient l'*oospore* ou l'*œuf* (génération sexuée), laquelle donne naissance au *fruit* de la Mousse, rempli de spores (génération asexuée).

Reproduction des Cryptogames vasculaires. — La reproduction des Prêles, Fougères, Lycopodiacées, etc., se complique de phases analogues à celles présentées par les Mousses.

Alternances de génération chez les Phanérogames. — Les Gymnospermes et les Angiospermes offrent encore une trace, un souvenir, des générations alternantes ; le grain de pollen et le sac embryonnaire sont des spores ; le tube pollinique et la vésicule embryonnaire sont des prothalles nés par génération asexuée ; ils donnent naissance par génération sexuée à l'*œuf*, qui donne la plante feuillée.

Parasitisme. — Les plantes parasites sont extrêmement nombreuses; on en rencontre quelques-unes parmi les Phanérogames (Gui, Cuscute, Orobanche, etc, etc.), et un très grand nombre chez les Cryptogames (Algues et Champignons). Les unes vivent sur d'autres plantes (parasites *épiphytes*), les autres sur des animaux (parasites *épizoïques*).

CHAPITRE XIII

LE MOUVEMENT CHEZ LES VÉGÉTAUX

Ce qu'il faut entendre par mouvement et sensibilité chez les Végétaux. Mouvements des Végétaux inférieurs. Mouvements des Feuilles; Sommeil des Feuilles. Mouvements des Fleurs. Influence des anesthésiques sur les mouvements des plantes.
Végétaux alimentaires pour l'homme et les animaux.

Ce qu'il faut entendre par Mouvement et Sensibilité chez les végétaux. — La *sensibilité* et le *mouvement volontaire* sont les caractères physiologiques prédominants des Animaux, ceux qui permettent le mieux d'établir une distinction entre eux et les Végétaux ; les premiers seuls possèdent d'une façon non douteuse ces propriétés, dites pour cela *propriétés animales.*

Toutefois, les Végétaux présentent certaines manifestations, qui offrant une réelle analogie apparente avec ces propriétés animales, sont capables de faire illusion. On connaît, en effet, nombre d'organismes végétaux, parmi les plus inférieurs, qui se déplacent comme s'ils étaient mus par une volonté intérieure ; en outre, la plupart des plantes, même de l'organisation la plus parfaite, exécutent dans telle ou telle de leurs parties des mouvements souvent fort remarquables.

Mais dans tous les cas, il est manifeste que la volonté ou plutôt la spontanéité fait défaut ; bien loin que ce soit une force intérieure indépendante qui détermine ces mouvements, ce sont toujours les mêmes circonstances extérieures, les mêmes agents, les mêmes excitations qui en provoquent le retour ; de sorte que la plante n'est pas libre de les produire ou de s'y soustraire. Qu'il s'agisse, par conséquent, de végétaux inférieurs ou de leurs corpuscules reproducteurs, que l'on voit évoluer avec agilité dans l'eau où ils ont été déposés, ou bien d'espèces d'une organisation plus élevée, enfonçant avec persistance leur racine vers le centre de la terre, au lieu de la diriger vers l'atmosphère, l'inclinant vers un endroit humide, pour s'écarter d'un lieu plus aride, etc., dans ces différents cas, il est impossible d'admettre l'exercice d'une volonté et l'existence d'une sensibilité proprement dite, *sentie*, si l'on peut ainsi parler. Les agents extérieurs, lumière, chaleur, oxygène, agissent sur la substance vivante de ces organismes, sur leur protoplasma, et y déterminent une réaction, d'ailleurs encore assez mal expliquée, mais qu'assurément on ne peut caractériser du nom de *sensation*.

Les mouvements exécutés par les végétaux sont de deux ordres, les uns *généraux*, les autres *partiels*. Dans le premier cas, la plante se déplace en totalité ; on en rencontre de nombreux exemples dans les espèces les plus inférieures. Dans le second cas, ce sont seulement certaines parties, notamment les feuilles qui subissent des changements dans leur direction, comme un grand nombre de végétaux d'organisation plus parfaite nous en fournissent des exemples. Nous allons étudier successivement les uns et les autres, mais tout en laissant de côté les mouvements de la tige et de la racine, qui ont été exposés dans la première partie de cet ouvrage. (Voy. p. 86 et 115.)

Mouvements exécutés par les Végétaux inférieurs. — Un grand nombre d'organismes inférieurs, que l'on croit devoir ranger dans le règne végétal, auquel ils appartiennent bien, en réalité, par l'ensemble de leurs propriétés, jouissent d'une locomotilité très marquée. Ainsi, sur le tan ou tannée, dont se servent les corroyeurs pour apprêter les cuirs, on rencontre souvent des masses larges de plusieurs décimètres, qui se déplacent en rampant et peuvent monter même le long de parois verticales. Ce sont les Myxomycètes, sortes de Champignons muqueux, d'organisation très simple, formés d'un protoplasma très actif, qui émettent des espèces de bras ou pseudopodes, servant à fournir des points d'appui à l'organisme, pour permettre à toute la masse de se déplacer.

Ces infiniments petits (fig. 171), connus sous le nom de Microbes, Bactéries, répandus dans tous les liquides où ont infusé des substances organiques, dans les milieux où se trouvent des substances végétales ou animales en décomposition, sont doués de mouvements variés d'oscillation, d'ondulation ou de rotation sur eux-mêmes, au moyen desquels ils cheminent souvent avec rapidité.

Dans l'eau de nos ruisseaux, de nos mares, se trouvent des Algues filamenteuses d'un beau vert, formées de cellules placées bout à bout sur une seule file, et qui exécutent des mouvements lents et continus d'oscillation, ce qui leur a valu le nom d'Oscillaires.

Les Diatomées, charmantes Algues microscopiques, revêtues d'une carapace siliceuse et extrêmement abondantes dans nos fossés, exécutent des mouvements singuliers de glissement, au moyen desquels elles se déplacent.

D'autres, les Volvocinées, par exemple, petites Algues de forme arrondie, tourbillonnent avec rapidité dans l'eau.

Les mouvements, enfin, qu'accomplissent nombre de corpuscules reproducteurs d'Algues, sont tellement vifs, paraissent, dans certains cas, si spontanés et sont si manifestement appropriés à un but déterminé, qu'on se croirait en présence d'organismes animaux, d'où le nom de *zoospores* qu'on leur a donné. Les *anthérozoïdes* ou corpuscules reproducteurs mâles des Cryptogames exécutent des évolutions non moins intéressantes à étudier.

Ces divers mouvements opérés par les végétaux d'ordre inférieur ou par leurs corpuscules reproducteurs sont difficiles à expliquer. Un certain nombre d'entre eux sont pourvus, il est vrai, de cils vibratiles, qui sont des prolongements de la substance vivante intérieure ou protoplasma cellulaire, et dont le mouvement détermine le déplacement des petits organismes qui les portent. Mais encore faudrait-il expliquer en vertu de quelle force s'agitent ces prolongements vibratiles. En outre, beaucoup d'espèces n'offrent aucune disposition de ce genre et sont cependant fort agiles.

Mouvements des Feuilles. — Sans revenir ici sur les effets produits sur les feuilles par le géotropisme, ordinairement positif, en vertu duquel leur face supérieure se dirige en haut, leur face inférieure en bas, et par l'héliotropisme, en vertu duquel la plupart se portent vers le point le plus vivement éclairé, phénomènes qui ont été étudiés à la page 130, examinons ce qu'on a appelé leur état de *veille* et leur *sommeil*.

Sommeil des feuilles.

Dans un grand nombre de plantes, les Légumineuses notamment, les feuilles ont, pendant le jour, une direction différente de celle qu'elles affectent dans la nuit. Dans le premier cas, elles sont épanouies, étalées, tandis que dans le second, elles se replient les unes sur les autres, se rapprochent des rameaux, qui paraissent par là même moins garnis. Les unes se dirigent en haut, comme dans la Luzerne, le Tabac, le Mouron, tandis que les autres s'abaissent, celles du Lupin, de la Surelle, par exemple.

Or, le siège, le point de départ de ces mouvements semble résider dans un renflement que l'on trouve à la base des pétioles et qu'on appelle *renflement moteur*.

La sensitive (*Mimosa pudica*), plante légumineuse très abondante au Brésil, offre l'exemple le plus souvent cité du mouvement des feuilles. Non seulement, en effet, à l'approche de la nuit, les folioles de ses feuilles composées-pennées se rabattent les unes sur les autres, pour s'appliquer tout le long des rameaux, de sorte que la plante paraît flétrie; mais de plus, on peut, par un simple attouchement des feuilles, de leur pétioles et surtout de leurs renflements moteurs, déterminer en elles un effet semblable. Il faut même moins encore : l'ébranlement du sol par le galop d'un cheval, un nuage qui passe, un souffle de l'air suffisent à le produire.

Explication de ces mouvements. De ce fait que certaines plantes relèvent leurs feuilles, malgré l'action de la pesanteur qui les sollicite en sens inverse, tandis que d'autres les abaissent, pendant ce qu'on est convenu d'appeler leur sommeil, il est manifeste qu'il n'y a rien là de comparable au sommeil des animaux. Ce n'est pas un temps de repos ; c'est une période pendant laquelle, les circonstances extérieures étant différentes, les manifestations vitales se modifient simplement. On va voir, en effet, que bien loin que leurs tissus soient dans un état de relâchement, de flaccidité, il y a, au contraire, en pareille circonstance, augmentation de leur rigidité, exagération de leur tension. Le mécanisme du phénomène semble résider entièrement dans la structure du renflement moteur, qui, pendant la nuit, devient turgescent, gonflé d'eau ; et suivant qu'en raison de sa structure particulière, c'est sa partie supérieure ou au contraire sa partie inférieure qui se gonfle davantage, car toujours l'une des deux l'emporte sur l'autre, la courbure de la feuille se fait vers le bas, ou au contraire vers le haut. Quant à la cause même du gonflement du nœud moteur, on l'attribue à ce que la transpiration de la feuille venant à diminuer lorsque la lumière s'affaiblit et disparaît, l'eau qui afflue vers la feuille gorge le pétiole et notamment le renflement en question. De plus, la substance sucrée, la glycose, que la plante a formée pendant le jour, sous l'influence de la matière verte, s'accumule dans certains organes, notamment dans les nœuds moteurs, pour servir à la nutrition de la plante pendant la nuit. En vertu de son grand pouvoir endosmotique, cette substance attire l'eau en quantité et amène la tension du ressort à son plus haut degré. Cet état est surtout marqué pendant les premières heures de la nuit, puis il diminue vers minuit ou une heure du matin, pour disparaître peu à peu à mesure que le jour approche.

Un certain nombre de plantes présentent dans leurs feuilles d'autres mouvements très intéressants sous l'influence d'excitations diverses ; telles sont, en particulier, les plantes dites carnivores, comme les Droséra, Dionée gobe-mouche, etc. (Voy. p. 166 et suivantes.)

Mouvements des fleurs. — Un grand nombre de fleurs sont susceptibles d'exécuter, dans différentes parties, des mouvements évidents. Ainsi le *périanthe* en offre assez souvent de *périodiques*, qui consistent dans son épanouissement à une heure déterminée et son occlusion à heure fixe. Linné a pu établir qu'à chaque heure de la journée, un certain nombre de fleurs s'épanouissaient, et dresser de la sorte l'*Horloge de Flore*. Ainsi l'*Ornithogalum umbellatum* est vulgairement connu sous le nom de *Dame d'onze heures*, pour la régularité avec laquelle cette plante épanouit ses fleurs à l'heure que son nom indique. Certaines autres, comme le Pissenlit, ne s'épanouissent pas à une heure déterminée d'avance, mais dès le matin, si le temps est beau, dans l'après-midi seulement, si le temps est gris, et restent même complètement closes, si le ciel est tout à fait sombre. Périanthe.

Les *étamines* de certaines plantes se penchent vers le pistil à un moment donné, pour y déposer le pollen (Marronnier d'Inde, Capucine, Fraxinelle, Géranium). Étamines.

Quelques-unes présentent cette propriété à un degré poussé fort loin. Ainsi, on voit celles de la Rue (*Ruta graveolens*) s'incliner alternativement, une à une, dans un ordre parfait, suivant la place qu'elles occupent, vers le pistil et y rester quelque temps en contact avec lui, pour se relever ensuite et être remplacées par les suivantes.

Les étamines des *Berberis* et des *Mahonia* ont une telle irritabilité qu'il suffit de toucher leur filet avec une aiguille, pour les déterminer à se courber aussitôt vers le pistil et amener le contact de l'anthère avec le stigmate.

Enfin, le *pistil* lui-même, dans son style ou ses stigmates, est parfois le siège de mouvements divers, qui semblent avoir pour but de le rapprocher des anthères et de favoriser par là même la fécondation. Dans les Nigelles, par exemple, le style se courbe pour que les stigmates puissent venir au contact des étamines situées bien plus bas qu'eux. Pistil.

Influence des Anesthésiques sur les mouvements des plantes. — Chose remarquable ! plusieurs savants, notamment l'illustre physiologiste Claude Bernard, ont montré que l'espèce de sensibilité ou plutôt d'*irritabilité* manifestée par un grand nombre de plantes était modifiée, supprimée, comme celle qui est propre aux animaux, par l'action des agents anesthésiques. L'effet de ceux-ci est seulement moins rapide : ainsi, un Oiseau, mis sous une cloche où l'on glisse ensuite une éponge imbibée de chloroforme, devient insensible au bout de quatre ou cinq minutes, tandis que, dans les mêmes conditions, la Sensitive ne perd son irritabilité qu'après un temps cinq fois plus long. Mais on a beau alors toucher la plante dans ses parties naguère les plus sensibles, celles qui réagissaient le mieux au contact des excitants, c'est-à-dire au niveau des renflements moteurs, les feuilles restent étalées au lieu de se rétracter. Si l'on supprime l'action des vapeurs anesthésiques, au bout d'un temps qui se trouve notablement plus long que pour l'Oiseau, notre Mimosa devient de nouveau excitable.

Ces observations qui ont été également faites sur d'autres espèces que la Sensitive (Berbéris, Centaurées, etc.), établissent non pas, il est vrai, une assimilation, mais un rapprochement manifeste entre les deux règnes vivants. Elles trouvent sans doute leur explication dans ce fait que le protoplasma, c'est-à-dire, cette matière que l'on peut appeler la *substance vivante*, parce que sans elle aucune manifestation vitale n'est possible, le protoplasma, disons-nous, est doué de propriétés essentielles semblables chez l'Animal et chez la Plante, qu'il est contractile, mobile et sensible, ou pour parler plus exactement, *irritable*, autrement dit, susceptible de réagir sous l'influence d'excitations diverses.

C'est ainsi que se trouve une fois de plus justifiée cette vue profonde que Linné avait portée sur l'ordre magnifique que le Créateur a établi dans ses œuvres, et que le grand naturaliste suédois avait exprimée par ces mot restés célèbres : « *Natura non facit saltus* », que nous pouvons traduire ainsi : « Tout s'enchaîne dans la nature. »

VÉGÉTAUX ALIMENTAIRES POUR L'HOMME ET LES ANIMAUX

Un très grand nombre de végétaux peuvent entrer dans l'alimentation de l'homme ; quelques-uns viennent à l'état spontané, mais la plupart, surtout dans les pays civilisés, sont cultivés par ses soins et ont été par suite améliorés, c'est-à-dire que leur saveur a été développée et leur volume augmenté. Quant aux plantes qui servent à la nourriture des animaux, le nombre en est immense ; puisqu'il n'en est pour ainsi dire pas une seule qui ne soit recherchée par quelque espèce animale. Ne voyons-nous pas, en effet, que toutes, les plus précieuses pour l'homme, aussi bien que celles qui ne lui sont pas utiles, sont attaquées tant dans leurs tiges et leurs racines, que dans leurs feuilles et leurs fruits.

Mais comme nous ne pouvons pas entrer dans les longues considérations que ce sujet comporterait, nous nous bornerons à énumérer les principales plantes alimentaires, en nous plaçant surtout au point de vue de la nourriture de l'homme et des espèces cultivées dans notre pays, puis nous terminerons par quelques mots sur l'alimentation des animaux domestiques.

Les végétaux, nous l'avons vu dans le courant de cet ouvrage, et surtout au Chapitre II, renferment en proportions diverses des substances très variées : matières albuminoïdes, féculentes, sucrées et des corps gras. Ordinairement ces principes sont réunis dans la même plante, bien plus, groupés dans un même organe. Toutefois, comme, en général, l'une ou l'autre de ces substances est plus abondante dans une espèce donnée, on peut, pour la facilité de l'exposé, répartir en plusieurs catégories les végétaux alimentaires d'après le principe nutritif dominant qu'ils renferment.

1° Les matières *albuminoïdes* ou azotées, quoique répandues dans la plupart des végétaux, y sont en général en assez faible proportion, même dans les espèces qui en offrent le plus. Nous ne nous étendrons donc pas longuement à leur sujet. Les graines des céréales en renferment une certaine quantité, mais les aliments tirés du règne végétal qui en présentent le plus sont assurément les graines des Légumineuses, haricots, pois, fèves, etc.

2° Les aliments *féculents* sont fournis surtout par les fruits et les graines d'un grand nombre de végétaux, mais aussi par les parties souterraines ou même les tiges aériennes de plusieurs d'entre eux.

Les principaux, ceux qui constituent pour ainsi dire la base de l'alimentation végétale de l'homme dans tous les pays du monde, et aussi dont font usage un grand nombre d'espèces animales, sont assurément les céréales : froment, orge, seigle, avoine, maïs, riz. La farine, y compris le son, retirée du grain des céréales, a une composition complexe, car, outre la fécule en très grande proportion qu'elle renferme, elle contient une certaine quantité de principes albuminoïdes, de matières grasses et de sels, des phosphates surtout. Il faut ajouter, à la suite des céréales proprement dites, le sarrazin ou blé noir et quelques autres sortes de graines, dont l'usage est plus restreint : le millet ou petit mil, le sorgho, employé surtout en Afrique.

A côté de ces aliments féculents retirés des graines, il faut placer ceux que l'on obtient de certaines racines ou tiges souterraines, notamment la pomme de terre, dont les tubercules farineux sont d'un si fréquent emploi dans l'alimentation de l'homme et de nos espèces domestiques : la patate, l'igname, la châtaigne, les graines d'un certain nombre de Légumineuses déjà citées, mais que nous retrouvons ici à titre de féculents, à savoir, haricots, pois, fèves, lentilles, etc. A la même catégorie appartient le Jacquier ou arbre à pain (*Artocarpus incisa*), arbre de l'Océanie, dont les fruits volumineux, gorgés de fécule, sont très employés comme aliments dans les îles de cette partie du monde. Signalons encore la Marante (*Maranta arundinacea*), cultivée aux Antilles sur une vaste échelle, et des parties souterraines de laquelle on retire une grande quantité de fécule, désignée dans le commerce sous le nom d'arrow-root ; certains palmiers, dont la portion centrale de la tige fournit le sagou ; une plante à suc très vénéneux de la famille des Euphorbiacées, le Jatropha Manihot, très riche en fécule, laquelle débarrassée, par le lavage, du poison dont elle était imprégnée, devient la cassave et le tapioca. Enfin, au groupe des féculents appartiennent le bananier et le dattier, dont les fruits sont d'une si grande ressource alimentaire, ceux du premier en Amérique, et ceux du second en Afrique.

3° Les aliments *sucrés* tiennent de près, pour la plupart, à ceux du groupe précédent ; ainsi la banane et la datte établisssent bien le passage entre ces deux catégories, car avant leur maturité elles appartiennent surtout à la première, tandis que lorsqu'elles sont mûres elles rentrent légitimement dans la seconde.

Le principe sucré peut être accumulé dans la tige, les parties souterraines ou les fruits. La canne à sucre, la betterave méritent d'être inscrites en tête de ce groupe d'aliments, en raison de la grande quantité de sucre que l'on retire de leurs tissus. Citons ensuite : le cocotier, la plante la plus utile des pays tropicaux, dont le fruit appartient au groupe d'aliments que nous étudions ; puis le melon, le concombre, la pastèque, le potiron, le figuier ; et toute la série des fruits acidulés, tels que ceux des pommiers, poiriers, abricotiers, pêchers, framboisiers, cerisiers, groseilliers, cassis, ananas, orangers, citronniers, néfliers, sorbiers, etc.

4° Les aliments *gras* sont surtout fournis par certains fruits ou graines dits pour cela *oléagineux*. Les principales plantes qui en donnent sont le noyer, le noisetier, l'amandier, le pistachier, originaire de la Perse et de la Syrie, et cultivé dans toute la région méditerranéenne ; le Pin pignon et quelques autres Conifères ; l'olivier, le cacaoyer, plante qui croît dans les pays les plus chauds du globe et dont on retire la graine de cacao, employée dans la fabrication du chocolat ; l'arachide ou pistache de terre, employée aussi à la fabrication du savon ; la navette, plante crucifère de notre pays, le pavot somnifère, qui fournit la graine d'œillette. C'est à cette même catégorie qu'il faut rapporter un arbre de la famille des Artocarpées, le *Galactodendron utile*, bien connu en Amérique sous le nom d'arbre à la vache, et qui donne un latex blanc comme du lait et fort nourrissant.

5° Nous arrivons à un nouveau groupe de végétaux alimentaires, fort important par le grand nombre d'espèces qu'il renferme et leur composition élémentaire très complexe. Ces plantes sont surtout remarquables par la grande proportion de sels alcalins qu'elles contiennent. Ce sont les végétaux dits *herbacés*, ou encore désignés sous le nom de *brèdes* ou de *légumes*. Nous en mangeons soit les feuilles et les tiges, soit les racines, les inflorescences ou les fruits encore verts. Les plus fréquemment employés sont les chicorées, laitues, raiponces, pissenlit, mâches, cresson, épinards, oseille, arroche, bettes, cardons, choux, etc., dont les feuilles se mangent crues, en salade, ou cuites et diversement assaisonnées ; les scorsonères, salsifis, stachys, betteraves, carottes, navets, radis, oignons, poireaux, etc., dont les racines ou parties souterraines tendres sont surtout employées. On peut citer encore les pousses savoureuses de certaines plantes, comme celles des asperges, le gros bourgeon terminal, appelé chou palmiste, de plusieurs espèces d'*Areca* très cultivées en Amérique ; enfin, des fruits encore verts, tels que les haricots verts, les aubergines, etc.

A la suite de ces végétaux herbacés, il convient de placer les Champignons, qui constituent un aliment sain, nourrissant et complet, car on y trouve de l'albumine, de la cellulose et des substances grasses sous forme d'oléine et de margarine. Malheureusement, à côté des bonnes espèces se trouvent un grand nombre d'espèces vénéneuses, trop souvent confondues avec les premières.

6° Enfin, sous le nom de *condiments* on range une nombreuse catégorie de végétaux ou de parties de végétaux, qui s'ils ne contribuent pas par eux-mêmes d'une façon appréciable à la nutrition, viennent en aide à la digestion par leur goût aromatique ou piquant. Tels sont l'ail, la ciboule, l'échalote, la sarriette, le thym, l'estragon, le cerfeuil, le persil, le fenouil, le cresson alénois, la moutarde, le poivre, les câpres ou boutons à fleurs du câprier, la pimprenelle, les cornichons confits dans le vinaigre, etc.

Employés en faible quantité, les condiments favorisent la digestion en excitant l'appétit et activent la sécrétion des sucs digestifs ; mais leur abus est fort nuisible, amène des maux d'estomac et conduit à la dyspepsie.

C'est près des condiments que nous devons placer quelques boissons aromatiques dont le principe est tiré de certaines plantes, notamment le thé et le café, qui agissent principalement sur le système nerveux, auquel ils produisent une excitation ordinairement agréable, en même temps qu'ils favorisent la digestion des aliments.

— Quelques mots, pour terminer, sur l'alimentation de nos animaux domestiques. Ce sont ordinairement les végétaux herbacés qui constituent le fond de leur nourriture, soit qu'on les fasse consommer en vert (regain des prairies, trèfle, luzerne, etc.), soit qu'on les donne desséchés (foin, paille). Ces *fourrages* peuvent, à la rigueur, suffire à l'entretien de la nutrition du bétail, car ils renferment les principes de l'aliment complet. Mais on ajoute souvent, à la ration journalière, des racines et des tubercules riches en fécule, comme betteraves, carottes, pommes de terre, topinambours, navets, ou des graines oléagineuses, comme tourteaux de lin, de colza, de pavot, ou des graines de céréales et de légumineuses, telles que sarrasin, maïs, seigle, avoine, féverolles. Ce régime renferme les divers principes d'une alimentation rationnelle et complète et il entretient l'appétit des animaux ; mais il doit varier selon le résultat que l'on cherche à obtenir, à savoir, développer la force musculaire des animaux de travail ou pousser à l'engraissement ceux qui sont destinés à la boucherie.

RÉSUMÉ

La sensibilité et le mouvement dans le règne végétal. — Le mouvement spontané et la sensibilité appartiennent en propre au règne animal. Toutefois, nombre de plantes, surtout parmi les inférieures, offrent des phénomènes qui s'en rapprochent : mouvements de déplacement des Myxomycètes, des Bactéries, oscillations de certaines Algues filamenteuses, glissements des Diatomées, natation des corpuscules reproducteurs des Cryptogames (anthérozoïdes, zoospores), etc. Les végétaux Phanérogames offrent dans leurs feuilles des mouvements remarquables, suivant le moment de la journée (veille et sommeil des plantes), ou bien sous l'influence de causes diverses, même un simple attouchement (Sensitive). Les fleurs, soit le périanthe, soit les étamines ou le pistil présentent des mouvements très appréciables.

Cette sorte d'*irritabilité* des plantes se suspend comme la sensibilité des animaux sous l'influence des anesthésiques. La similitude du protoplasma dans les uns et les autres en donne la raison.

Végétaux alimentaires. — L'homme trouve dans les plantes les différents principes nutritifs dont il a besoin pour lui et ses animaux domestiques : substances albuminoïdes, féculentes, sucrées, grasses. Répandues et mélangées en proportions diverses dans la plupart des végétaux, telle ou telle de ces substances domine dans telles ou telles espèces, et l'homme les consomme en nature ou leur fait subir certaines préparations qui les rendent plus savoureuses et plus nutritives.

FIN

TABLE DES MATIÈRES

ANATOMIE
ET PHYSIOLOGIE VÉGÉTALES

ORGANOGRAPHIE VÉGÉTALE

OU

ANATOMIE DESCRIPTIVE DES ORGANES DES PLANTES

I. — Organes de nutrition

Fonctions de nutrition

II. — ORGANES DE REPRODUCTION

FIN DE LA TABLE DES MATIÈRES

Le Mans. — Typ. Ed. Monnoyer.

OUVRAGES CLASSIQUES DU DR PAUL MAISONNEUVE

Zoologie. — Anatomie et physiologie animales. — Ouvrage répondant aux programmes officiels du 22 janvier 1885, pour l'enseignement de la zoologie dans la classe de philosophie et l'examen du baccalauréat ès lettres ; du 7 août 1857, pour l'examen du baccalauréat ès sciences restreint ; et du 10 août 1886, pour l'enseignement secondaire spécial (cinquième et sixième années), avec 166 figures dans le texte et 3 planches hors texte. (Cinquième édition.) 1 vol. in-8° de 450 pages. Prix : 7 fr.

Traité élémentaire de Zoologie, à l'usage des élèves de la classe de sixième, enseignement classique et enseignement secondaire spécial (première année) et des pensionnats de jeunes filles. In-12 cartonné, avec 291 figures et 3 planches hors texte. Prix : 2 fr. 50.

Traité élémentaire de Botanique, à l'usage des élèves de cinquième, enseignement classique et enseignement secondaire spécial (deuxième année) et des pensionnats de jeunes filles. In-12 cartonné, avec 206 figures dans le texte. Prix : 2 fr 50.

Traité élémentaire de Géologie, à l'usage des élèves de la classe de cinquième, enseignement classique et enseignement secondaire spécial et des pensionnats de jeunes filles. In-12 cartonné, avec 161 gravures. Prix : 2 fr. 50.

Le Mans. — Typ. EDMOND MONNOYER, place des Jacobins, 12

www.ingramcontent.com/pod-product-compliance
Ingram Content Group UK Ltd.
Pitfield, Milton Keynes, MK11 3LW, UK
UKHW020105200726
13856UKWH00002B/380

9 782013 499071